U0639822

建筑设计原理与构造研究

涂臻华　杨春玲　张伟莉　著

吉林科学技术出版社

图书在版编目（CIP）数据

建筑设计原理与构造研究 / 涂臻华，杨春玲，张伟莉著 . -- 长春：吉林科学技术出版社，2023.8

ISBN 978-7-5744-0939-2

Ⅰ.①建… Ⅱ.①涂… ②杨… ③张… Ⅲ.①建筑设计 – 研究 Ⅳ.①TU2

中国国家版本馆CIP数据核字（2023）第201200号

建筑设计原理与构造研究

JIANZHU SHEJI YUANLI YU GOUZAO YANJIU

著　　者	涂臻华　杨春玲　张伟莉
出 版 人	宛　霞
责任编辑	潘竞翔
封面设计	树人教育
制　　版	树人教育
幅面尺寸	185mm×260mm
开　　本	16
字　　数	320千字
印　　张	14
印　　数	1-1500册
版　　次	2023年8月第1版
印　　次	2023年8月第1次印刷
出　　版	吉林科学技术出版社
发　　行	吉林科学技术出版社
地　　址	长春市南关区福祉大路5788号出版大厦A座
邮　　编	130118

发行部电话/传真　0431—81629529　81629530　81629531
　　　　　　　　　　81629532　81629533　81629534

储运部电话　0431-86059116

编辑部电话　0431-81629510

印　　刷	廊坊市印艺阁数字科技有限公司
书　　号	ISBN 978-7-5744-0939-2
定　　价	75.00元

版权所有　翻印必究　举报电话：0431—81629508

前　言

近年来，建筑行业的快速发展为实现我国经济发展提供了助力，在科技和经济快速发展的时代背景下，我国对现代化城市建设有了更高的要求，随着生活水平不断提高，人们对物质和精神的追求更加丰富。在享受高质量生活同时，人们对城市的居住环境、城市区域功能性等都有了更高要求和标准。因此，在现代化建设理念的推动下，当今建筑不仅要具有合理性，同时还需在构造上具备一定的美观性和舒适性。

本书主要研究建筑设计原理与构造的相关内容，本书共分为八章。第一章概述了建筑的内涵、建筑设计的内容与原则；第二章研究了建筑设计的阶段与建筑设计的立意；第三章研究了建筑设计的构思与流派，重点论述建筑设计分析图的构思；第四章探究了建筑设计技术性与经济性；第五章分析了建筑设计的基础构造原理，重点论述了墙体的构造、楼地层的构造、楼梯的构造、屋顶的构造、门和窗的构造；第六章论述了建筑设计施工安全防护原理，阐述建筑设计施工安全等相关内容；第七章介绍了建筑设计中的评价与经济性问题分析，构建绿色节能建筑设计；第八章是现代建筑设计动态的构思推敲与语言表达。

本书内容结合了建筑的实际情况，揭示建筑设计原理的重要性以及建筑构造的实践应用，文字简练、突出重点。作者在编写本书的过程中，参考借鉴了相关专家学者们的观点，引用了国内外知名专家学者们的研究资料，其中包括著作、教材、期刊论文等相关资料，作者在此对资料的作者们表示诚挚的谢意。

由于作者专业知识仍有待提升，因此书中难免存在不足之处，恳请有关专家及学者批评指正。

编委会

赵　斌　范晓娜　宋俊俊

简淅霞　王　菲　杨培颜

朱晓航　周彩屏　李　强

张华云　韦子杭　张志萍

陈晓东　刘秀青　文小兵

王海森　付少飞　郭长青

郭祎蓉　王梦真　杨俊杰

单超群　朱晓丹　李晓春

王　璐　章维娜　杨　静

目　录

第一章　建筑设计概述

第一节　建筑的内涵

建造房屋是人类最早的生产活动之一。最早的建筑是人类为自己建起地提供躲避风雨和野兽侵袭的场所。随着阶级的出现，"住"也发生了分化，平民与贵族的居住与生活方式均发生了改变；生产形式的扩展，使"住"的形式也增多了。房屋的集中形成了街道、村镇和城市，建筑活动的范围也因此而扩大，个体建筑物的建构与城市建设乃至在更大范围内为人们创造各种必需环境的城市规划工作，均属于建筑的范围。

一、建筑的功能

建筑是供人们生活、学习、工作、娱乐的场所，不同的建筑有不同的使用要求。如影剧院要求有良好的视听环境，火车站要求人流线路流畅，工业建筑则要求符合产品的生产工艺流程等。

建筑不仅要满足各自的使用功能要求，而且还应满足人体活动尺度、人的生理和心理的要求，为人们创造一个舒适、安全、卫生的环境。

（1）人体的各种活动尺度的要求

人体的各种活动尺度与建筑空间有着十分密切的关系。为了满足使用活动的需要，应该了解人体活动的一些基本尺度。如幼儿园建筑的楼梯阶梯踏步高度、窗台高度、黑板的高度等均应满足儿童的使用要求；医院建筑中病房的设计，应考虑通道必须能够保证移动病床顺利进出的要求等。家具尺寸也反映出人体的基本尺度，不符合人体尺度的家具对使用者会带来不舒适感。

（2）人的生理要求

人对建筑的生理要求主要包括人对建筑物的朝向、保温、防潮、隔热、隔声、通风、采光、照明等方面的要求，这些是满足人们生产或生活所必需的条件。

（3）人的心理要求

建筑中对人的心理要求的研究主要是研究人的行为与人所处的物质环境之间的相互关系。不少建筑因无视使用者的需求，对使用者的身心和行为都会产生各种消极影响。如居住建筑私密性与邻里沟通的问题，老年居所与青年公寓由于使用主体生活方式和行为方式的巨大差异，对具体建筑设计也应有不同的考虑，如若千篇一律，将会导致使用者心理接受的不利。

二、建筑技术

建筑技术是建造房屋的手段，包括建筑结构、建筑材料、建筑施工和建筑设备等内容。建筑不可能脱离建筑技术而存在，建筑结构和建筑材料构成建筑的骨架，建筑设备是保证建筑物达到某种要求的技术条件，建筑施工是保证建筑物实施的重要手段。

（1）建筑结构

结构是建筑的骨架，结构为建筑提供合乎使用的空间；承受建筑物及其所承受的全部荷载，并抵抗自然界作用于建筑物的活荷载，如风雪、地震、地基沉陷、温度变化等可能对建筑引起的损坏。结构的坚固程度直接影响着建筑物的安全与寿命。

柱梁板结构和拱券结构是人类最早采用的两种结构形式。钢和钢筋混凝土材料的使用，使梁和拱的跨度可以大大增加，使这两种结构成为目前常用的结构形式。

随着科学技术的进步，人们能够对结构的受力情况进行分析和计算，相继出现了桁架、刚架、网架、壳体、悬索和薄膜等大跨度结构形式。

（2）建筑材料

建筑材料是建筑工程不可缺少的原材料，是建筑的物质基础。建筑材料决定了建筑的形式和施工方法。建筑材料的数量、质量、品种、规格以及外观、色彩等，都在很大程度上影响建筑的功能和质量，影响建筑的适用性、艺术性和耐久性。新材料的出现，促使建筑形式发生变化，结构设计方法得到改进，施工技术得到革新。现代材料科学技术的进步为建筑学和建筑技术的发展提供了新的可能。

为了使建筑满足适用、坚固、耐久、美观等基本要求，材料在建筑物的各个部位，应充分发挥各自的作用，分别满足各种不同的要求。如高层或大跨度建筑中的结构材料，要求是轻质、高强度的；冷藏库建筑必须采用高效能的绝热材料；防水材料要求致密不透水；影剧院、音乐厅为了达到良好的音响效果需要采用优质的吸声材料；大型公共建筑及纪念性建筑的立面材料，要求具有较高的装饰性和耐久性。

材料的合理使用和最优化设计，应该是使用于建筑上的所有材料能最大限度地发挥其本身的效能，合理、经济地满足建筑功能上的各种要求。

在建筑设计中，常常需要通过对材料和构造进行处理来反映建筑的艺术性，如通过对材料、造型、线条、色彩、光泽、质感等多方面的运用，来实现设计构思。建筑设计的技巧之一，就是要通过设计人员对材料学知识的认识和创造性的劳动，充分利用并显露建筑材料的本质和特性。要善于利用材料作为一种艺术手段，加强和丰富建筑的艺术表现力。要注意利用建筑和建筑群的饰面材料及其色彩处理，巧妙地选用材料，美化人们的工作和居住环境。

（3）建筑施工与设备

人们通过施工把建筑从设计变为现实。建筑施工一般包括两个方面：一是施工技术，即人的操作熟练程度、施工工具和机械、施工方法等；二是施工组织，即材料的运输、进度的安排、人力的调配等。

装配化、机械化、工厂化可以大大加快建筑施工的速度，但它们必须以设计的定型化为前提。目前，我国已逐步形成了设计与施工配套的全装配大板、框架挂墙板、现浇大模板等工业化体系。

设计工作者不但要在设计工作之前周密考虑建筑的施工方案，而且还应该经常深入施工现场，了解施工情况，以便与施工单位共同解决施工过程中可能出现的各种问题。

随着生产和科学技术的发展，各种新材料、新结构、新设备的运用和施工工艺水平的提高，新的建筑形式将不断涌现，同时也更好地满足了人们对各种不同功能的需求。

一个建筑物就像一个肌体，有骨骼也有各个系统，只有精心设计、精心施工、保证质量，才能营造适宜的人居环境。

三、建筑形象

建筑形象是建筑内外观感的具体体现，它包括内外空间的组织，建筑体形与立面的处理，材料、装饰、色彩的应用等内容。建筑形象处理得当能产生良好的艺术效果，如庄严雄伟、朴素大方、简洁明快、生动活泼等，给人以感染力。建筑形象因社会、民族、地域的不同而不同，它反映出了绚丽多彩的建筑风格和特色。建筑形象主要通过以下手段加以体现。

（1）空间。建筑有可供使用的空间，这是建筑区别于其他造型艺术的最大特点。

（2）形和线。和建筑空间相对存在的是它的实体所表现出的形和线。

（3）色彩和质感。建筑通过各种实际的材料表现出它们不同的色彩和质感。

（4）光线和阴影。天然光或人工光能够加强建筑的形体起伏以及凹凸的感觉，从而增添它们的艺术表现力。

运用上述表现手段时应注意美学的一些基本原则，如比例、尺度、均衡、韵律、对比等。

建筑形象的问题涉及文化传统、民族风格、社会思想意识等多方面的因素，并不单纯是一个美观的问题。

功能、技术、形象三者的关系是辩证统一的关系。总的说来，功能要求是建筑的主要目的，材料、结构等物质技术条件是达到目的的手段，而建筑形象则是建筑功能、技术和艺术内容的综合表现。采用不同的处理手法，可以产生不同风格的建筑形象。

四、建筑分类

建筑分类一般从以下几个方面进行划分。

（一）按建筑的使用功能分类

1.居住建筑

居住建筑主要是指提供家庭和集体生活起居用的建筑物，如住宅、宿舍、公寓等。

2.公共建筑

公共建筑主要是指提供人们进行各种社会活动的建筑物，其中包括：

（1）行政办公建筑，如机关、企业单位的办公楼等。

（2）文教建筑，如学校、图书馆、文化宫、文化中心等。

（3）托教建筑，如托儿所、幼儿园等。

（4）科研建筑，如研究所、科学实验楼等。

（5）医疗建筑，如医院、诊所、疗养院等。

（6）商业建筑，如商店、商场、购物中心、超级市场等。

（7）观览建筑，如电影院、剧院、音乐厅、影城、会展中心、展览馆、博物馆等。

（8）体育建筑，如体育馆、体育场、健身房等。

（9）旅馆建筑，如旅馆、宾馆、度假村、招待所等。

（10）交通建筑，如航空港、火车站、汽车站、地铁站、水路客运站等。

（11）通信广播建筑，如电信楼、广播电视台、邮电局等。

（12）园林建筑，如公园、动物园、植物园、亭台楼榭等。

（13）纪念性建筑，如纪念堂、纪念碑、陵园等。

3.工业建筑

工业建筑主要是指为工业生产服务的各类建筑，如生产车间、辅助车间、动力用房、仓储建筑等。

4.农业建筑

农业建筑主要是指用于农业、牧业生产和加工的建筑，如温室、畜禽饲养场、粮食与饲料加工站、农机修理站等。

(二) 按建筑的规模分类

1.大量性建筑

大量性建筑主要是指量大面广、与人们生活密切相关的那些建筑,如住宅、学校、商店、医院、中小型办公楼等。

2.大型性建筑

大型性建筑主要是指建筑规模大、耗资多、影响较大的建筑,与大量性建筑比,其修建数量有限,但这些建筑在一个国家或一个地区具有代表性,对城市的面貌影响很大,如大型火车站、航空站、大型体育馆、博物馆、大会堂等。

五、建筑发展

建造房屋是人类最早的生产活动之一,随着社会的不断发展,人类对建造房屋的功能和形式的要求也发生了巨大的变化,建筑的发展反映了时代的变化与发展,建筑形式也深深地留下了时代的烙印。建筑史上,一般将世界建筑分为西方建筑和东方建筑,它们分别是砖石结构与木结构所反映的两个不同的建筑文化形态。

(一) 中国建筑的发展

1.中国古代建筑

我国古代建筑经历了原始社会、奴隶社会和封建社会三个历史阶段,其中封建社会是形成我国古代建筑形式的主要阶段。原始社会建筑发展极其缓慢,在漫长的岁月里,我们的祖先从建造穴居和巢居开始,逐步地掌握了营建地面房屋的技术,创造了原始的木架建筑,满足了最基本的居住和公共活动要求。在至今已有六七千年的浙江余姚河姆渡遗址中,就发现了大量的木制卯榫构件,说明当时已有了木结构建筑,而且达到了一定的技术水平。从我国的西安半坡遗址可以看出距今五千多年的院落布局及较完整的房屋雏形。

中国在公元前21世纪到公元前476年为奴隶社会,大量奴隶劳动力和青铜工具的使用,使建筑有了巨大发展,出现了宏伟的都城、宫殿、宗庙、陵墓等建筑。考古发现中显示,夏代已有了夯土筑成的城墙和房屋的台基,商代已形成了木构夯土建筑和庭院,西周时期在建筑布局上已形成了完整的四合院格局。

中国封建社会经历了三千多年的历史,在这漫长的岁月中,中国古代建筑逐步形成了一种成熟的、独特的体系,不论是在城市规划、建筑群、园林、民居等方面,还是在建筑空间处理、建筑艺术与材料结构方面,其设计方法、施工技术等都有卓越的创造与贡献。

长城被誉为世界建筑史上的奇迹,它最初兴建于春秋战国时期,是各国诸侯为相互防御而修筑的城墙。秦始皇于公元前221年灭六国后,建立起中国历史上的第一个统一的封建帝国,逐步将这些城墙增补连接起来,后经历代修缮,形成了西起嘉峪关、东至山海关,总长6700千米的"万里长城"。

兴建于隋朝，由工匠李春设计的河北赵县安济桥是我国古代石建筑的瑰宝，在工程技术和建筑造型上都达到了很高的水平。其中单券净跨37.37米，这是世界上现存最早的"空腹拱桥"，即在大拱券之上每端还有两个小拱券。这种处理方式一方面可以防止雨季洪水急流对桥身的冲击，另一方面可减轻桥身自重，并形成桥面缓和曲线。

唐朝是我国封建社会经济文化发展的一个高峰时期，著名的山西五台山佛光寺大殿建于唐大中十一年（875年），面阔七开间，进深八架椽，单檐四阿顶，是我国保存年代最久、现存最大的木构件建筑。该建筑是唐朝木结构庙堂的范例，充分地体现了结构和艺术的统一。山西应县佛宫寺释迦塔位于山西应县城内建于辽清宁二年（1056年），是我国现存唯一最古老与最完整的木塔，高67.3米，是世界上现存最高的木结构建筑。

到了明清时期，随着生产力的发展，建筑技术与艺术也有了突破性的发展，兴建了一些举世闻名的建筑。明清两代的皇宫紫禁城（又称故宫）就是代表建筑之一，它采用了中国传统的对称布局的形式，格局严整，轴线分明，整个建筑群体高低错落，起伏开阔、色彩华丽、庄严巍峨，体现了王权至上的思想。

民居以四合院形式最为普遍，其中又以北京的四合院为代表。四合院虽小，但内外有别，尊卑有序，讲究对称。大门位置一般位于东南。进了大门一般设有影壁，影壁后是院落，有地位的人家，可有几进院落，普通人家则相对简单。进了院子，一般北屋为"堂"，即正房；左右为"厢"，堂后为"寝"，分别有接待、生活、住宿等功用。

"曲径通幽处，禅房花木深。"这是诗中的园林景色，"枯藤老树昏鸦，小桥流水人家"这是田园景色的诗意。中国园林就是这样与诗有着千丝万缕的联系，彼此不分，相辅相成。苏州园林是私家园林中遗产最丰富的，最为著名的有网狮园、留园、拙政园等。

2.中国近代建筑

中国近代建筑大致可以分为三个发展阶段。

（1）19世纪中叶到19世纪末

该时期是中国近代建筑活动的早期阶段，新建筑无论在类型上、数量上还是规模上都十分有限，但它标志着中国建筑开始突破封闭状态，迈开了向现代转型的初始步伐。通过西方近代建筑的被动输入和主动引进，酝酿着近代中国新建筑体系的形成。

该时期的建筑活动主要出现在通商口岸城市，一些租界和外国人居留地形成的新城区。这些新城区内出现了早期的外国领事馆、工部局、洋行、银行、商店、工厂、仓库、教堂、饭店、俱乐部和洋房住宅等。这些输入的建筑以及散布于城乡各地的教会建筑是本时期新建筑活动的主要体现。它们大体上是一二层楼的砖木混合结构，外观多为欧洲古典式的风貌，北京陆军部南楼的立面形式就是这个时期的典型风格。

（2）19世纪末到20世纪30年代末

该时期为近代建筑活动的繁荣期。19世纪90年代前后，各主要资本主义国家先后进入帝国主义阶段，中国被纳入世界市场范围。在建筑领域的表现为租界和租借地、附属地城市的建筑活动大为频繁；为资本输出服务的建筑，如工厂、银行、火车站等类型增多；建筑的规模逐步扩大；洋行打样间的匠商设计逐步为西方专业建筑师所取代，新建筑设计水平明显提高。

在这样的历史背景下，中国近代建筑的类型大大丰富了，居住建筑、公共建筑、工业建筑的主要类型已大体齐备；水泥、玻璃、机制砖瓦等新建筑材料的生产能力有了明显发展；近代建筑工人队伍壮大了，施工技术和工程结构也有较大提高，相继采用了砖石钢骨混合结构和钢筋混凝土结构。这些都表明，近代中国的新建筑体系已经形成，并在此基础上发展，在1927年到1937年间，达到繁盛期。

这个时期的上海典型的居住建筑形式为石库门里弄住宅。石库门里弄的总平面布局吸取欧洲联排式住宅的毗连形式，单元平面则脱胎于中国传统三合院住宅，将前门改为石库门，前院改为天井，形成三间二厢及其他变体。

北京的商业建筑往往是在原有基础上的扩大。对于某些商业、服务行业建筑，如大型的绸缎庄、澡堂、酒馆等，单纯的门面改装仍不能满足多种商品经营和容纳更多人流的需要，因此，出现了在旧式建筑的基础上，扩大活动空间的尝试。它们的共同特点是在天井上加钢架天棚，使原来室外空间的院子变成室内空间，并与四合院、三合院周围的楼房连成一片，形成串通的成片的营业厅。北京前门外谦祥益绸缎庄就是这类布局的代表性实例。

1925年南京中山陵设计竞赛，是中国建筑师开始传统复兴的设计活动探索的开始。中山陵选用了获竞赛头奖的中国建筑师吕彦直的方案。这是中国建筑师第一次规划设计大型纪念性建筑组群，也是中国建筑师规划、设计传统复兴式的近代大型建筑组群的重要起点。

（3）20世纪30年代末到40年代末

该时期中国陷入了十几年的战争状态，近代化进程趋于停滞，建筑活动很少。20世纪40年代后半期，通过西方建筑书刊的传播和少数新回国建筑师的影响，中国建筑界加深了对现代主义的认识。梁思成于1946年创办清华大学建筑系，并实施"体形环境"设计的教学体系，为中国的现代建筑教育奠定了基础。只是在这一阶段，建筑业极为萧条，现代建筑的实践机会很少。总的来说，这是近代中国建筑活动的一段停滞期。

3.中国现代建筑

1949年中华人民共和国成立以后，随着国民经济的恢复和发展，建设事业取得了很大的成就。1959年在中华人民共和国成立10周年之际，北京市兴建了人民大会堂、北京火车站、民族文化宫等首都十大建筑，从建筑规模、建筑质量到建设速度都达到了很高水平。

在我国20世纪60年代到70年代的广州、上海、北京等地兴建了一批大型公共建筑,如1968年兴建的27层广州宾馆,1977年兴建的33层广州白云宾馆,1970年兴建的上海体育馆等建筑,都是当时高层建筑和大跨度建筑的代表作。

进入20世纪80年代以来,随着改革开放和经济建设的不断发展,我国的建设事业也出现了蓬勃发展的局面。1985年建成的北京国际展览中心是我国最大的展览建筑,总建筑面积7.5万平方米。1987年建成的北京图书馆新馆,建筑面积14.2万平方米,是我国规模最大、设备与技术最先进的图书馆。1990年建成的国家奥林匹克体育中心总建筑面积12万平方米,占地66万平方米,包括20000座的田径场、6000座的游泳馆、2000座的曲棍球场等大中型场馆,以及两座室内练习馆、田径练习场、足球练习场、投掷场和检录处等辅助设施。其中游泳馆(英东游泳馆)建筑面积38000平方米,建筑风格独特,设备性能良好,附属设备完整,是具有世界一流水准的游泳馆。20世纪90年代后,我国还兴建了一大批超高层建筑,如上海的金茂大厦等,标志着我国高层建筑发展已达到或接近世界先进水平。

(二)西方建筑的发展

1.原始社会时期建筑

原始人最初栖居形式有巢居和穴居,随着生产力的发展,开始出现了竖穴居、蜂巢形石屋、圆形树枝棚等形式。这个时期还出现了不少宗教性与纪念性的巨石建筑,如崇拜太阳的石柱、石环等。

2.奴隶制社会时期建筑

在奴隶制时期,古埃及、西亚、波斯、古希腊和古罗马的建筑成就比较高,对后世的影响比较大。古埃及、西亚和波斯的建筑传统热曾因历史的变迁而中止。唯有古希腊和古罗马的建筑,两千多年来一脉相承,因此欧洲人习惯于把希腊、罗马文化称为古典文化,把它们的建筑称为古典建筑。

(1)古埃及建筑

古埃及是世界上最古老的国家之一,在这里产生了人类第一批巨大的纪念性建筑物。其建筑形式主要有金字塔、方尖碑、神庙等。

金字塔是古埃及最著名的建筑形式,它是古埃及统治者"法老"的陵墓,至今已有5000余年的历史。散布在尼罗河下游两岸的金字塔共有70多座,最大的一座为胡夫金字塔。胡夫金字塔建于公元前2613—前2494年的埃及古王国时期,是法国1889年建起埃菲尔铁塔之前世界上最高的建筑,它用230万块重2.5吨的巨石砌成,高达146.4米,底面边长230.6米。

方尖碑是古埃及人崇拜太阳的纪念碑,常成对竖立于神庙的入口处,高度不等,已知最高者达50余米,一般修长比为9:1~10:1,用整块花岗岩制成,碑身刻有象形文字的阴刻图案。

神庙在古埃及是仅次于陵墓的重要建筑类型之一。神庙有两个艺术处理的重点部位。一个是大门，群众性的宗教仪式在其前面举行。因此，其艺术处理风格力求富丽堂皇，和宗教仪式的戏剧性相适应。另一个是大殿内部，国王在这里接受少数人的朝拜，和仪典的神秘性相适应。卡拉克的太阳神庙是规模最大的神庙之一，总长366米，宽110米，前后一共建造了六道大门。大殿内部净宽103米，进深52米，密排134根柱子。中央两排12根柱子高21米，其余的柱子高12.8米，柱子净空小于柱径，用这样密集的柱子，是有意制造神秘的、压抑的氛围。

（2）古代西亚建筑

古代西亚建筑包括公元前3500—前539年的两河流域，又称美索不达米亚，即幼发拉底河与底格里斯河流域的建筑，公元前553—前330年的波斯建筑和公元前1100—前500年叙利亚地区的建筑。

古代两河流域的人们崇拜天体和山岳，因此他们建造了规模巨大的山岳台和天体台。如今残留的乌尔观象台，是夯土的外面贴一层砖，第一层的基底尺寸为65米x45米，高约9.75米，第二层基底尺寸为37米x23米，高2.5米，以上部分残毁，据估算总高大约21米。

琉璃是美索不达米亚人为防止土坯群建筑遭暴雨冲刷和侵袭而创造的伟大发明，这应当说是两河流域的人在建筑上最突出的贡献。公元前6世纪前半叶建立的新巴比伦城，重要的建筑物已大量使用琉璃砖贴面。如保存至今的新巴比伦的伊什达城门，用蓝绿色的琉璃砖与白色或金色的浮雕作装饰，异常精美。

而后兴起的亚述帝国，在统一西亚、征服埃及后，在两河流域留下了规模巨大的建筑遗址。始建于公元前705年的萨艮王宫，建设在距离地面18米的人工砌筑的土台上，宫殿占地约17公顷，共有30个院落210个房间。

（3）古希腊建筑

古希腊是欧洲文化的摇篮，古希腊的建筑同样也是西欧建筑的开拓者。它的一些建筑物的形制，石质梁柱结构构件和组合的特定的艺术形式，建筑物和建筑群设计的一些艺术原则，深深地影响着欧洲两千年的建筑史。古希腊纪念性建筑在公元前6世纪大致形成，到公元前5世纪趋于成熟，公元前4世纪进入一个形制和技术更广阔的发展时期。

古希腊留给世界最具体而且直接的建筑遗产是柱式。柱式就是石质梁柱结构体系各部件的样式和它们之间组合搭接方式的完整规范，包括柱、柱上檐部和柱下基座的形式和比例。有代表性的古典柱式是多立克、爱奥尼和科林斯柱式。多立克柱式刚劲雄健，用来表示古朴庄重的建筑形式；爱奥尼柱式清秀柔美，适用于秀丽典雅的建筑形象；科林斯柱式的柱头由忍冬草的叶片组成，宛如一个花篮，体现出一种富贵豪华的气派。

（4）古罗马建筑

古罗马帝国是历史上第一个横跨欧、亚、非大陆的奴隶制帝国。罗马人是伟大的建设者，他们不但在本土大兴土木，建造了大量雄伟壮丽的各类世俗性建筑和纪念性建筑，而且在帝国的整个领土里普遍建设。3世纪是古罗马建筑最繁荣的时期，也是世界奴隶制时代建筑的最高水平。

古罗马人在建筑上的贡献主要有以下几方面。

1）适应生活领域的扩展，扩展了建筑创作领域，设计了许多新的建筑类型，每种类型都有相当成熟的功能形制和艺术样式。

2）空前地开拓了建筑内部空间，发展了复杂的内部空间组合，创造了相应的室内空间艺术和装饰艺术。

3）丰富了建筑艺术手法，增强了建筑艺术表现力，增加了许多构图形式和艺术母题。这三大贡献，都以另外两项成就为基础，即完善的拱券结构体系和以火山灰为活性材料制作天然混凝土。混凝土和拱券结构相结合，使罗马人掌握了强有力的技术力量，创造了辉煌的建筑成就。

古罗马的建筑成就主要集中在有"永恒之都"之称的罗马城，以罗马城里的大角斗场、万神庙和大型公共浴场代表。古罗马万神庙是穹顶技术的成功一例。万神庙是古罗马宗教膜拜诸神的庙宇，平面由矩形门廊和圆形正殿组成，圆形正殿直径和高度均为43.3米，上覆穹隆，顶部开有直径8.9米的圆洞，可从顶部采光，并寓意人与神的联系。这一建筑从建筑构图到结构形式，堪称古罗马建筑的珍品。

古罗马大角斗场是古罗马帝国的标志建筑之一。建筑平面呈椭圆形，长轴188米，短轴156米，立面高48.5米，分为4层，下三层为连续的券柱组合，第4层为实墙。它是建筑功能、结构和形式三者和谐统一的楷模，有力地证明了古罗马建筑已发展到了相当成熟的水平。

3.封建社会时期建筑

12-13世纪，西欧建筑又树立起一个新的高峰，在技术和艺术上都有伟大成就而又具有非常强烈的独特性，这就是哥特建筑。

哥特式建筑是垂直的，据说有感于森林里参天大树，人们认为那些高高的尖塔与上帝更接近。哥特式建筑与"尖拱技术"同步发展，使用两圆心的尖券和尖拱也大大加高了中厅内部的高度。在这一时期建造的法国巴黎圣母院为哥特式教堂的典型实例。它位于巴黎的斯德岛上，平面宽47米，长125米，可容纳万人，结构用柱墩承重，柱墩之间全部开窗，并有尖券六分拱顶、飞扶壁。建筑形象体现了强烈的宗教气氛。

4.文艺复兴时期建筑

文艺复兴是"人类从来没有经历过的最伟大、进步的变革"。这是一个需要巨人，亦产生巨人的伟大时代，这一时期出现了一大批在建筑艺术上创造出伟大成就的巨匠，达·芬奇、米开朗基罗、拉菲尔等，这些伟大的名字，是文艺复兴时期的象征。

文艺复兴举起的是人文主义大旗，在建筑方面的表现主要有以下几方面。

（1）为现实生活服务的世俗建筑的类型大大丰富，质量大大提高，大型府邸成为这个时期建筑的代表作品之一。

（2）各类建筑的型制和艺术形式都有很多新的创造。

（3）建筑技术，尤其是穹顶结构技术进步很大，大型建筑都用拱券覆盖。

（4）建筑师完全摆脱了工匠师傅的身份，他们中许多人是多才多艺的"巨人"和个性强烈的创作者。建筑师大多身兼雕刻家和画家，将建筑作为艺术的综合，创造了很多新的经验。

（5）建筑理论空前活跃，产生一批关于建筑的著作。

（6）恢复了中断许久的古典建筑风格，重新使用柱式作为建筑构图的基本元素，追求端庄、和谐、典雅、精致的建筑形象，并一直发展到19世纪。这种建筑形式在欧洲各国都占有统治地位，甚至有的建筑师把这种古典建筑形式绝对化，发展成为古典主义学院派。

5.近现代时期建筑

19世纪欧洲进入资本主义社会。在此初期，虽然建筑规模、建筑技术、建筑材料都有很大发展，但是受到根深蒂固的古典主义学院派的束缚，建筑形式没有发生大的变化，到19世纪中期，建成的美国国会大厦仍采用文艺复兴式的穹顶。但社会在进步，技术在发展，建筑新技术、新内容与旧形式之间矛盾仍在继续。19世纪中叶开始，一批建筑师、工程师、艺术家纷纷提出各自见解，倡导"新建筑"运动。到20世纪20年代出现了名副其实的现代建筑，即注重建筑的功能与形式的统一，力求体现材料和结构特性，反对虚假、繁琐的装饰，并强调建筑的经济性及规模建造。对20世纪建筑做出突出贡献的人很多，但有四个人的影响和地位是别人无法替代的，一般称为"现代建筑四巨头"，他们分别是格罗皮乌斯、勒·柯布西埃、密斯·凡·德·罗和赖特。

格罗皮乌斯的"包豪斯"校舍体现了现代建筑的典型特征，形式随从功能；勒·柯布西埃的萨伏伊别墅体现了柯布西埃对现代建筑的深刻理解；密斯·凡·德·罗的巴塞罗那德国馆渗透着对流动空间概念的阐释；赖特的流水别墅是对赖特的"有机建筑"论解释的范例。

随着社会的不断发展，特别是19世纪以来，钢筋混凝土的应用、电梯的发明、新型建筑材料的涌现和建筑结构理论的不断完善，高层建筑、大跨度建筑相继问世。尤其是第二次世界大战后，建筑设计出现多元化时期，创造了丰富多彩的建筑形式及经典建筑作品。

罗马小体育馆的平面是一个直径60米的圆，可容纳观众5000人，兴建于1957年，它是由意大利著名建筑师和结构工程师奈尔维设计的。他把使用要求、结构受力和艺术效果有机地进行了结合，可谓体育建筑的精品。

巴黎国家工业和技术中心陈列馆平面为三角形，每边跨度218米，高度48米，总建筑面积90000平方米，是目前世界上最大的壳体结构，兴建于1959年。

纽约机场候机厅充分地利用了钢筋混凝土的可塑性，将机场候机厅设计成形同一只凌空欲飞的鸟，象征机场的功能特征。该建筑于1960年建成，由美国著名建筑师伊罗·萨里宁设计。

中世纪最高的建筑完全是为宗教信仰的目的而建，到19世纪末的埃菲尔铁塔显示的是新兴资产阶级的自豪感。现代几乎所有的摩天大厦都是商业建筑，如在"9·11"事件中倒塌的纽约世界贸易中心双子塔。

第二节　建筑设计的内容与原则

建筑设计是建筑工程设计的一部分。建筑工程设计是指设计一个建筑物或一个建筑群体所要做的全部工作，一般包括建筑设计、结构设计和设备设计等几部分内容。

建造建筑是一个比较复杂的物质生产过程，它需要多方面的配合，因此在施工之前，必须对建筑或建筑群的建造做一个全面的研究，制订出一个合理的方案，编制出一套完整的施工图样和文件，为施工提供依据。

一、建筑设计的内容

建筑工程一般要经过设计和施工两个步骤。古代建筑设计和施工是合二为一的，后来由于建筑功能、技术日益复杂，才有了建筑师与工程师的分工。目前在设计工作中，一般分工是建筑、结构和设备（包括水、暖、电等）分别由不同专业的工程师负责。在工业建筑设计中，又有负责工艺设计的工程师参与。

（一）建筑设计应考虑解决的问题

建筑设计在整个建筑工程设计中起着主导和"龙头"作用，一般是由建筑师来完成，它主要是根据计划任务书（包括设计任务书），在满足总体规划的前提下，对基地环境、建筑功能、结构施工、材料设备、建筑经济和艺术形象等方面做全面的综合分析，在此基础上提出建筑设计方案，再进行初步设计和施工图设计，对于大型和复杂工程还有一个技术设计阶段。建筑师在建筑设计过程中应统筹考虑以下几个方面的问题。

（1）考虑建筑的功能和使用要求。创造良好的空间环境，以满足人们生产、生活和文化等各种活动的需求。

（2）考虑建筑与城镇和周围自然条件的关系，使建筑物的总体布局满足城镇建设和环境规划的要求。

（3）考虑建筑的内外形式，创造良好的建筑形象，以满足人们的审美要求。

（4）考虑材料、结构与设备布置的可能性与合理性，妥善地解决建筑功能和艺术要求与材料、结构和设备之间的矛盾。

（5）考虑经济条件，使建筑设计符合各项技术经济指标，降低造价，节省投资。

（6）考虑施工技术问题，为施工创造有利条件，并促进建筑工业化。

总之，建筑设计是在一定的思想和方法指导下，根据各种条件，运用科学规律和美学规律，通过分析、综合和创作，正确处理各种要求之间的相互关系，为创造良好的空间环境提供方案和建造蓝图所进行的一种活动。它既是一项政策性和技术性很强的、内容非常广泛的综合性工作，也是一个艺术性很强的创作过程。

（二）建筑设计内容

建筑设计包括建筑空间环境的组合设计和建筑构造设计两部分内容。

（1）建筑空间环境的组合设计主要是通过对建筑空间的限定、塑造和组合，来解决建筑的功能、技术、经济和美观等问题。它的具体内容主要是通过下列设计来完成的。

①建筑总平面设计：主要是根据建筑物的性质和规模，结合自然条件和环境特点（包括地形、道路、绿化、朝向、原有建筑设计和设计管网等），来确定建筑物或建筑群的位置和布局，规划基地范围内的绿化、道路和出入口，以及布置其他的总体设施，使建筑总体满足使用要求和艺术要求。

②建筑平面设计：主要是根据建筑物的使用功能要求，结合自然条件、经济条件、技术条件（包括材料、结构、设备、施工）等，来确定房间的大小和形状，确定房间与房间之间以及室内与室外空间之间的分隔与联系方式和平面布局，使建筑物的平面组合满足实用、经济、美观、流线清晰和结构合理的要求。

③建筑剖面设计：主要是根据功能和使用方面对立体空间的要求，结合建筑结构和构造特点，来确定房间各部分高度和空间比例；考虑垂直方向空间的组合和利用；选择适当的剖面形式；进行垂直交通和采光、通风等方面的设计，使建筑物立体空间关系符合功能、艺术和技术、经济的要求。

④建筑立面设计：主要是根据建筑物的功能和性质，结合材料、结构、周围环境特点以及艺术表现的要求，综合地考虑建筑物内部的空间形象、外部的体形组合、立面构图以及材料的质感、色彩的处理等诸多因素，使建筑物的形式与功能统一，创造良好的建筑造型，以满足人们的审美要求。

（2）建筑构造设计主要是对房屋建筑的各组成构件，确定材料和构造方式，来解决建筑的功能、技术、经济和美观等问题。它的具体设计内容主要包括对基础、墙体、楼地面、楼梯、屋顶、门窗等构件进行详细的构造设计。

值得注意的是，建筑空间环境组合设计中，总平面设计以及平、立、剖各部分设计是一个综合考虑的过程，并不是相互孤立的设计步骤；而建筑空间环境的组合设计与构造设计，虽然两者具体的设计内容有所不同，但其目的和要求却是一致的，即都是为了建造一个实用、经济、坚固、美观的建筑物，因此设计时也应综合考虑。

二、建筑设计的基本原则

"适用、经济、在可能的条件下注意美观"是1953年我国第一个五年计划开始时提出来建筑设计的基本原则。

（1）适用原则。适用是指合乎我国经济水平和生活习惯，包括满足生产、生活或文化等各种社会活动需要的全部功能使用要求。

（2）经济原则。经济是指在满足功能使用要求、保证建筑质量的前提下，降低造价，节约投资。

（3）美观原则。美观是指在适用、经济条件下，使建筑形象美观悦目，满足人们的审美要求。

"适用、经济、在可能的条件下注意美观"说明三者的关系既辩证统一，又主次分明。因此它符合建筑发展的基本规律，反映了建筑的科学性。

由于建筑本身包括功能、技术、经济、艺术等多方面的因素，所以在坚持建筑设计的基本原则的同时，还必须考虑相关方面的方针政策和规范的要求，例如在规划方面，要贯彻"工农结合，城乡结合，有利生产，方便生活"的方针；在技术方面，要贯彻"坚固适用，技术先进，经济合理"的方针；在艺术方面，要贯彻"古为今用，洋为中用，百花齐放，百家争鸣"的方针等。

此外，由于我国幅员辽阔，民族众多，各地的自然条件、经济水平、生活习惯等都不尽相同，所以在进行具体设计时，还必须根据具体情况，从实际出发来贯彻建筑设计的基本原则。

在建筑设计中，要完全达到适用、经济、美观，往往是有矛盾的。建筑设计的任务就是要善于根据设计的基本原则，把这三者有机地统一起来。

第二章　建筑设计及理论研究

第一节　建筑设计的阶段

在建造建筑之前，应事先做好设计，经过规定的审批程序和设计阶段，最后交付施工单位施工。建筑工程设计与施工的过程，是依法依规和按照规定程序进行的过程。

一、接受任务阶段和调查研究

（一）接受任务

接受任务阶段的主要工作是与业主接触，充分了解业主的要求，接受设计招标书（或设计委托书）及签署有关合同；了解设计要求和任务；从业主处获得项目立项批准文号、地形测绘图、用地红线、规划红线及建筑控制线以及书面的设计要求等设计依据，并做好现场踏勘，收集到较全面的第一手资料。

（二）调查研究

调查研究是设计之前较重要的准备工作，包括对设计条件的调研，与艺术创作有关的采风，以及与建筑文化内涵相关的田野调查等，也包括对同类建筑设计的调研。

1.设计条件调查

①场地的地理位置，场地大小，场地的地形、地貌、地物和地质，周边环境条件与交通，城市的基础设施建设等。

②市政设施，包括水源位置和水压、电源位置和负荷能力、燃气和暖气供应条件、场地上空的高压线、地下的市政管网等。

③气候条件，如降雨量、降雪、日照、无霜期、气温、风向、风压等。

④水文条件，包括地下水位、地表水位的情况。

⑤地质情况，如溶洞、地下人防工程、滑坡、泥石流、地陷以及下面岩石或地基

的承载力等情况，还有该地的地震烈度和地震设防要求等。在建筑设计之初，可以通过《中国地震烈度区划图》等，了解当地的抗震设防要求。

⑥采光通风情况。

2.采风

大多数门类的艺术在创作之初，艺术家都会进行采风，从生活当中为艺术创作收集素材，并获取创意和灵感。例如，贝聿铭在接受中国政府委托进行北京香山饭店的设计之初，就游历了苏州、杭州扬州、无锡等城市，参观了各地有名的园林和庭院，收集了大量的第一手资料，经过加工和提炼后，融入其设计作品之中，使得中国本土的建筑艺术和文化在香山饭店这样的当代建筑中，重新焕发出炫目的光彩。

3.田野调查

田野调查（田野考察）是民俗学或民族文化研究的术语，建筑的田野调查是将传统建筑作为一项民俗事项，全方位地进行考察，其特点是不仅只考察建筑本身，还应了解当地传统、使用者和风俗等与建筑的相互关系。在近代中国的民族复兴过程中，中国本土设计师不断尝试将中国传统建筑特点与当代建造技术相结合，产生了例如中山纪念堂、中华人民共和国成立10周年的十大纪念建筑之一的中国美术馆，以及中华人民共和国成立之初建造的重庆人民大礼堂、天安门广场的人民英雄纪念碑等优秀作品。在当代建筑设计中，讲求建筑的"文脉"也成为建筑师们的共识。

建筑的田野调查，就是把地方的、民族的传统建筑作为物质文化遗产进行研究，从中汲取营养，以便在创作中传承和发扬优秀民族文化遗产和地方特色。因为文化艺术作品越是民族的，就越是世界的。

（三）现场踏勘

现场踏勘是实地考察场地环境条件，依据地形测绘图，对场地的地形、地貌和地物进行核实和修正，以使设计能够切合实际。因为地形图往往是若干年前测绘的，而且能提供的信息有限，设计不能仅凭测绘图作业，所以必须进行现场踏勘。

1.地形测绘图

现在建筑工程设计都使用电子版的地形测绘图，1个单位代表1m，我国的坐标体系是2000年国家大地坐标系。很多城市为减小变形偏差，还有自己的体系，称为城市坐标体系。与数学坐标和计算机中CAD界面的坐标（数学坐标）不同，其垂直坐标是X，横坐标是Y，在图纸上给建筑定位时，应将计算机中CAD界面的坐标值转换成测绘图的坐标体系，就是将X和Y的数值互换。

2.地形、地貌和地物

地形是指地表形态，可以绘制在地形图上。地貌不仅包括地形，还包括其形成的原因，如喀斯特地貌、丹霞地貌等。地物是地面上各种有形物（如山川、森林、建筑物等）和无形物（如省、县界等）的总称，泛指地球表面上相对固定的物体。地形和地物大多以图例的方式反映在测绘图上。

3.高程

各测绘图上的高程（即海拔高度）是统一的，如未说明，在我国都是以青岛黄海的平均海平面作为零点起算。

4.风向频率图

风向频率图也称风玫瑰图，是以极坐标形式表示不同方向的风，在一个时间段（例如1年）出现的频率。它将风向分为8个或16个方向，按各方向风出现的频率标出数值并闭合成折线图形，中心圆圈内的数字代表静风的频率。极坐标的数值与风的大小无关，仅表示调查时出现的频率，风的方向在图上是向心的。

二、概念性方案设计阶段

（一）概念性方案设计的含义

概念性方案设计主要适用于项目设计的初期，是侧重于创意性和方向性，主要向政府或甲方直观地阐述方案的特点和发展方向，以便于进一步具体实施的过程性文件，常用于国内外各种建筑和规划项目的投标上，因此，在深度上的要求相对较为宽松。

对于概念方案设计的成果文件，目前行业和国家并没有相关的官方文件对深度和内容进行明确的规定，在执行上有一定灵活性，主要应当结合政府报批要求及公司内部要求，采用多样化的表现手法。为充分展示设计意图、特征和创新之处，可以有分析图草图、总平面及单体建筑图、透视图，还可根据项目需要增加模型、电脑动画、幻灯片等。概念方案设计的主要目的是帮助业主提出一个合理的设计任务书，以指导今后的设计阶段。

（二）成果要求

1.列出设计依据性文件、基础资料及任务书要求

①设计依据性文件：相关的国家标准、行业标准、地方条例和规定等。

②基础资料及要求：业主提供的文件资料，包括项目的背景、地形测绘图（红线）、设计要求（设计任务书，应注明项目的功能定位和规模要求等）。

2.总平面设计说明

概述场地本身的现状特点和建设情况，阐述总平面的构思特点，分别从功能布局、交通组织、环境设计、竖向设计及建筑总体与周边环境的关系等方面介绍总平面的设计策略。

①功能布局：梳理建筑的几大功能分区及其相对应的位置关系。

②交通组织：人流和车流的分别组织，车行道和车库出入口的设置.明确主要的出入口及其竖向交通的位置，设计不同使用人群在空间内部的交通路线。

③环境设计：场地整体的景观设计策略，主要的景观轴线和节点的设置。

④竖向设计：对原有地形的处理，地形的挖方和填方等。

3.建筑设计说明

①从建筑层面介绍方案的设计构思和功能、流线、空间等层面的处理手法。

②说明使用功能布局、交通流线及出入口安全疏散，以及建筑单体、群体的空间构成特点。

③当采用新材料、新技术时，应说明相关性能。

4.区位分析图

①描述项目用地的地理位置。

②分析周边资源分布（景观资源、文化资源、教育资源、商业资源等），进行城市规划、分区规划解读。

③地块现状分析，包括现状功能、现存建筑和构筑物、场地高差等。

5.总平面图

①场地内及四邻环境的反应。

②用地红线及建筑控制线应表达清楚。

③场地内拟建道路、停车场、广场、地下车库出入口、消防登高面、消防车道、绿地及建筑物的位置，并表示出主要建筑物与用地界线（或道路红线、建筑红线）及相邻建筑物之间的距离。

④拟建主要建筑物的名称、出入口位置、层数与设计标高，以及主要道路、广场的控制标高。

⑤指北针或风玫瑰图、比例、图例、经济技术指标。

6.分析图

①交通分析：车行、人行道路系统、小区出入口分析。

②车库及停车分析：地上、地下停车分析，车库出入口设置。

③景观分析：景观规划理念、意向节点分析。

④消防分析：消防通道、登高面分析。

⑤日照分析：日照分析图，并附计算方式及当地日照要求。

7.平面图、剖面图、立面图

8.建筑效果图和建筑模型

①建筑效果图必须准确地反映建筑设计内容及环境，不得制作虚假效果误导评审。

②建筑模型必须准确按要求比例制作，如实反映建筑设计内容及周边环境状况。

三、方案设计阶段

建筑设计阶段包括方案设计、初步设计和施工图设计三个阶段。方案设计阶段主要是提出建造的设想；初步设计阶段主要是解决技术可行性问题，规模较大、技术含量较高的项目都要进行这个阶段设计；施工图设计阶段主要是提供施工建造的依据。

方案设计阶段是整个建筑设计过程中重要的初始阶段，方案设计阶段以建筑工种为主，其他工种为辅。建筑工种以各种图纸来表达设计思想为主，文字说明为辅，而其他工种主要借助文字说明来阐述设计。建筑方案设计阶段主要解决建筑与城市规划、与场地环境的关系，明确建筑的使用功能要求，进行建筑的艺术创作和文化特色打造等，为后续设计工作奠定好的基础。

（一）方案设计的依据

1.业主提供的文件资料

业主提供的文件资料是重要的设计依据之一，包括项目立项批准文件、设计要求（体现在设计任务书、设计委托书、设计合同等文件中）、地形测绘图（含红线）等。

2.有关的国家标准、行业标准、地方条例和规定等

设计依据可以理解为在法庭上能够作为证据的资料。在建筑的设计和建设过程中，难免出现意外事件、质量问题、责任事故和经济纠纷等，为分清利益方各自的责任和义务，这些文件相当重要。从这点上说，一些教材和设计参考资料等不能算作设计依据。

（二）设计指导思想

设计指导思想是整个设计与建造过程中遵循或努力实现的设计理念，例如环保、节能和生态可持续发展等；也包括一些不能忽视和回避的设计原则，如安全、牢固、经济、技术和设计理念的先进等，常被用作控制设计和建造质量的准则。

（三）设计成果

设计成果体现在设计的优点、特点和技术经济指标方面，见之于设计说明之中，也体现在各种设计图和表现图上。任何艺术作品都具备唯一性，有着与众不同的艺术特点，这是大型项目方案说明之中会特别强调的内容。技术指标是指照度、室内混响和耐火极限这一类的技术参数：经济指标主要体现在有关用地指标和建筑面积及其分配等方面，这些指标都能反映设计的质量。

方案设计阶段的图纸文件，有设计说明、建筑总平面图、平面图、立面图、剖面图和设计效果图等。

1.方案设计说明

方案设计说明包括方案设计总说明、总平面设计说明、建筑设计说明和其他各工种设计说明。

（1）方案设计总说明

①与工程设计有关的依据性文件的名称和文号，如用地红线图、政府有关主管部门对立项报告的批文、业主的设计任务书等。

②设计所执行的主要法规和所采用的主要标准（包括标准的名称、编号、年号和版本号）。

③设计基础资料，如气象、地形地貌、水文地质、地震基本烈度、区域位置等。

④简述政府有关主管部门对项目设计的要求。

⑤简述业主委托设计的内容和范围，包括功能项目和设备设施的配套情况。

⑥工程规模（如总建筑面积、总投资、容纳人数等）、项目设计规模等级和设计标准（包括结构的设计使用年限、建筑防火类别、耐火等级、装修标准等）。

⑦主要技术经济指标，如总用地面积、总建筑面积及各分项建筑面积、建筑基底总面积、绿地总面积、容积率、建筑密度、绿地率、停车泊位数，以及主要建筑的层数、层高和总高度等指标。技术指标能够反映设计质量的优劣，如抗震等级、防火等级、安全疏散等有关指标；经济指标能反映资源利用方面的合理与否，如与用地面积和建筑面积有关的各项指标。两者通常合在一起表述，统称为"技术经济指标"。

2. 总平面设计说明

①概述场地现状特点和周边环境情况及地质地貌特征，阐述总体方案的构思意图和布局特点，以及在竖向设计、交通组织、防火设计、景观绿化、环境保护等方面所采取的具体措施。

②说明关于一次规划、分期建设，以及原有建筑和古树名木保留、利用、改造（改建）的总体设想。

3. 建筑设计说明

①建筑方案的设计构思和特点。

②建筑群体和单体的空间处理、平面和竖向构成、立面造型和环境营造、环境分析（如日照、通风、采光）等。

③建筑的功能布局和各种出入口、垂直交通运输设施（如楼梯、电梯、自动扶梯）的布置。

④建筑内部交通组织、防火和安全疏散设计。

⑤关于无障碍和智能化设计方面的简要说明。

⑥当建筑在声学、建筑防护、电磁波屏蔽等方面有特殊要求时，应作相应说明。

⑦建筑节能设计说明，含设计依据、项目所在地的气候分区、建筑节能设计概述及围护结构节能措施等。

4. 其他各工种设计说明

其他还有结构设计说明、给水排水设计说明、采暖通风与空气调节设计说明、热能动力设计说明、投资估算说明等，由其他专业人员编写后编入方案设计说明。

5. 方案设计图纸的构成、图纸深度和表达

（1）总平面设计应该表述的内容

①场地的区域位置。

②场地的范围（用地和建筑物各角点的坐标或定位尺寸）和地形测绘图。

③场地内及四邻环境的详尽介绍。

④场地内拟建道路、停车场、广场、绿地及建筑物的布置，并表示出主要建筑物与各类控制线（用地红线、道路红线、建筑控制线等）、相邻建筑物之间的距离、建筑物总尺寸，以及基地出入口与城市道路交叉口之间的距离。

⑤拟建主要建筑物的名称、出入口位置、层数、建筑高度、设计标高，以及地形复杂时主要道路和广场的控制标高。

（2）方案平面图应表述的内容。

①平面的总尺寸、开间、进深尺寸及结构受力体系中的柱网、承重墙位置和尺寸（也可用比例尺表示）。

②各主要使用房间的名称。

③各楼层地面标高、屋面标高。

④室内停车库的停车位和行车线路。

⑤底层平面图应标明剖切线位置和编号，并应标示指北针。

⑥必要时应绘制主要用房的放大平面和室内布置。

⑦图纸名称、比例或比例尺。

（3）方案立面图应表述的内容

①为体现建筑造型的特点，选择绘制一两个有代表性的立面。

②各主要部位和最高点的标高或主体建筑的总高度。

③当与相邻建筑（或原有建筑）有直接关系时，应绘制相邻或原有建筑的局部立面图。

④图纸名称、比例或比例尺。

方案的立面图应该表现建筑立面上所有内容的投影，应采用不同粗细的实线来区别内容的主次，乃至前后空间关系，最后加上配景。主要线型有4～5个等级，由粗到细分别为地平线、建筑外轮廓线、局部轮廓线（例如雨棚、突出的柱子、阳台等）、实物的投影线（门窗洞口等），最后是分格线（例如门窗分格、墙面的分格线）。由于线条的特点是越粗越显得突出，因此较重要的或空间距离较近的物体，会用较粗的线条来描述，这个原理也应用于平面图、剖面图和总平面图。

（4）方案剖面图应表述的内容

①剖面应剖在高度和层数不同、空间关系比较复杂的部位。

②各层标高及室外地面标高，建筑的总高度。

③若遇有高度控制时，还应标明最高点的标高。

④剖面编号、比例或比例尺。

剖面图用于反映建筑内部的垂直方向的空间关系，剖面图的获取位置（即剖切位置），应最能展现这种关系。

四、初步设计阶段和施工图设计阶段

（一）初步设计阶段

建筑规模较大、技术含量较高或较重要的建筑，应进行初步设计，以实现技术的可行性，并以此缩短设计和施工的整个周期。初步设计作为方案设计和施工图之间的过渡，用于技术论证和各专业的设计协调，其成果也可作为业主采购招标的依据，而且便于业主与设计方或不同设计工种在深入设计时的配合。

（二）施工图设计阶段

1.建筑工程全套施工图有关文件

①合同要求所涉及的包括建筑专业在内的所有专业的设计图纸，含图纸目录、说明和必要的设备、材料表以及图纸总封面；对于涉及建筑节能设计的专业，其设计说明应有建筑节能设计的专项内容。

②合同要求的工程预算书。对于方案设计后直接进入施工图设计的项目，若合同未要求编制工程预算书，施工图设计文件应包括工程预算书。

③各专业计算书。计算书不属于必须交付的设计文件，但应按《建筑工程设计文件编制深度规定》的相关条款要求编制并归档保存。

2.建筑工程施工图的作用

全套建筑工程施工图是由包括建筑专业施工图在内的各专业工种的施工图组成的，是工程建造和造价预算的依据。

3.建筑专业施工图

建筑专业施工图应交代清楚以下内容，使得负责施工的单位和人员能够照图施工而无疑义：

①施工的对象和范围：交代清楚拟建的建筑物的大小、数量、位置和场地处理等。

②施工对象从整体到各个细节，从场地到整个建筑直至各个重要细节（例如一个栏杆甚至一根线条）的以下内容：施工对象的形状，施工对象的大小，施工对象的空间位置，建造和制作所用的材料，材料与构件的制作、安装固定和连接方法，对建造质量的要求。

（1）建筑专业施工图的构成

建筑专业施工图的图纸部分由总平面图、基本图和大样图组成，其叙述设计思想和对施工要求等内容的过程，是由宏观到微观，从整体到细节，从总平面到建筑物，再到各个细部的做法的过程，这也是施工图编绘和装订的顺序。

（2）建筑专业施工图的图纸文件

建筑专业施工图（简称建施图）的图纸文件应包括图纸目录、设计说明、设计图纸。其中，建筑施工图设计说明的主要内容包括：

①依据性文件名称和文号及设计合同等。

②项目概况。内容一般应包括建筑名称、建设地点、建设单位、建筑面积、建筑基底面积、项目设计规模等级、设计使用年限、建筑层数和建筑高度、建筑防火分类和耐火等级、人防工程类别和防护等级，人防建筑面积、屋面防水等级、地下室防水等级、主要结构类型、抗震设防烈度等，以及能反映建筑规模的主要技术经济指标，如住宅的套型和套数（包括每套的建筑面积、使用面积）、旅馆的客房间数和床位数、医院的门诊人次和住院部的床位数、车库的停车泊位数等。

③设计标高。应表明工程的相对标高与总图绝对标高的关系。

④用料说明和室内外装修。墙体、墙身防潮层、地下室防水、屋面、外墙面、勒脚、散水、台阶、坡道、油漆、涂料等处的材料和做法，可用文字说明或部分文字说明、部分直接在图上引注（或加注索引号）的方式表达，其中应包括节能材料的说明，另外还包括室内装修部分说明。

⑤对采用新技术、新材料的做法说明及对特殊建筑造型和必要的建筑构造的说明。

⑥门窗表及门窗性能（防火、隔声、防护、抗风压、保温、气密性、水密性等）、用料、颜色、玻璃、五金件等的设计要求。

⑦幕墙工程及特殊屋面工程（金属、玻璃、膜结构等）的性能及制作要求（节能、防火、安全、隔声构造等）。

⑧电梯（自动扶梯）选择及性能说明（功能、载重量、速度、停站数、提升高度等）。

⑨建筑防火设计说明。

⑩无障碍设计说明。

（3）建施图总平面布置图的主要内容

①保留的地形和地物。

②测量坐标网、坐标值。

③场地范围的测量坐标（或定位尺寸）、道路红线、建筑控制线、用地红线等的位置。

④场地四邻原有及规划的道路、绿化带等的位置（主要坐标或定位尺寸），以及主要建筑物和构筑物及地下建筑物等的位置、名称、层数。

⑤建筑物、构筑物（人防工程、地下车库、油库、贮水池等隐蔽工程以虚线表示）的名称或编号、层数、定位（坐标或相互关系尺寸）。

⑥广场、停车场、运动场地、道路、围墙、无障碍设施、排水沟、挡土墙、护坡等的定位（坐标或相互关系尺寸）。如有消防车道和扑救场地的，需注明。

⑦指北针或风玫瑰图。

⑧建筑物、构筑物使用编号时，应列出建筑物和构筑物名称编号表。

⑨注明尺寸单位、比例、坐标及高程系统（如为场地建筑坐标网时，应注明与测量坐标网的相互关系）、补充图例等。

（4）建施图各平面图的主要内容

①承重墙、柱及其定位轴线和轴线编号，内外门窗位置、编号及定位尺寸，门的开启方向，注明房间名称或编号，库房（储藏）注明储存物品的火灾危险性类别。

②轴线总尺寸（或外包总尺寸）、轴线间尺寸（柱距、跨度）、门窗洞口尺寸、分段尺寸。

③墙身厚度（包括承重墙和非承重墙），柱与壁柱截面尺寸（必要时）及其与轴线关系尺寸。当围护结构为幕墙时，应标明幕墙与主体结构的定位关系：玻璃幕墙部分应标注立面分格间距的中心尺寸。

④主要结构和建筑构造部件的位置、尺寸和做法索引，如中庭、天窗、地沟、地坑、重要设备或设备机座的位置尺寸、各种平台、夹层、人孔、阳台、雨篷、台阶、坡道、散水、明沟等。

⑤楼地面预留孔洞和通气管道、管线竖井、烟囱、垃圾道等位置、尺寸和做法索引，以及墙体（主要为填充墙、承重砌体墙）预留洞的位置、尺寸与标高或高度等。

⑥车库的停车位（无障碍车位）和通行路线。

⑦特殊工艺要求的土建配合尺寸等。

⑧室外地面标高、底层地面标高、各楼层标高、地下室各层标高。

⑨底层平面标注剖切线位置、编号及指北针。

有关平面节点详图或详图索引号。

①每层建筑平面中防火分区面积和防火分区分隔位置及安全出口位置示意（宜单独成图，如为一个防火分区，可不标注防火分区面积），或以示意图（简图）形式在各层平面中表示。

②住宅平面图中标注各房间使用面积、阳台面积。

屋面平面应有女儿墙、檐口、天沟、坡度、坡向、雨水口、屋脊（分水线）、变形缝、楼梯间、水箱间、电梯机房、天窗挡风板、屋面上人孔、检修梯、室外消防楼梯及其他构筑物的必要的详图索引号、标高等：表述内容单一的屋面可缩小比例绘制。

④根据工程性质及复杂程度，必要时可选择绘制局部放大平面图。

⑤当建筑平面较长、较大时，可分区绘制，但必须在各分区平面图适当位置上绘出分区组合示意图，并明显表示本分区部位编号。

⑥图纸名称、比例。

（5）建施图的立面图

①两端轴线编号。立面转折较复杂时可用展开立面表示，但应准确注明转角处的轴线编号。

②立面外轮廓及主要结构和建筑构造部件的位置，如女儿墙顶、檐口、柱、变形缝、室外楼梯和垂直爬梯、室外空调机搁板、外遮阳构件、阳台、栏杆，台阶、坡道、花台等。

③建筑的总高度、楼层位置辅助线、楼层数和标高以及关键控制标高的标注，如女儿墙或檐口标高等。外墙的留洞应标注尺寸与标高或高度尺寸（宽×高×深及定位关系尺寸）。

④平面图、剖面图未能表示出来的屋顶、檐口、女儿墙，窗台以及其他装饰构件、线脚等的标高或尺寸。

⑤在平面图上表达不清的窗编号。

⑥各部分装饰用料名称或代号，剖面图上无法表达的构造节点详图索引。

⑦图纸名称、比例。

⑧各个方向的立面应绘齐全，但差异小、左右对称的立面或部分不难推定的立面可从简；内部院落或看不到的局部立面，可在相关剖面图上表示，若剖面图未能表示完全，则需单独绘出。

（6）建施图的剖面图

①剖视位置应选在层高不同、层数不同、内外部空间比较复杂、具有代表性的部位。建筑空间局部不同处以及平面、立面均表达不清的部位，可绘制局部剖面图。

②墙、柱、轴线和轴线编号。

③剖切到或可见的主要结构和建筑构造部件，如室外地面、底层地（楼）面、地坑、地沟、各层楼板、夹层、平台、吊顶、屋架、屋顶、山屋顶烟囱、天窗、挡风板、檐口、女儿墙、爬梯、门、窗，外遮阳构件、楼梯、台阶、坡道、散水、平台，阳台等内容。

④高度尺寸。外部尺寸：门、窗洞口高度、层间高度、室内外高差、女儿墙高度、阳台栏杆高度、总高度：内部尺寸：地坑（沟）深度、隔断、内窗、洞口、平台、吊顶等。

⑤标高。包括主要结构和建筑构造部件的标高，如室内地面、楼面（含地下室）、平台、雨棚、吊顶、屋面板、屋面檐口、女儿墙顶、高出屋面的建筑物、构筑物及其他屋面特殊构件等的标高，以及室外地面标高。

⑥节点构造详图索引号。

⑦图纸名称、比例。

（7）建施图的大样图

施工大样图（详图）分为三个层次，即局部大样、节点大样和构件大样。

①局部大样，是将建筑的一个较复杂的局部完整地提取出来进行放大绘制，以便于能够更详细地阐明施工做法、要求和标注众多的细部尺寸等。

②节点大样（构造大样），是关键部位的放大图，在这些部位汇集了较多的材料、

细部做法要求和尺寸，必须放大才能交代完善。

③构件大样，一般是用以描绘连接构件的和其他小型构件，如预埋铁件等。

（三）施工现场服务

施工现场服务是指勘察、设计单位按照国家、地方有关法律法规和设计合同约定，为工程建设施工现场提供的与勘察设计有关的技术交底、地基验槽、处理现场勘察设计更改事宜、处理现场质量安全事故、参加工程验收（包括隐蔽工程验收）等工作。施工现场服务是勘察设计工作的重要组成部分，其主要内容包括：

1.技术交底

技术交底也称图纸会审，工程开工前，设计单位应当参加建设单位组织的设计技术交底，结合项目特点和施工单位提交的问题，说明设计意图，解释设计文件，答复相关问题，对涉及工程质量安全的重点部位和环节的标注进行说明。技术交底会形成一份《图纸会审纪要》，它是施工图纸文件的重要组成部分。

2.地基验槽

地基验槽是由建设单位组织建设单位、勘察单位、设计单位、施工单位、监理单位的项目负责人或技术质量负责人共同进行的检查验收，评估地基是否满足设计和相关规范的要求。

3.现场更改处理

①设计更改。若设计文件不能满足有关法律法规、技术标准、合同要求，或者建设单位因工程建设需要提出更改要求，应当由设计单位出具设计修改文件（包括修改图或修改通知）。

②技术核定。对施工单位因故提出的技术核定单内容进行校核，由项目负责人或专业负责人进行审批并签字，加盖设计单位技术专用章。

4.工程验收

设计单位相关人员应当按照规定参加工程质量验收。参加工程验收的人员应当查看现场，必要时查阅相关施工记录，并依据工程监理对现场落实设计要求情况的结论性意见，提出设计单位的验收意见。

第二节　建筑设计的立意

一、立意的内涵

立意，也称为意匠，是对建筑师设计意图的总概括，是对这座未来建成的建筑的基本想法，是构想的起始点，也就是建筑师在设计的初始阶段所引发的构想。立意，是作者创作意图的体现，是创作的灵魂。构思，是建筑设计师对创作对象确定立意后，围绕立意进行积极的、科学地发挥想象力的过程，是表达立意的手段与方法。

二、当代建筑的立意特征

（一）抽象化

建筑的功能性和技术性决定了建筑不像其他造型艺术那样"以形寓意"，把塑造形体当作唯一的创作目的，它同时要对形体所产生的空间负责，而且从使用的角度看空间更重要一些。所以，建筑本身具有的审美观念与雕塑相比，要抽象和含蓄得多。

建筑是通过自身的要素，如建筑的材料、结构形式和构造技术以及建筑的空间和体量、光影与色彩等，反映建筑师的个人气质与风格，反映社会和文化的发展状况的。

（二）个性化特征

当代建筑的立意是个性化的。从需求层面而言，随着经济和生活水平的提高，人们不满足于大众化的程式化的设计感，要求作品体现出独特的构思和立意。从创作层面而言，构思是很主观化的，创作者的知识结构、情感、理念、意念等个人因素对构思起着主要作用。建筑的立意是建筑师的人生观、价值观、文化和专业素养的体现。设计作品的个性化取决于设计者个人的设计哲学和专业经历。

（三）多元化特征

"建筑是社会艺术的形式"，建筑作品反映了社会生活的各个方面。不同时代，建筑的立意和形式也不同。古代建筑的立意主要来源于伦理的和宗教两个方面，表达社会礼制或人们的宗教信念，而当代建筑更多的是反映当代人的社会生活。当代社会是一个开放的多元化的社会，多民族文化共存且互相影响、互相融合，多种学科之间互相交叉与合作，各种学术流派和观念等也多种多样，因此，当代建筑的立意具有多元化的特征。

三、当代建筑立意的构思类型

当代建筑立意的内容和题材广泛，一般大型建筑设计立意和构思的主要目的，是尝试塑造建筑的撼动人心的精神感召力和艺术感染力。当代建筑立意的构思类型可归纳为以下几种方向：

（一）由结构和技术的革新产生的立意

一种新的结构形式与技术措施会相应带来新的建筑理念和形式，由建筑的结构和技术的革新会产生新的立意。20世纪初的工业革命不仅带来了新结构、新技术和新材料，也带来了新的建筑形式——现代建筑。建筑结构和技术手段作为生产力的表现，是推动建筑发展的决定性力量。

（二）从文化场所精神入手

某一区域地理、气候条件的不同，会导致社会经济、文化习俗的差异，即是文脉；场所精神是指建筑周围的环境氛围和历史沿革。建筑离不开它所处的场所的精神和文脉。

例如北京奥运主要场馆"鸟巢"的设计，设计师为形象地推出奥运会的"和平、友谊、进步"这一抽象的理念，借助鸟巢这样一个具体的建筑形象来实现，它的形态如同孕育生命的"巢"，更像一个摇篮，寄托着人类对未来的希望。而由张艺谋导演的北京奥运会闭幕式演出，其场馆内主题性的造型，更令人联想到"巴别塔"，在传说中，它是经过人类的团结合作才树立起来的丰碑。在这里，不同的艺术家都采用了象征的手法，来强调人类团结与和平的奥运主题，立意都是弘扬奥运精神，构思是找到贴切的形态。

（三）从建筑与自然环境的关系入手

如何将建筑融于自然，如何有效地利用自然资源和节约能源，在建筑立意中已屡见不鲜。日本建筑师安藤忠雄设计的大阪府立飞鸟博物馆，就成功地创造出一个人与自然和人与人之间的交流对话的场所。博物馆设计中，设计师将其构思为一座阶梯状的小山，建筑顺应地形坡度，设计出一个庞大的阶梯式广场，且阶梯广场又是博物馆的屋顶，这样一来，建筑如同大地的延伸，巨大的实体宛如山丘，建筑的植入巧妙地衔接了历史与环境。

（四）从建筑与城市的对话入手

城市是建筑的聚集地，建筑会对城市空间和景观产生影响。建筑师维尼奥里设计的东京国际文化中心，其立意就是想给东京这样一个国际化的大都市注入活力和希望，因而利用一个在建筑内部开放的城市广场—"舟形"玻璃中庭，给市民提供了一个非常有活力的活动场所。

（五）从形式的内在逻辑入手

以抽象的形式和逻辑作为建筑的主要立意，具有一定的实验性。如"水立方"的设计创意，由于紧邻阳刚、气质张扬的"鸟巢"，因此设计师想到利用水阴柔的特点来设计国家游泳中心，体现阴阳结合。

第三章 建筑设计的构思与流派

建筑创作是以建筑设计立意、构思为基础的。立意是目标思维，立意是建筑的灵魂；构思是手段思维，构思是立意的展开。

第一节 建筑设计的构思

一、模拟创意构思

模拟创意构思（analogies）是借助模拟某一建筑或事物的联想，发展自己的创意构思，新的建筑思潮和形式都是由传统和经验发展、演变而来的，从不排斥借鉴他人作品，从中得到启发和收获。模拟创意构思是传统和经验的演构，目前多数建筑创作亦都如此建筑师经常采用模拟创意进行建筑构思。

二、揭示建筑类型功能本质的创意构思

揭示建筑类型功能本质的创意构思（essences）是从建筑类型出发，在功能或功能表达的内涵、建筑形式等方面，展开设计创意构思，体现建筑类型的功能的本质特征。

1. 使用功能

20世纪80年代，风靡一时的波特曼一共享空间式的旅馆，建筑围绕中央布置客房，建筑中央是几层竖向相连的大厅，大厅的空间布置大多是将室外景观引入其中，迎合顾客需要一个开放的、自然的公共交往场所的心理需求。这种布置形式从建筑功能角度出发，反映类型建筑功能本质特征。

2. 造型功能

建筑大师埃罗·沙里宁（EeroSaarinen）设计的美国 TWA 航空港，其具有仿生建筑的特征，内部外部空间运用曲线展示建筑的流动的动态美。建筑创作构思从航空建

筑特征出发，建筑造型如同一只欲飞的鸟。

三、运用高科技直接解决功能需求的创意构思

运用高科技直接解决功能需求的创意构思，即运用高科技直接解决功能需求进行建筑构思、创作。建筑因需要而存在，运用新思想、新技术解决建筑问题，高效能满足使用要求，这种思潮常被人称为"高技派"。随着建筑节能、环保、安全舒适、可再生等新科技的发展，在建筑领域的运用和推广，实现了建筑的低能耗、资源的有效利用，达到了建筑发展控制与优化，体现了建筑的可持续发展战略。现在又有人将它演变、延伸，称其为可持续发展的"新有机主义、绿色建筑流派"。时代的发展赋予了"高技派"新的生命，其意义更加广泛。

四、沿用建筑大师的理想主义风格的建筑创意构思

许多建筑师将自己的建筑观通过实践不断总结，形成建筑理论体系和艺术风格，指导建筑创作。后来的建筑师继承和发扬了建筑大师和建筑流派的艺术风格，用于指导建筑创造、不断推陈出新，运用新技术、新手段，与时俱进地满足人类物质、精神文明需求。人们将这一类建筑创意构思称为沿用建筑大师的理想主义风格。

（一）密斯的"少就是多""流通空间"理论

密斯[①]的建筑艺术依赖于结构，但不受结构限制，它从结构中产生，反过来又要求精心制作结构。他的设计作品中各个细部精简到不可精简的绝对境界，不少作品结构几乎完全暴露，但是它们高贵、雅致，已使结构本身升华为建筑艺术。

"流通空间"在2世纪初应当属于创造性的突破。开创了完全与以往的封闭或开敞空间所不同的，流动的、贯通的、隔而不离的空间，开创了另一种建筑空间概念。在古老的东方，文人和工匠早已知道并精通了流动空间这一概念。而著名的《园治》对"流通空间"有着理论化的论述，苏州园林"步易景移""虚实互生""咫尺天涯""山穷水尽疑无路，柳暗花明又一村"的造园艺术处理，就是中国文人对"流通空间"出神入化的理解与应用。

巴塞罗那的德国馆是典型的"少就是多"的建筑实践。建筑内外空间流畅，没有多余的装饰，没有无中生有的变化，没有奇形怪状的摆设品，只有轻灵通透的建筑本身和连续流通的空间。

"流通空间"具有代表性的建筑——西格姆大厦，体现了建筑师一贯的主张，用

---

①密斯·凡·德·罗（LudwigMiesVanderRohe）(1886年3月27日-1969年8月17日)，德国建筑师，包豪斯学校校长，是最著名的现代主义建筑大师之一，与赖特、勒·柯布西耶、格罗皮乌斯并称四大现代建筑大师。密斯坚持"少就是多"的建筑设计哲学，在处理手法上主张流动空间的新概念。

简化的结构体系、精简的结构构件，表现"流通空间"的含义，使建筑产生没有屏障、可供自由划分的大空间，通过对钢框架结构和玻璃在建筑中的应用和探索，形成了具有古典均衡和现代简洁融合的风格。其作品特点是整洁和骨架露明的外观、灵活多变的流动空间以及简练而制作精致的细部。

密斯也在新世纪的建筑实践中实践着自己的建筑哲学。20世纪风靡世界的"玻璃盒子"源于密斯的理念。密斯对于玻璃与钢在建筑中的使用和研究终极一生，建筑创作中着力体现"少就是多""流通空间"的理论，推动现代建筑的发展。

（二）莱特的"有机建筑"理论

莱特[1]建筑大师的代表作——芝加哥郊区的草原住宅（PrairieHouse）如图4-19所示。该建筑建于1907年，是莱特从"芝加哥学派"的沙利文的事务所中走出来之后，来到美国西部，感悟了美国的自然环境，潜心创作而成。该建筑为了融合平原的自然景观，配合、使用了水平的大屋檐和花台，并强调了空间的开阔感。建筑与平原环境融为一体，建筑相比以前建筑简约现代，但莱特不认为自己是现代派建筑师，称自己是"有机建筑"（organicarchitecture）的设计师。

在地质研究尚不发达的时期，莱特在建筑整体设计中发明了许多减少地震损失的办法，如管线深埋、悬臂结构、铜制屋顶等。减震措施在1923年的关西大地震中得到充分验证。地震中，周围的房屋尽毁，而这座建筑丝毫未损。

在日本，莱特的有机建筑体现的对环境的理解与尊重的建筑思想，影响极为深远。他的建筑思想和建筑设计作品引发了日本人对建筑设计的兴趣。在20世纪20年代末，日本有了第一批学建筑的留学生，其中产生了一批世界著名建筑师，为日本建筑和世界建筑做出了杰出贡献。

（三）格罗皮乌斯的"功能主义"

格罗皮乌斯[2]的"功能主义"建筑风格，也被称为"理性主义"建筑风格。他认为：建筑要具有从内向外设计的思想，即先确定各部分的功能，再确定相互之间的关系和联系，最后确定整体的外观，按功能要求布置建筑入口，体现了建筑的实用性。在建筑立面构图上，他大量使用不对称构图。建筑各部分造型之间高低错落，摒弃使用任何装饰，自然具有一种和谐的外貌。由于建筑大量使用了钢筋混凝土和工业化批量生产工艺，建筑造价异常经济。

---

①弗兰克·劳埃德·赖特（FrankLloydWright，1867年6月8日~1959年4月9日），工艺美术运动（TheArts&CraftsMovement）美国派的主要代表人物，美国艺术文学院成员。美国的最伟大的建筑师之一，在世界上享有盛誉。

②瓦尔特·格罗皮乌斯（WalterGropius）1883年5月18日生于德国柏林，是德国现代建筑师和建筑教育家，现代主义建筑学派的倡导人和奠基人之一，公立包豪斯（BAUHAUS）学校的创办人。

（四）黑川纪章的"灰空间"理论

黑川纪章[1]的建筑设计思想是将技术的方法与富有哲理的思想联系起来。他认为将日本传统文明和现代文明相结合，是一条颇有前途的建筑创作道路。他认为日本文化的特性具有"非恒久性""自我需要的改变性"和"吸纳能力"的特性。于是黑川纪章将不同文化及意念整合为一种共生的关系，在相反的两元素之间，提供一种中介性空间，称为"灰空间"。"灰空间"的引入与吸纳使建筑各要素从对立走向统一和共生。

"灰空间"的建筑概念包含两方面的含义：

一方面指色彩。他提倡使用日本茶道创始人"千利休"阐述的"利休灰"思想，以红、蓝、黄、绿、白混合出的不同倾向的灰色来装饰建筑，表达建筑内在情感。

另一方面"灰空间"是指介乎于室内外、室内空间相互间的过渡空间。在建筑作品中，他大量采用庭院、过廊等过渡空间，并放在重要位置上，通过"灰空间"的介入，建筑和环境融合。

某建筑的建筑师在建筑入口处设置下沉庭院空间，下沉庭院空间的设计引入，实现了建筑室外空间与室内空间的过渡；建筑围护墙体设计玻璃曲墙，室外环境导入室内空间，室内外空间融合、共生，统一起来；格沟通廊入口处的引导，丰富了建筑空间通廊格构使建筑表面产生或明或暗的光影变幻，增强了建筑的艺术感染力，表达了"灰空间"的建筑思想。

建筑的发展是复杂而曲折的，过去是这样，将来也会如此。当今世界的发展趋势是经济国际化、乡村城市化。社会迎来了第三次科技革命。在这种社会变革的背景下，建筑科学技术的发展会给建筑创作带来全新的发展。了解建筑流派的艺术风格特征，开拓设计思路，寻求全新的建筑创作思想，指导建筑创作，是今天建筑师不懈追求的目标。

第二节　建筑设计的流派

一、构成主义流派

构成主义流派兴起于俄国的艺术运动，开始于1917年，持续到1922年。

（一）构成主义艺术风格特征

构成主义艺术在精神上饱含着激进的性格和构建新社会的文化意识，在形式上展现工业技术所带来的视觉冲击，如火车、汽车、飞机、钢铁、电话等现代产品所带来

---

①黑川纪章，第二代日本建筑师。

的速度、声音、能量、质感、强度、运动等现代感官经验，讴歌工业文明，崇拜机械结构中的构成方式和现代工业材料，并广泛运用于造型艺术、建筑工程、视觉设计、戏剧影像艺术等众多公共艺术领域之中。在构成主义的理想中，艺术创作和设计工作被视为工业化的生产，他们利用新材料和新技术进行理性表达，以表现事物的结构为创作的最后终结。

构成主义的目的是改变旧的社会意识，提倡用新的观念去理解艺术工作。新观念体现在对造型艺术的词汇和构成手法的再定义。用新的观念理解艺术在社会中所扮演的角色，提倡设计为社会服务，为人们创造一种新的生活方式。构成主义在设计技巧方面包含了对事物的结构、体积及事物各部分体积的构成和事物空间的轮廓：注重事物空间的尺度、比例及事物空间模块和空间节奏的表达。构成主义重视设计艺术的体现、设计材料的运用、设计材质的色彩等方面的表达，注重体现事物机能的表达。透过事物机能的表达，设计师为社会传达出新理念、新生活方式。

（二）构成主义代表人物

（1）塔特林是构成主义的奠基人，他把各种材料在一系列几何造型的基础上做了研究，认为材料和材料的有机组合是一切设计造型的基础。塔特林认为构成即组织，主体即创意，进而以工艺和技能明确构成主义的含义。

塔特林在1919年创作第三国际纪念碑，如图4-34所示。400多米高的碑身矗立在莫斯科广场，比埃菲尔铁塔高出一半。该碑既作为综合艺术的统一体，又具有实用性。该碑包含国际会议中心、无线电台、通信中心等使用功能。它是集雕塑、建筑与工程于一身的抽象构成作品，体现了构成主义关于空间、时间、运动和光的宏伟构想和内在特征。

塔特林展示的构成主义对材料和机械结构的特质有着深入的思考和理解，他用立方体、圆柱体构成宏伟的结构主义建筑，既表现了工业时代特有的冷漠，又体现出在纷繁复杂的大自然面前"机器静止，万物沉默"的深刻反思。

（2）维斯宁兄弟是构成主义建筑派的代表人物，对苏联建筑的现代化起了积极作用，他们同欧洲的现代主义建筑师相互影响，繁荣着建筑创作。维斯宁兄弟提倡运用"功能方法"进行建筑设计，来体现"新生活"。建筑设计的"功能方法"、即把目的、手段和建筑形象统一起来，把内容和形式统一起来，不使它们互相矛盾的方法。所谓内容，就是指建筑物所包含的功能、运营过程和建筑所表达的思想、感情的总和。所谓新生活，就是具有时代特征的社会生活。新生活要求新的造型，这种造型只能求助于新材料和新技术。

二、荷兰风格派

荷兰风格派与构成主义流派有着相似的主张。荷兰"风格派"联盟是荷兰的一些画家、设计家、建筑师在1917～1928年组织起来的一个松散的集体，其中主要的促进者及组织者是杜斯柏格（1553～1931年）。

荷兰风格派的艺术家和设计师，从荷兰的文化传统本身寻找参考，发展自己的新艺术。他们从荷兰这个工业国家的文化、审美观念、艺术设计特征等方面进行研究，深入探索和分析，从中找寻自己所感兴趣的内容进行艺术创作。

（一）荷兰"风格派"的美学内涵和艺术特征

（1）荷兰风格派把传统的建筑、家具、产品设计、绘画、雕塑所包含的艺术特征完全剥除，变成最基本的几何结构单体或者称为"元素"后，进行全新的构成创作。

（2）荷兰风格派把简单的几何结构单体或称"元素"进行构成组合，形成简单的结构组合体，在新的结构组合体当中，荷兰风格派崇尚构成的几何结构单体或称"元素"的相对独立性和鲜明的可视性。

（3）荷兰风格派善于对非对称性设计技巧进行深入研究，并运用到自身的艺术创作中。

（4）荷兰风格派善于反复运用纵横几何结构及基本原色和中性色来表达自己的艺术主张和风格特征。

以上几个基本原则虽然非常鲜明，但是荷兰"风格派"是一个松散的集体，部分成员没有完全依照统一的原则进行创作，仍然坚持自己的主张。例如在色彩上，不少成员依然采用传统的调和色彩，而不仅仅局限于基本原色的原则。

（二）荷兰风格派的社会含义

荷兰风格派除了具有单纯的美学内涵和艺术内涵以外，如同德国的"包豪斯"设计流派一样，还有一定的社会含义，归纳起来可以总结出以下几个方面：

（1）荷兰风格派坚持艺术、建筑、工业设计的社会作用。

（2）荷兰风格派在普遍性和特殊性、集体与个人之间，寻求一种平衡。

（3）荷兰风格派改变了艺术作品的机械主义，树立新技术风格，使其艺术作品中含有一种浪漫的、理想主义的乌托邦精神。

（4）荷兰风格派坚信艺术与设计具有改变社会未来的力量，具有改变和丰富人类生活方式的作用。

（三）荷兰风格派代表作品

荷兰风格派创作的作品具有明确的艺术性与设计目的性，努力把设计、艺术、建筑、雕塑等艺术手段加以统一运用，使艺术作品成为一个有机的整体，强调艺术家、设计师、建筑家的集体创作，强调在集体创作基础上的个性表达，强调集体和个人之间的和谐再现。荷兰风格派流传甚广，影响了全世界的艺术与设计领域，代表作品有：

在1918年以前家具都是没有颜色的。在此期间，里特维特设计了很多不同色彩的家具，其中有不少是单色的，或者就是木材的原色。他一直进行反复试验，始终没有设想过应该有一个固定的设计风格或者色彩特点。1919年，当里特维特与"风格派"接触以后，才从1923年开始给家具加上色彩、体现了"风格派"运用基本原色和中性色来表达自己的艺术主张和风格的艺术内涵特征。

三、后现代主义建筑流派

后现代主义是20世纪60年代兴起的，也许称之为"现代主义之后"更为恰当。它是对许多建筑运动的统称，这些新流派没有共同的风格，也没有团结一致的思想信念，但它们满怀着批判现代主义的热情和希冀，共同相约在"后现代主义"的旗帜下。代表人物有文丘里、格雷夫斯、约翰逊、波菲尔、霍莱茵、矶崎新、摩尔。

（一）后现代主义思潮的建筑美学观

后现代主义思潮具有玩世不恭的创作态度、复古主义倾向、装饰的倾向、重视地方特色和文脉的倾向、国际化的倾向，通过这些倾向可以窥视到后现代主义思潮所带来的建筑美学观的变化及其内在特征。后现代主义思潮内在特征具体体现在以下四个方面。

（1）后现代主义思潮是对长期以来的和谐美学观念及美学规律的叛逆和超越。表现在建筑上，后现代主义思潮揭示建筑的复杂性和矛盾性，关注建筑的丰富多义性的内涵，提出建筑的反和谐美学观的意义，对传统的、继承的、西方建筑界信奉的建筑的美在于"建筑形式要素的和谐统一"的观点，开始了深刻的质疑。后现代主义建筑的代言人詹克斯在阐释其建筑主张时，借用了许多属于语言学或与语言学相近的术语来诠释建筑作品。他把建筑理解为一种"语言"，他不满足于传统建筑美学规律诸如"统一""均衡""比例""尺度""韵律""色彩"等，他认为：传统的建筑美学规律用来描述建筑美的那些通用术语太贫乏了，以致无法用来表述建筑的现代主义及当代的新发展，无法区别"晚期现代主义"风格和"后现代主义"形式各异的风貌。

（2）后现代主义思潮着重研究传统规范模式的发展和变化。后现代主义思潮改变了以往注重于探讨建筑艺术与其他艺术共性的研究模式，努力找寻建筑艺术的差异性和个性特征。

（3）后现代主义思潮在建筑美学方面，扩大和深化了研究的视野和范围。此前、西方建筑美学往往以建筑单体的形式关系和形式特征作为研究对象，在功能主义思想的影响下，更多地偏注于建筑的实用功能和形式表现的技术个性，较少注意到建筑与环境、建筑与文化，以及建筑群体之间的关系，而后现代主义思潮则标举"文脉主义""隐喻主义""装饰主义"，开始综合建筑的时代性、地域性和文化性，并进行建筑审美欣赏和艺术评价。

（4）后现代主义思潮更多地探讨建筑美的模糊性、复杂性和不确定性问题，从而与以往那种追求建筑美感的明晰性和确定性形成强烈反差和鲜明对比，给今天的建筑美学理论研究提供了很多启迪和借鉴。

（二）后现代主义思潮的建筑案例

虽然西方建筑杂志在20世纪70年代大肆宣传后现代主义的建筑作品，但堪称有代表性的后现代主义建筑，无论在欧洲还是在美国仍然为数寥寥。

美国建筑师史密斯被认为是美国后现代主义建筑师中的佼佼者。他设计的塔斯坎和劳伦仙住宅包括两幢小住宅，一幢采用西班牙式，另一幢部分采用古典形式，即在门面上不对称地贴附三根橘黄色的古典柱式，体现了后现代主义建筑的自由化、装饰性特点。古典柱式的装饰表达了对建筑历史文脉的延续和继承。

1976年，在美国俄亥俄州建成的奥柏林学院爱伦美术馆扩建部分与旧馆相连，墙面的颜色、图案与原有建筑有所呼应。在一处转角上，孤立地安置着一根木制的、变了形的爱奥尼式柱子，短粗矮胖，滑稽可笑，得到一个绰号"米老鼠爱奥尼"。这一处理体现着文丘里提倡的手法：它是一个片段、一种装饰、一个象征，也是"通过非传统的方式组合传统部件"的例子。

美国电话电报大楼是1984年落成的，建筑师为约翰逊。该建筑坐落在纽约市曼哈顿区繁华的麦迪逊大道。约翰逊把这座高层大楼的外表做成石头建筑的模样。楼的底部有高大的贴石柱廊，正中一个圆拱门高33m；楼的顶部做成有圆形凹口的山墙，有人形容这个屋顶从远处看去像老式木座钟。约翰逊解释他是有意继承19世纪末和20世纪初纽约老式摩天楼的样式，具有"复古主义"设计倾向。

美国波特兰市政大楼建筑呈方形造型，立面采用古典三段式划分，正面上方呈暗红色的倒梯形墙面寓意着古典建筑中常见的拱心石，下部设置了两根带凹槽的巨柱，巨柱各自支撑着一个拱心石，底部三层具有装饰色彩的底座。整个建筑具有"象征主义""隐喻主义""复古主义"的设计倾向，表达建筑历史风格的脉络和对建筑文化历史的延续，体现了对西方古典建筑的悠悠思念之情。

四、解构主义建筑流派

解构主义是20世纪80年代中期产生的一个全新的建筑流派，以哲学家德里达提出的解构主义哲学为理论依据。

雅克·德里达是20世纪下半期最重要的法国思想家之一，是解构主义哲学的代表人，德里达的理论动摇了整个传统人文科学的基础。

（一）解构主义的含义

雅克·德里达鼓励策反"文本结构"中的个体，拆解它们对"结构中心"的绝对服从，这主要是针对现代哲学中的"同一性、中心性与整体性"而言的。即对"不同文本"间的差异进行互通，采用如"并置""拼贴""杂揉""互涉"等方式，并随着对"外来差异"的引入与参照，对原"文本的结构中心"形成"拆解与解构"态势。雅克·德里达的解构哲学反对文本结构的传统理解，即反对"先验性"与"意义的预知性和透支性"。由于结构具有固定性和确定性，解构往往产生不确定意义，久而久之人的头脑会由于局部结构的刺激，而映射出大致全部的意义。这些被"意义透支和预知"所笼罩的、形而上学的"先验结构"，被解构主义斥为缺乏进取的、墨守成规的守旧根源。解构主义重视解构产生不确定意义，以此指导建筑艺术创作。

（二）解构主义哲学在建筑领域的表现

对于解构主义哲学在建筑领域的表现，人们的评价褒贬不一，建筑必然要服务于社会，而对于解构建筑的设计师也要考虑建筑的使用要求和人们审美的正面接受能力。这也是人们对于解构主义建筑众说纷纭的原因所在。

在建筑设计中不是所有的建筑功能空间都要解构。建筑功能要求严格的这部分空间往往受到建筑结构常数、空间的尺度、功能要求的制约。如小面积的住宅建筑受功能制约较多，做好不容易。而上百平方米的住宅，面积大，空间处理较灵活，就有了解构主义理念发挥的余地。建筑创作从技术上讲，物理、力学的规律不能违反，但是就像人们常说的"只有想不到，没有做不到"一样，只要资金充足，结构上的解构也不是不可能的。但这更多的也只是停留在结构表现形式上的解构，建筑依然延续建筑结构的受力关系。由此可见，正宗纯正的解构主义建筑少之又少，而受到沾染，有所浸润和借鉴的准解构建筑很多。

总之，解构建筑虽没有明确的定义，但采用如"并置""拼贴""互涉"等方式，表现出的散乱、残缺、突变、动势及奇绝等解构主义建筑形象，却有其鲜明的表现特征。成功的解构建筑作品也要求建筑师具有相当的功力、章法和素养，并非随便搞出的怪诞与滑稽之作。解构建筑作为一种风格，受经济、功能等制约，不可能成为主流建筑，但它也不会决然消逝，势必会融入其他的建筑艺术流派中。

（三）解构主义哲学的建筑设计案例

1.伯纳德·屈米设计的拉维莱特公园

（1）公园地段简介

公园位于巴黎东北角，由原来供巴黎城生活的肉禽屠宰场改造而成，公园面积33hm。在交通上以环城公路和两条地铁线与巴黎相联系。场地的北侧有已建成的高技派的科学与工业城，以及一个闪闪发光的球体环形影城。场地的西南侧是19世纪由铁和玻璃建造的音乐会堂。

场地园址上有两条开挖于19世纪初期的运河，东西向的乌尔克运河主要是为巴黎输水和排水需要修建的，它将全园一分为二，南北向的圣德尼运河是场地园址上已有的最重要的景观构成要素。运河是人、自然与技术相结合的产物，与公园结构主义建筑风格的主题十分贴切。

（2）公园规划框架

建筑创作时，不但要理解、掌握拉维莱特公园这个计划的不确定性与复杂性，还要掌握整个错综复杂的基地，建筑师在公园放进几个层层铺设的建筑系统，每个系统都在公园中扮演一定的角色。

在公园的总体设计上，建筑师强调了变化统一的原则。虽然各体系、各建筑要素和植物要素之间存在着很大的反差，建筑师却运用统一的建筑网络处理手法、红色的建筑色彩，将建筑各要素完全和谐地控制在场地公园"游乐亭"之下。

（3）结构主义建筑创意特征表现

拉维莱特公园的多样性、解构性，更多地体现在各个主题花园的处理上，而不是公园的整体框架上。对于拉维莱特公园的主题花园的个体设计，体现出风格迥异，毫不重复，彼此之间有很大的差异感和断裂感。

伯纳德·屈米在哲学家德里达提出的解构主义哲学理论指导下，充分分析了地段零乱、非统一的建筑环境，恰当运用解构主义哲学以及有关解构主义风格的建筑美学规律，创造出具有散乱、残缺、突变、动势及奇绝等形象特征，表现时代精神的拉维莱特公园。它是一个法国式的建筑作品，虽然从城市公园的角度看，拉维莱特公园是一个十分特殊的实例，但它综合反映了法国的社会状况、科技文化、哲学思潮以及公园的周围环境。它所表现的时代精神对今天的建筑创作不无启示。

2.彼得·埃森曼设计的美国俄亥俄州哥伦布会议中心

彼得·埃森曼接受了雅克·德里达解构主义哲学观点，他认为在西方文明的黎明期就已有许多"会议中心"了。这些"会议中心"都是作为人类聚会时交换财物、发布意见和交流信息的场所，通过"会议中心"场所，他们把自己的观点和民族文化延续，并推广到世界。不管是罗马式议堂、哥特式教堂，还是19世纪的市政大厅和会议厅，这些建筑有着象征性和固定的模式，具有在特定的时间与地方服务特定人物的价值观趋向。由于当今人们的价值观改变了，统治阶级管理方式改变了，聚会场所象征的建筑形式和建筑的功能意义也应跟着发生改变

彼得·埃森曼认为，雅克·德里达解构主义哲学鼓励策反文本结构中的个体，拆解它们对结构中心的绝对服从；针对现代哲学的同一性、中心性与整体性而言，既是对不同文本间的差异进行有效的互通，如采用"并置、拼贴、杂糅、互涉"等设计手法，也是随着对外来差异的引入与参照，对原文本的结构中心形成拆解态势。

彼得·埃森曼认为，雅克·德里达解构主义哲学观点是基于传统原本结构具有固定性和确定性的，对传统原本结构解构主义的解构之后，传统原本结构往往产生类似的不确定意义，久而久之，人的头脑会由于局部结构的刺激，而映射出大致全部的意义。彼得·埃森曼重视结构所带来的不确定性，并以此来指导建筑创作。彼得·埃森曼的哥伦布市会议中心是由很多个相互依赖、形式独立的结构组成，无论是外部装饰细节，还是室内设计，都强烈表现出精心处理出来的分离感、破碎感。

五、绿色生态主义流派

（一）"生态、绿色主义"含义

绿色生态主义流派考虑建筑及其建筑内涵在建筑设计、建筑技术、建筑材料、建

筑建造、建筑功能和建筑运营管理以及建筑拆除等建筑全寿命周期中的内容。生态、绿色建筑不仅关注建筑与人的关系，同时也关注资源消耗与资源使用效率的关系，但最为关键的是着重解决建筑与人居系统安全、和谐的共生优化关系。运用新兴的建筑科学技术，主动解决"处于十字路口的建筑"，解决在"建设可持续发展的未来建筑"过程中所面临的新问题。生态建筑师的代表人物美籍意大利建筑师保罗·索勒瑞，关于绿色生态主义建筑，提出保持和恢复生物多样性，资源消耗最小化，降低大气、土壤和水的污染，保障建筑卫生、安全、舒适，提高环境意识等五项设计所遵循的原则。建立绿色建筑职业意识，完善绿色建筑的技术能力，提高绿色建筑的社会服务水平，是建筑师面对当今社会与未来社会的必要职业规范和职业条件。

（二）生态、绿色建筑出现的时代背景

1.价值观念的转换

信息时代，人类价值观念已经从以人类为中心的价值观转向与生物共存的和谐共生，人类可持续发展的价值观，运用高科技，实现以人为本的建筑理念，进而达到人与自然的完美统一。

2.审美取向的转化

人们渐渐地具有了回归自然的自然美学和生态美学的审美取向、整体自然有机的流线型的审美取向、机能利益与感性利益两元相容的审美取向。

3.高品质生活的追求与享受科技的理念

人们希望科技不只是达成目标的工具，而是一种能够观看、聆听、接触世界，满足人类物质、精神需求的手段。

4.科学技术发展的促动

20世纪70年代发展起来的非线性科学开创性地将人类社会与自然界的普遍规律联系起来，人们对"自组织理论、耗散结构、协同理论"，以及针对诸多事物复杂性的相关研究，突破了人类的线性思维，材料科学、建构技术为生态、绿色建筑发展提供了更加丰富的想象空间与实现的手段。科学技术的发展推动了建筑观念、建筑美学规律、建筑立意与构思的提升。

（三）"生态、绿色主义"建筑功能系统设计

绿色建筑功能系统设计针对建筑师的思维方式和工作习惯，从绿色建筑的生态系统及子系统角度明确绿色生态建筑的功能系统。

绿色生态建筑不同功能系统的设计方法和技术手段可理解为被动的功能系统设计方法和主动的功能系统的技术手段。被动式设计方法即运用建筑与环境的和谐处理的设计技巧，达到建筑的可持续性，满足物质与精神方面的使用要求；主动式技术手段即运用技术手段，实现"以人为本"的设计理念，高效满足人类生活需求。各种方式可独立运用，也可相互结合，实现人类可持续发展的最终目的。

"生态、绿色主义"建筑功能系统设计内容包括以下几个方面。

1.注重可再生能源的利用

在建筑设计中主动运用"可再生能源利用技术"进行建筑设计。可再生能源包括太阳能、地热能、风能、生物物质能等。

（1）在太阳能的利用具体设计方法方面，建筑师多采用被动式的太阳能系统。被动式的太阳能系统是不借助机械设备和复杂的控制系统对太阳能收集、储藏和输配的系统，它与建筑是不可分割的。其系统由五个要素构成：采光面或收集器、热吸收装置、蓄热材料、输送系统和控制装置。

常用的采光面或收集器一般是窗户。热吸收装置是指蓄热材料的表面，一般采用深色、硬质材料。蓄热材料是指保留或储存阳光产生能量的材料，如砖石砌筑墙体、盛水的容器、相变材料等。蓄热材料常位于热吸收装置下面。输送系统是指太阳能从收集和储存处，循环到建筑不同区域的方法体系。输送系统通常利用热传输即传导和对流及辐射模式，有时也会借助风扇、导管和风机。

（2）对于地热能的利用设计方法体现在：

①地热的直接利用，是利用地下温度稳定达到冬天保温、夏天制冷的效果。年平均气温在15~25℃的地区，地下建筑或者建筑大部分维护结构同大地相连时，就可以给建筑提供一个常年稳定的热环境，特别是在干燥的环境下，建筑设计可以考虑对地热的直接利用。对于地热的直接利用，要考虑场地的地形、土壤条件、其他环境因素、潜在的气候条件、建筑的使用功能等。我国西部的窑洞建筑，就是体现地热能直接利用的设计思想。

②空气制冷，是让空气通过埋在地下的管道进入室内，使室内空气降温的方法。在干燥地区，这一方法还有加湿和利用潜热制冷的效果。

③地下蓄热，为环节一天当中的室温变化，可把白天的温暖空气输送到地下储存起来，尝试利用大地作为蓄热池，待到寒冷季节再把地下蓄热慢慢释放出来。

④隔热、保温，是利用土的隔热保温效果，通过堆土、覆土来调节温度变化，土上可以栽培植物，以达到更好的隔热保温效果。

（3）风能是地球上重要的能源之一，对于风能的利用在设计方法上体现为风力发电和利用风能促进室内换气通风等方式。在建筑设计上，建筑师经常利用风能来促进室内换气通风。风能的利用与建筑内部平面和空间组合及建筑形态密切相关。

①建筑与当地主导风向垂直，利用建筑迎风面与背风面空气压差使室内空气流动，改善室内热环境满足人体舒适度。对于建筑不能朝向夏季主导风向的建筑，可以通过设置捕风构件。

②利用风能垂直分布的特性和空气的烟囱效应，可以使建筑内部获得竖向的通风，太阳辐射使气流上升，在室内形成空气流动。

③在建筑适当部位开设可以开闭的孔洞，设置环境绿篱、短墙，利用风压、空气热压诱导空气沿设计路径运动，促使室内空气循环，改善室内热环境，满足人体舒

适度。

④建筑屋顶的空间形态也可改变风向为建筑师合理利用风能所使用。

（4）生物物质能是蕴藏在生物质中的能量，是绿色植物通过叶绿素将太阳能转化为化学能而储存在生物质内的能量，通常包括木材、森林废弃物、农业废弃物、水生植物、油料植物、城市和工业有机废弃物、动物粪便等。生物质的化学转化技术可根据生物能源形态分为气化、液化和固化技术。

①生物质气化技术是一种热化学反应技术。它是通过气化装置的热化学反应，将低品质的固体生物质转化成高品质的可燃气，用于发电和集中供气。

②生物质液化技术可分为水解液化、热解液化直接液化等三种方式。通过生物质液化向社会提供能源、如乙醇和生物油等燃料能源。

③生物质固化成型技术是将秸秆等生物质废弃物用机械加压的方法，把原来松散无形的原料压缩成一定形状、密度较大的固体燃料，用于发电。

2.注重绿色植物系统设计

绿色植物系统设计包括建筑物屋顶绿化、外墙面绿化、室内植物等系统组织设计和建筑外部环境场地植物组织设计。运用绿色植物系统改善工作生活环境。

（1）建筑外部环境场地植物组织设计

它包括植物防尘设计、植物滞尘设计、场地风环境组织、场地声环境组织、绿化遮阳、场地景观设计等方面的组织设计。

①植物防尘设计。优先考虑种植吸收有害气体的植物种类，构建适宜的植物净化系统。通过植物对污染物的初步吸附消纳、开阔通道引导污染物扩散、配置遮挡林带，在种植高度上形成外低内高，利用气流使污染物逐渐被植物吸收、滞留、托向高空远离建筑之外。

②植物滞尘设计。它是选用合适的植物树种，通过合理的植物树种布局和植物树种结构配置，获得滞尘效果。

③场地风环境组织。通过植物树种的防风和导风形成良好的空气流，帮助建筑室内通风换气，使室内具有良好的新风环境。

④场地声环境组织。主要是利用树木林带进行减噪，在噪声源和建筑之间根据实际情况配置长条形或环状闭合形林带，与噪声传播方向垂直，林带尽可能靠近声源，以获得良好的建筑声学环境。

⑤绿化遮阳。有效种植树木如乔木和藤本植物可以防止建筑西晒；停车场可以种植树木进行遮阳，发挥降温作用，减少车体暴晒。

⑥场地景观设计。建筑环境植物的有效配置，使建筑与环境完美统一。建筑师利用植物的色彩、花季、姿态、芳香、季相变化等为建筑环境系统提供良好的可观、可嗅的舒适感受。

（2）建筑物屋顶绿化、外墙面绿化、室内植物等系统组织设计

①建筑物屋顶绿化具有降低城市热岛效应的作用，良好的城市屋顶绿化可以使城市夏季温度降低1～2℃；屋顶绿化可以使雨水滞留，减轻城市下水道的负荷，缓解城市洪涝，提高水资源的利用；屋顶绿化种植植被可以有效隔热，减缓热传导，起到建筑节能效果；屋顶绿化可以吸收污染气体和吸附灰尘及减少噪声，提高环境质量；屋顶绿化改善城市生态环境，增加物种的多样性，屋面绿化可以为蜜蜂、蝴蝶提供良好栖息地，使部分鸟类有了食物来源，鸟类迁徙又可以为带来新物种提供可能；屋顶绿化可以为人们提供良好的休闲空间，丰富建筑外部空间，提升建筑品质。

②外墙面绿化的设计方法可分为种植爬山虎、常春藤等植物的附壁式绿化；利用外墙格构形成网架、利于植物攀爬绿化，或平台设置花盆进行植物种植构成网架绿化；利用悬挂种植器种植藤蔓形成别具一格的悬蔓式绿化；在墙面花槽中种植直立草本花卉形成直立式绿化；在西方国家近几年出现将树木、植物贴墙种植的贴墙式绿化。无论哪种方式的外墙绿化都应服从与生态与景观的原则，提高人们的生活品质。

③室内种植植物无疑有改善室内空气质量和空气湿度、调节室温和人的神经系统、柔化空间、美化环境、提供宜人的活动场所等诸多优点。在室内绿化种植时，要根据室内空间特性选择不同生态习性和形态特征的适宜植物；要与室内布局、风格、色彩和谐统一；植物布局比例要适当，要注重点线面的结合与残缺空间的填补；避免对人的危害性。

3.注重水资源的规划与设计

水资源的规划与设计包括水环境基础资料分析、水环境初步规划分析、建筑给排水系统方式选择、场地水体系统规划设计、雨水收集与利用系统设计、污水处理和再生水回用系统设计。其中雨水与再生水资源的开发利用是绿色建筑生态水环境系统规划设计的重点内容。

（1）绿色建筑雨水收集与利用的设计方法和技术手段

①建筑屋面、路面、广场和停车场、绿地雨水收集。

②收集雨水利用设施设备进行截污和初期雨水弃流及储存调蓄。

③雨水处理与净化。

④雨水的直接、间接和综合利用。

（2）污水处理和再生水回用系统

绿色建筑中的污水主要来自生活污水、生产污废水以及建筑过程中产生的污水。这些污水可以通过城市污水管道直接排放，经城市污水厂再生处理，实现水的回用；也可以由建筑单位个体收集本区域污水、净化处理后回用。污水处理后回用，既可以减少污染，又可以增加可利用的水资源，解决绿色建筑要求的大量水景和大面积绿地用水，有明显的环境、社会、经济综合效益。

4.注重室内外风环境的组织利用

室内外风环境的组织利用可以在建筑外部空间、内部空间有效调节空间环境小气候。绿色建筑的风环境是绿色建筑的特殊系统，它的组织与设计直接影响建筑布局，形态和功能。建筑的风环境同时具备热工效能和减少污染物质产生量的功能，起到节能和改善室内外环境的作用。

（1）室外风环境

研究建筑室外风环境，就是在给定的大区域风环境下，通过城市建筑物和其他人工构筑物的合理规划，得到最佳的建筑区域地形，从而控制和改善有意义的局部风环境。

当风遇到建筑时，建筑迎风面为正压，而在建筑顶部和背风面形成负压。如果在屋顶开设天窗，风会被吸入建筑。由于风压的作用，风会在建筑的背风面形成"涡流"。在建筑设计中，要合理利用自然风，进行合理建筑规划布局。一般风景区为建筑高度的3倍左右，因此在有效利用自然风方面，建筑应交错布局，扩大建筑间距，使建筑拥有迎风面。在创造良好的自然风环境同时，也要考虑建筑的防风、避风和提高建筑的气密性，减少自然风对人类的危害。

（2）室内通风环境

在进行室内风环境设计时，要考虑被动式自然通风和主动式机械通风，实现室内健康通风、热舒适通风和建筑降温通风。在绿色建筑设计中，建筑师更加倡导自然通风。利用建筑的风压和热压来实现空气流动，达到自然通风的效果。

①利用风压实现自然通风

当风垂直吹向建筑正面时，迎风面中心处正压最大，在屋角、屋脊处负压最大，当建筑垂直主导风向时，风压效果明显，通风效果最好，建筑获得良好的"穿堂风"。风对建筑物的作用力可分解为水平和垂直方向，对风压的利用往往是利用对风的阻力来组织通风的。

②利用热压实现自然通风

热压通风即通常所说的烟窗效应。由于热空气密度小而上升，从建筑上部风口排出，室外冷空气密度大，由建筑底部被吸入。当室内气温低于室外时，气流方向相反。热压通风要注意上下窗口之间有一定的高差，建筑内部要有热源，要重视中性面的不利影响。建筑内部设通风走廊，紧邻走廊为三层公共场所，走廊临近室外湖泊。环廊正面安装可随季节变化而自由调节的隔热玻璃。在冬季，可将低处的可开启挡板关闭、这样拱廊便成一个温室，有利节约采暖能耗；在夏季，可将挡板上滑，经过水面冷却的空气便可从玻璃窗下部吹入拱廊，而室内的热空气则由对向的玻璃墙面与屋面结合缝隙处排出。在实际生活中，建筑内部的气流，往往是热压和风压综合作用的结果，因此考虑建筑内部自然通风时要综合考虑两种风压的影响。

（3）自然通风设计

①要考虑合理的建筑布局，以满足自然通风需求。

②正确选用建筑体型，有效利用穿堂风，提高室内生活舒适性。

③合理设计、选择建筑构配件。如正确设计窗的朝向、窗洞口尺寸、开启方式，合理设置导风构件等，实现自然通风。

5.注重自然光在室内外环境的组织

将光环境主动运用于建筑创作中，调节生活在空间环境中的人们心理状态，提高生活质量。

（1）建筑在光的作用下，能够展示建筑的材质、色彩和空间；光环境的有效利用已经成为建筑造型的手段，为建筑创造出不同的意境艺术空间。

（2）在进行建筑布置时，建筑布置得当可以给地段带来阳光通道，否则会给地段带来洞穴般的阴暗。要合理利用地形，高矮建筑合理规划，保证良好的日照间距。在进行建筑光环境设计时，光可以被遮挡，亦可以被有效利用，良好地利用光影，可以使人们根据需要获得阴凉的天井和温暖的光空间。在光的利用上要避免眩光，可以采取以下几个方面的措施：

①不要阻隔光线，使建筑获得较好的日照。

②按设计理想有效遮挡，如采用透明与半透明和性能不同的玻璃，以及水平或竖向可调角度并能移动的遮阳板等技术手段，防止因阳光直射导致眩光和过度热量。

③主动利用天然光，可以将光重新定向，使光照射到需要的地方。可以采取镜面反射采光法、棱镜组传光采光法、光导管采光法、光纤导光法、光伏效应、间接采光法、卫星反射镜采光法等技术手段。

④提高光的使用效率，建筑室内采用高反射比饰面。

⑤综合使用天然光，对天然光整合。

6.注重室内外声环境的组织

（1）声景观的营造

声景观的营造是运用声的要素，对空间的声环境进行全面的设计和规划，开加一京协调。声景观

的营造超越了物质设计和发出声音的局限，把风景环境中本来就存在的听觉要素加以明确认识，同时考虑视觉和听觉的平衡与协调，通过五官的共同作用来实现景观和空间的诸多表现。

声景观的营造延伸了设计要素的范围，大自然的声音、城市各个角落的声音、带有生活气息的声音，甚至是通过场景的设计，唤起人们的记忆或联想的声音等内容都是景观营造的内容。建筑师可以根据场所需求添加新的声要素，也可以去除声音环境中不协调的声要素。

人对声景观的需求是多样的，人在休息和安静状态是需要安静的环境的；人在精神紧张状态时应以适当舒缓音乐来减轻环境压力，或以相对强烈的音乐与内心的紧张产生共鸣，以掩饰心里紧张。声音来源于物质，声音传达物质的特种信息，可以使声音成为物质标志，通过标志人们能够理解物质，与环境产生共鸣。"蝉噪林愈静，鸟

鸣林愈幽"的经典名句至今仍能引发人们对于声环境的无限遐想。

（2）消除噪声

噪声有损害听力、引发疾病、降低工作效率等多方面的危害，生活中的噪声来源于交通噪声、工厂噪声、施工噪声、社会生活噪声和自然噪声等，其中交通噪声影响最大、范围最广。消除噪声对于外部噪声可以采取合理的区域功能分区、设置合理的遮挡措施、合理的建筑规划布局等方式来消除噪声；而对于建筑内部的噪声则主要通过消除噪声源、通过围护结构的有效隔声、调整建筑内部功能布局等措施来实现建筑内部消除噪声。

7.注重建筑环境生态交通系统设计

绿色建筑环境生态交通系统关注建筑及场地周边人、车、自然环境间的关系问题，人的安全、舒适是绿色建筑环境生态交通系统设计的首要原则。绿色建筑环境生态交通系统要将生态道路系统路网按区域级、分区级和地段级进行层级设计，并进行合理的道路绿化布置，努力创造步行空间和有效的交通抑制管理，实现人车分流，使交通便捷顺畅，景观良好。合理设计步行空间，满足休闲人性化的设计目标，使城市道路处于最优化状态，道路绿化能够促进生态平衡，人们在步行空间里增进交流从而对地区环境具有认同感，通过交通抑制管理措施改善交通环境建立新秩序。

8.有效控制空气污染和生活垃圾处理

绿色建筑除了节能、节水、节地、节材等减少对资源的消耗外，还需降低自身的排放，减少环境污染，生活垃圾应合理处理。通过室内空气污染的防治、生活垃圾的处理，有效保护环境，提高环境质量，实现建筑环境的可持续发展。

9.实现建筑智能化与绿色、生态建筑一体化设计

智能建筑是实现绿色建筑目标的新技术手段、通过智能化，优化建筑结构、系统装备、服务和经营等要素，建立建筑设备管理系统、通信网络系统、办公自动化系统的综合布线，实现建筑的舒适、安全、健康、方便和节能降耗，统筹节地、节能、节水、节材等综合措施，改善人居环境，体现建筑"以人为本"的服务意识，促进建筑可持续发展。

第三节 建筑设计分析图的构思

一、建筑分析图

在建筑设计构思的初级阶段，因为要考虑到业主的设计要求、场地的诸多信息以及设计中存在的问题，设计者常常需要依靠许多图解来表达那些不易说清和难以捉摸的概念。在建筑设计构思和建筑方案研究过程中形成的一些图解称为建筑分析图。

建筑分析图是建筑设计创意构思表达的"陈述说明图解"。建筑分析图可以多层

次地同时传递和表达信息，它是建筑师的语言之一。建筑分析图是利用一系列符号和抽象的点、线、面等图形记录的、建筑简化的表达图形。它运用箭头、各种线条等手段对建筑设计构思的相关问题，进行描述、简单概括和分析表达。绘制建筑分析图可以帮助设计者理清头绪，寻找解决矛盾的方法，逐步建立构思方向，为方案的深入发展起到不可忽视的作用。建筑分析图记录了设计者的设计构思过程，通过分析图的展示可以简洁明了的表达设计者的设计意图。运用建筑分析图便于与建设单位沟通和交流，阐述设计意图，完善建筑设计任务和设计方案。在建筑设计过程中，通常用到的建筑分析图包括：环境和现状分析图、建筑和环境关系分析图、建筑平面功能空间分析图、建筑人文分析图。

（一）环境、现状分析图

在建筑设计构思之初，设计者的灵感大多建立在基地的多次调研与踏勘之上。环境、场地设计分析是解决环境设计中存在的主要矛盾问题的设计途径。环境、场地设计是若干建筑设计诸多亟待解决的问题中，要首先解决的主要矛盾问题。因此，环境、场地分析图往往应用于建筑设计方案的场地规划与总平面布置设计之中。为了创造建筑与场地、场地与环境的合理布局和协调关系，对环境、场地现状的分析是必不可少的。场地的环境、现状分析是在建筑布置时，首先考虑的问题。环境、现状分析图大致包括基地自然条件分析图、基地人文条件分析图和基地交通流线分析图。

1.基地自然条件分析图

基地自然条件分析图又包括基地周围景观、日照条件，以及基地坡度、基地的形状等分析图。

（1）基地周围景观分析图

基地周围景观主要指的是自然风光。如基地周边是否有海、有山，是否需要保留古树、古楼等文物古迹设施。这些因素可能会对设计构思带来不利因素，也可能为设计构思带来新途径和设计灵感，形成独特的设计构思。通过分析找出设计的有利条件和不利条件，为方案设计构思提供前提、依据和保障。

许多杰出的设计大师都是尊重自然、保护自然的倡导者。莱特的流水别墅是与自然完美结合的典范，在设计之初，莱特在对基地进行踏勘时，被环境中的自然景观所吸引，并在头脑中形成与溪水的音乐感相匹配的别墅模糊形象。他要求考夫曼尽快为他提供每一块大石头和6i直径以上的树木都标点清楚的地形图。在拿到地形图后，莱特经历了近半年的时间对这块基地进行分析、感悟与思考。最后用了15min左右的时间，绘出了第一次的构思草图。莱特形容这个别墅是山溪旁一个峭壁的延伸，生存空间靠着几层平台而凌空在溪水之上。主人将沉浸于瀑布的响声之中，享受生活的乐趣。

（2）日照条件分析图

在建筑设计构思中，建筑日照是重要考虑的自然因素之一。它对建筑在基地中的布局、位置、朝向，以及建筑与环境日照关系等问题，都起到了不容忽视的制约作用。在建筑日照分析时，设计者还要考虑到季节变换和日夜交替带来的太阳照射方式不断变换的要素。因此，日照分析应建立在一个动态分析之上，以获得理想的建筑日照景观和日照需求。

自然环境中的日照对建筑的光影效果起到了决定性作用。瞬间变化的光影可以使建筑立面层次丰富，对日照以及光影的分析有利于建筑的细部深入设计。

同时，建筑在地面上的阴影是否对环境利用造成影响，是否使相邻建筑笼罩在环境要素的阴影之中，能否有效利用太阳能合理设计外围护结构等，也要在设计中通过日照分析进行了解掌握，从而有效进行建筑设计构思。

在实际工作中，确定日照间距，首先要进行建筑日照分析。建筑日照分析要执行相应建筑规范要求，运用建筑日照分析软件，输入建筑所处的纬度、经度、建筑高度等参数。通过建筑日照分析得出日照时数，与规范比对，调整建筑高度、建筑间距，进而满足建筑日照要求。

（3）基地坡度、形状分析图

它也是基地地貌分析的一部分。当坡度较大时，如何利用坡度为设计寻求独特之处，合理地安排空间的错落关系是方案构思的难点与重点。坡度与建筑关系分析图在构思过程中是必不可少的。

坡度分析图往往采用剖面形式进行分析与绘制。在构思过程中，有高低错落关系的空间很难用平面形式表达清楚，分析起来也有难度，因此，一个比例关系相对准确的坡度分析剖面图，可以很直观地看到空间的错落关系，对方案构思与深入有直接的帮助。

基地的形状往往极大限定了建筑的平面形态。一个特殊形状的基地，如三角形、五边形等形状的基地，往往在构思中，通过建筑用地分析，形成建筑平面设计的母题。厦门鼓山苑幼儿园建筑所在基地的形状特殊，呈现扇形。建筑为适应用地的边界的特殊形状，采用了弧形布局，不但与道路走势有机呼应，而且由此产生轻松活泼的建筑造型，体现了幼儿园建筑的特点。

2.基地人文条件分析图

在环境分析中，基地的人文条件分析也是不容忽视的。任何建筑都必然处在自然与人文环境之中，而不同的地域文化又会对建筑的形态与风格起到制约作用。设计者在设计之初，要了解当地的风土人情和地域文化，学习当地的建筑法规与条文，了解该地区城市发展的脉络与轴线关系。

建筑大师贝聿铭在设计美国国家美术馆东馆的时候，在方案之初就考虑了场地原有建筑的轴线关系，使旧馆的轴线与新馆等腰三角形的中轴重合。虽然形式上，新旧建筑风格完全不同，但是布局上尊重了城市的轴线脉络，达到新老建筑间的对话关系。再加上建筑立面材料相同，大部分檐口高度与老馆协调一致，使新旧两馆好似一对忘年之交。

3.基地交通流线分析图

交通流线指的是人流与车流的动线轨迹。通过对人流与车流进行分析，可以有效把握基地周围与内部的交通运行轨迹。对方案构思中的人车分流，建筑出入入口以及各功能空间人流疏散等诸多矛盾问题的解决，起到非常重要的作用。

在分析交通流线时，可分别从基地周围动线和基地内部动线两个方面进行。基地周围的动线分析可以从周边道路等级着手，确定人流与车流的多少和运行轨迹，以此帮助分析基地入口位置与数量。基地内部动线分析主要指基地范围内使用者和汽车的运行轨迹，以及建筑内部空间人流轨迹。该分析可以帮助解决基地内的道路设计及环境划分。

二、建筑和环境关系分析图

功能分析图用来分析功能空间关系，有效梳理错综复杂的功能空间，使得琐碎的空间形成整体进行分析与讨论，然后再由整体逐步深入到局部空间。功能分析往往被用于总平面的环境分析，就是把环境按照使用功能的不同划分为不同的区域，以此来明确道路、绿化、广场等环境空间的大致位置，再与流线分析结合，有效组织人流与车流。此外，功能分析图还被大量用于建筑内部的功能空间的分析，表现方式多以泡泡图的形式完成。

三、建筑平面功能空间分析图

（一）建筑平面功能空间人流分析图

建筑平面功能空间人流分析图是建筑师用以明确表达建筑平面内部空间的人流交通组织关系，一栋建筑往往具有多种使用功能，各功能关系要求彼此独立又互不干扰，有效地进行平面人流分析，合理组织内部人流交通和安全疏散至关重要。

（二）建筑空间使用功能关系分析图

建筑师为清晰表达建筑功能布局关系，会经常绘制建筑空间功能关系分析图。建筑空间功能关系分析图可在总平面图、平面图、剖面图、轴侧图等图纸中得以体现，建筑空间中不同的功能空间涂以不同的颜色以此来清晰表达功能空间的相互关系。

（三）建筑人文分析图

建筑人文分析图是反映种地域民族文化特质和生活习惯特征的分析图，通过构思分析，使建筑具有地域文化艺术内涵，使建筑符合民族性和地域性的要求。

四、建筑立意构思分析草图

建筑立意构思分析草图一般是设计者徒手绘制的，用以表达设计思维，研究设计方案的图纸，是设计师设计创意构思的真实再现。它不仅记录了建筑形象，也表达了建筑师的思维过程，在对立意构思草图的权衡、比对、提高中，激发建筑立意，焕发建筑设计灵感，在进行建筑立意构思的取舍中确定建筑立意构思。

绘制建筑立意构思分析草图，是从建筑概念草图开始的，是在建筑师对业主需求、建筑的地域、地段环境等认真分析、认识、理解后，在创作意念的驱使下，绘制的思维草图。绘制概念草图要有开放性，要对建筑整体思考，要使建筑思维活跃起来，捕捉建筑思维灵感表达的线条要奔放，强调建筑的理念，注重表达建筑轮廓。

建筑概念草图完成后，设计构思便确定下来，开始绘制建筑构思草图。随着建筑的思考加深，建筑构思由含混，逐步清晰、完整和确定，经过构思草图的反复比对，建筑构思方案成熟起来，具有了真实性，反映出建筑的空间、建筑的结构等内容。

建筑分析图还可以包括节能、建筑技术应用等方面的分析图，人的行为心理分析图，室内视觉分析图，室内环境分析图、构思来源分析图，方案比较分析图等，分析范围相当广泛。分析内容应根据设计内容展开，各分析图应相互独立又彼此联系。

五、建筑分析图的内容表达方式

建筑分析图内容的表达方式是多种多样的，一张分析图可以表达某一方面的内容，也可以表达多方面的内容。例如在一个分析图里可以通过流线分析表达入口的合理性，同时展现建筑与环境的关系等。

建筑分析图的表达方式、绘制手段也是多种多样的，可以是手绘表达，不拘泥线条的横平竖直，但求线条的流畅，也可以借助马克笔、彩铅等工具手绘表达，还可以运用建筑模型、计算机辅助设计进行表达。分析图通过分析重点，使建筑意图突出；运用图式符号进行表达，使设计意图简洁明了。

在构思过程中，徒手绘制建筑分析图是建筑师们普遍认为最快捷的分析方式，被广大建筑师所推崇。当建筑方案创意构思需要一些参数进行分析时，可以通过相应电脑软件程序计算对建筑进行数据分析，例如日照间距分析、采光系数计算分析、节能计算分析等。运用电脑计算程序软件来完成建筑设计技术分析，提高了分析图纸的准确性，提高了工作效率和工作质量。

无论是哪种方式的建筑分析图，都是建筑设计构思过程中必不可少的。设计者应学会综合、全面地运用建筑分析图的表达方式、手段，表达设计意图与构思，使建筑设计作品更加清晰、完善，满足工程设计要求，实现建设单位的使用意图。

六、建筑总平面图、平立剖面图、造型空间图

（一）建筑空间表达的功能性图纸

建筑总平面图、平立剖面图、造型空间图是对建筑设计构思内容的本质表达，要实现建筑构思，运用美学规律，设计原理对业主要求全面表达，不但要满足建筑使

用、建筑防火、建筑节能、无障碍等物质功能需求，更要满足造型艺术精神功能需求。它是建筑设计构思的"功能图解"、建筑空间表达的功能性图纸，因此应达到三个层次、境界的要求：

（1）全面清楚地表达建筑设计功能特征，如建筑空间的大小、形状、高矮和朝向。

（2）表达建筑的空间、形式、体量、细部的特征和材料的质感以及建筑与环境的关系。

（3）通过建筑分析，实现建筑设计的立意和构思，表达建筑的设计风格，物质、精神和美学要求。

（二）总平面、平面、立面、剖面、建筑造型空间草图纸绘制

在总平面、平面、立面、剖面、建筑造型空间构思草图基础上，要进行建筑功能草图绘制。它是建筑功能图纸精确表达的基础。

建筑功能草图的绘制要满足业主要求，要进行复核，要全面反映业主要求的建筑各功能空间合理进行各建筑功能空间的平面、剖面的空间划分、交通组织，建筑各功能空间的表达要具有真实性。建筑图形要有比例。继承、发扬建筑设计构思，使建筑内部、外部、建筑环境空间的浪漫构思理性地、完整地展现出来。各建筑功能空间图纸宜独立成图，为下一步使用仪器绘制图纸、合理进行建筑图面组合创造条件。各建筑功能空间草图纸不仅是建筑师设计意图的自我表达，也是建筑师与合作者、业主进行交流、汇报、讨论的必备依据文件。各建筑功能空间草图纸一般绘制在拷贝纸、硫酸纸、白图纸上。

（三）建筑方案阶段总平面、平面、立面、剖面图纸的设计深度

任何建筑设计方案都渴望实施，建筑功能草图使建筑有了雏形，若使建筑具有可操作性，就必须对建筑功能草图进行量化，这就需要运用计算机辅助设计手段，对建筑平面、立面、剖面等图纸进行准确绘制和设计表达。建筑功能图纸的设计表达可分为总平面、平面图、剖面图、立面图等功能图纸，各功能图之间，彼此联系、相互对应，共同完成建筑三维空间的表述。不同的图纸表达不同的功能需求。建筑功能设计图纸要求客观、精准地对建筑设计进行表达。

1.总平面要表达的设计内容

总平面要表达建筑用地场地位置，与相邻场地关系，建筑红线场地位置与建筑用地场地关系以及建筑与建筑红线关系，总平面设计更要表达建筑本体和建筑环境布置内容。总平面设计表达应在建筑构思草图的基础上，按以下设计深度内容进行表述。

（1）场地的区域位置

结合实际工程建筑定位提供地形图，分析基地用地线、用地线红线、建筑控制线、社区道路关系。基地与道路相连接，以建筑用地线、用地红线进行划分，建筑建设位置以建筑控制线加以控制，建筑不得超出建筑控制线建造，建筑附属构件如建筑

入人口平台、踏步等，不得超出用地红线。

（2）基地高程

基地高程应按城市规划要求确定的控制标高进行设计。基地高程宜高出城市道路的路面，否则应有排水设施。

（3）基地道路出口位置

基地道路出口位置距主干道交叉口、自道路红线交点量起不小于7m；距非道路交叉口的过街人行道边缘不应小于5m；距公共交通站台边缘不应小于10m；距公园、学校、儿童及残疾人建筑出入口不应小于20m；基地道路出口至少有两个不同方向与城市道路相连；基地沿城市道路的长度不小于基地周长的1/6。

（4）场地的区域范围内设计内容

场地的范围的用地和场地的建筑物各角点，要以坐标或定位尺寸进行表达；场地内拟建道路、停车场、广场、绿地及建筑物的布置；表达场地主要建筑物与各类控制线（用地红线、道路红线、建筑控制线等）、相邻建筑物之间的距离及建筑物的总尺寸；表达用地出入口与城市道路交叉口之间的距离；表达场地主要建筑物的名称、出入口位置、层数、建筑高度、设计标高，以及地形复杂时主要道路、广场的控制标高。

（5）场地内及四邻环境的表达

要表达建筑四邻原有及规划的城市道路和建筑物，相邻建筑用地性质、相邻建筑性质、层数等，场地内需保留的建筑物、构筑物、古木名木、历史文化遗存、现有地形与标高、水体、不良地质情况等也应表达。

（6）指北针或风玫瑰图、比例。

（7）根据需要绘制下列反映方案特性的分析图

功能分区、空间组合及景观分析、交通分析（人流及车流的组织、停车场的布置及停车泊位数量等）、消防分析、地形分析、绿地布置、日照分析、分期建设等。

（8）标出图名、图纸比例、技术指标、指北针

总平面比例一般为1：500，可用比例为1：1000，编制技术经济指标表。

2.平面要表达的设计内容

平面要表达图纸是建设单位关于建筑使用功能布置的图纸，反映建筑各功能空间的内容及相互关系。它应在建筑构思草图的基础上完成以下功能要求：

（1）平面设计要表达平面的总尺寸、开间、进深尺寸及结构受力体系中的柱网、承重墙位置和尺寸。

（2）表达各使用功能房间的名称。

（3）表达各楼层地面标高、屋面标高。

（4）表达室内停车库的停车位和行车线路。

（5）底层平面图应标明剖切线位置和编号，并应标示指北针。

（6）必要时，要绘制主要用房的放大平面和室内布置。

（7）表达绘制图纸的名比例或比例尺。

3.剖面要表达的设计内容

剖面是表达建筑空间层次的图纸，平面图在剖面图的引领下，建筑平面具有了空间形态。它应在建筑构思草图的基础上完成以下功能要求：

（1）剖面应剖在高度和层数不同、空间关系比较复杂的部位。

（2）要表达各层标高及室外地面标高、建筑的总高度。

（3）建筑若遇有建筑规划的高度控制要求时，还应标明规划控制最高点的标高。

（4）表达绘制剖面的编号、比例或比例尺。

4.立面要表达的设计内容

立面是表达建筑外表空间形态的图纸，平面、剖面使建筑具有了建筑空间形态，而立面使建筑具有了表情，有了人性化的特征。要在建筑构思草图的基础上完成以下工作内容：

（1）要体现建筑造型的特点，选择绘制一两个有代表的立面；要有关于建筑材质、色彩的表达。

（2）要表达各主要部位和最高点的标高或主体建筑的总高度。

（3）当与相邻建筑（或原有建筑）有直接关系时，应绘制相邻或原有建筑的局部立面图。

（4）表达绘制图纸的名称、比例或比例尺。

（四）建筑总平面图、平立剖面图、空间造型图的艺术表现

建筑平立剖面图、总平面图等是建筑的功能性图纸，在满足设计深度内容基础上，要关注图面表达的艺术性，着眼建筑与环境的关系，在满足建筑功能表达的同时，为增加设计表现力，将建筑图形用建筑环境加以烘托，将图形空间根据不同的功能要求，涂以不同的颜色，增加建筑的表现力。建筑不同功能图纸体现艺术性表达时，要考虑的内容如下。

1.总平面图的艺术表现

任何建筑都有其建设的用地，任何建筑都不可能脱离环境而存在。在进行建筑设计表达时，都必须绘制建筑总平面图，良好地表达建筑环境。艺术的表达总平面可以使人们充分体会建筑与环境的关系，了解建筑师的创作意图和构思脉络。

（1）建筑所处的环境可分为自然环境和城市人工环境。表达自然环境要着眼于建筑与自然环境的有机联系，自然环境的表达往往大而丰富，体现建筑与自然的和谐共生。对于城市人工环境，重点表述建筑与道路、广场、绿化等人工设施的关系，新老建筑间的有机联系，以及建筑群体组合关系。

（2）在表达自然环境方面，要有机组合建筑、山、水等要素，有的需要保持原样，有的需要整合改造，以衬托建筑，有的借助地形、地貌的不规则形状表达地面起伏、曲回，以活跃画面构图气氛，实现建筑与环境的完整统一。

（3）实现建筑与环境的完整统一，应充分运用色彩渲染，通过色彩的颜色变化、饱和度变化、明暗变化，表达地面、水体、绿化、树木、建筑、阴影等要素，使画面艺术而有立体感。

在图面组合构图时，很多建筑表现组合图借用总图为背景铺底，叠加立面、剖面等画面，将许多零散图纸有机组成有机整体。

2.平面图的艺术表现

在满足设计深度内容基础上，平面图要关注图面表达的艺术性，着眼建筑室内外环境空间、使用功能表达，为此要考虑以下几个方面：

（1）表达一层平面图，要涵盖外部环境，要充分重视一层平面在画面构图中的决定性作用，完美表达平面环境、为画面增色。

（2）平面表达不仅停留在房间划分、结构体系表述、门窗设置，而且也要关注、室内家具陈设、室外庭院空间，以及与室外空间关联的山体、水体、绿化、树木、广场、铺地、小品等要素。

（3）平面表达要突出建筑主体内容，线条要有粗细，建筑主体轮廓要加粗，而环境要素往往要用细线给予弱化。平面各部分功能也经常涂以不同的颜色，以提高平面的艺术表现力。

（4）平面表达内容，要符合建筑统一的比例、尺度，体现建筑与人的和谐美。

3.剖面图的艺术表现

在满足设计深度内容基础上，要关注图面表达的艺术性，剖面图着眼建筑室内外环境空间相互联系的表达，体现出空间的分隔、交流，空间的高低，空间的序列等要素，为此艺术表现剖面图要考虑以下几个方面：

（1）剖面的位置选择，要体现出建筑空间的人流展开的序列，宜选择建筑入口、建筑楼梯、建筑厅室转换、建筑空间变化等处。

（2）表述剖面时，要充分体现建筑空间的结构美。如完整表述建筑钢结构、框架结构、承重墙等。

（3）表述剖面时，可以表达室内装修、陈设以求得画面的艺术性，完善设计构思的表达。

（4）在剖面图中，剖断线要给予强调，明确空间的范围与周界。

（5）为提高剖面功能空间的尺度感和流动性，建筑师经常绘制剖面透视图以提高艺术表现力。

4.立面图的艺术表现

在满足设计深度内容基础上，要关注立面图面表达的艺术性，为此要表达建筑以下几个方面的特征。

（1）表达建筑的凸凹层次变化，展现建筑的、界面和层次。

（2）表达建筑的光影变幻，展现建筑的体积。

（3）表达建筑的虚实变化，体现建筑的主次关系，画面有重点。

（4）表达建筑饰面的色彩与质感，使建筑生动、形象、逼真。

（5）表达建筑总体与各部分之间要有清晰的建筑轮廓，重点部位要给予加粗强调。

（6）要表述建筑的环境要素，如天空、绿化树木、人物、车辆、小品等，丰富建筑画面，体现建筑与环境的联系。有时为表达建筑水面环境，建筑师经常绘制水面倒影以表达水面波光熠熠，增强建筑的灵动性；有时将地面绘制透视，以增强建筑的景深感，丰富建筑画面。

5.建筑造型效果图的艺术表现

建筑造型效果图可以直观地表达建筑创作意图和构思，为提高建筑的表现力，建筑师会围绕建筑创作意图对建筑造型效果图进行艺术夸张处理。

在进行建筑效果图的绘制时，建筑师经常考虑建筑的季节，往往通过夏、秋、冬季节变换处理，艺术地表达建筑与环境的融合关系，体现建筑的生命力。

在建筑创作中，建筑师经常考虑建筑的地域性。在建筑造型效果图的绘制中，建筑师经常体现建筑鲜明的地域文化艺术性。

任何建筑都有着独特的建设地段，建筑造型效果图必然要反映建筑环境特点，努力使建筑与环境融为一体。

为满足人们日益增长的物质文化水平的需要，建筑创作是不断向前发展的。近几年来"绿色建筑"广泛受到重视，建筑创作更多地考虑建筑与环境的关系，运用建筑科学技术改善建筑室内外环境，提高建筑的舒适性，实现"以人为本"的设计林。

建筑之所以成为艺术品而不是使用机器，正是因为建筑从诞生之初就有着鲜明的灵魂和思想，建筑师在纪念馆、博物馆、剧场等项目的创作中更加关注建筑的立意，在绘制建筑造型效果图时势必要表达建筑的创意。

总之，作为建筑师，要有建筑表现技法，善于绘制建筑效果图，艺术的绘制建筑平立剖面图纸。建筑初学者要消除建筑表达的经验论、神秘论、宿命论，大胆实践，大量阅读、分析建筑表现图案例并能临摹练习，用于建筑表现实践创作，及时总结，进而掌握建筑图的表达技巧，艺术地进行建筑表现图的绘制，更好体现建筑立意与构思，创造出业主满意的建筑作品，为社会服务，推动建筑艺术向前发展。

七、建筑室内造型艺术空间图

任何完美的建筑设计创意构思都是内部空间与外部空间的完美统一。室内空间同样要表达建筑的创意思想，应是室外空间的延续。如图5-52所示，美国建筑大师莱特位于亚利桑那州的建筑工作室，建筑外部空间与环境有机结合，建筑材料就地取材，室内空间延续室外空间的创作思路，无论是空间结构的形态、装修材料的选用，还是家具陈设，都力求质朴而原生态，努力与外部环境有机结合，使室外在室内得以延续。

　　绘制建筑室内造型艺术空间图时，室内空间要表达出空间正确的尺度感，有效表达光影艺术特征，考虑家具陈设的艺术风格，正确表达室内空间界面材质和色彩等室内空间设计处理的表现要素。室内空间设计要注重室内的建筑风格与气氛的表达，应使建筑外部空间与内部空间完美统一。

　　室内空间的图纸绘制中，家具的陈设可以使室内空间设计的意图更加明确，可以帮助建筑师把握建筑空间尺度。为此要合理布置家具和陈设，避免空间比例失真。室内的家具陈设也是营造室内空间风格的主要构件。因此，在构思及绘图的过程中，应把家具的艺术风格作为设计表达的重点进行推敲与表达。

　　室内空间的图纸绘制中，室内光影的艺术设计会使室内的设计风格与气氛充满生机，为此要考虑各类光影的艺术效果，合理选用光源，加强设计构思与创意的完美体现。

　　绘制室内透视图时，要注意视点的选择，应该注意视点不要选取正中央的位置，这样的透视会让人感到呆板，构图过于对称。一点透视与两点透视相比更加简单，容易强调出空间感，将视点定为人的高度，会让人有一种身临其境的感觉。两点透视更好地强调室内空间的主体部分，更适合表现空间中的局部。无论哪种透视，都不要使视角过大而产生失真。

　　在进行室内空间透视图时，建筑师经常采用手绘的方式，快速捕捉设计灵感表达室内空间的立意构思。多画面的手绘室内空间构思表达可以有效帮助建筑师确定室内空间的设计方案，为室内空间计算机辅助绘制打下基础。

第四章 建筑设计技术性与经济性

第一节 建筑设计的技术性

一、建筑结构技术简介

建筑结构简称结构，是在建筑中受力并传力的，由若干构件连接而构成的平面或空间体系，类似动物的骨骼系统。结构必须具有足够的强度、刚度和稳定性。

（一）结构类型

按材料不同，一般分为木结构、砖石结构、混凝土结构、钢筋混凝土结构、钢结构、预应力钢结构、砖混结构等。

1.木结构

木结构是指在建筑中以木材为主制成的结构，一般用榫卯、齿、螺栓、钉、销、胶等连接。

2.砖石结构

砖石结构是指用胶结材料（如砂浆等），将砖、石、砌块等砌筑成一体的结构，可用于基础、墙体、柱子、烟囱、水池等。砖石结构是一种古老的传统结构，从古至今一直被广泛应用，如埃及的金字塔、罗马的斗兽场，我国的万里长城、河北赵县的安济桥、西安的小雁塔、南京的无梁殿等，现在一般用于民用和工业建筑的墙、柱和基础等。

3.素混凝土结构

素混凝土结构是由无筋或不配置受力钢筋的混凝土制成的结构。此结构类型广泛适用于地上、地下、水中的工业与民用建筑，水利、水电等各种工程。

4.钢筋混凝土结构

钢筋混凝土结构是指采用钢筋增强的混凝土结构。钢筋混凝土结构在土木工程中的应用范围极广，各种工程结构都可由钢筋混凝土建造。

5. 钢结构

钢结构是指以钢材制成的结构。如果型材是由钢带或钢板经冷加工而成，再以此制作的结构，则称为冷弯钢结构。钢结构由钢板和型钢等制成的钢梁、钢柱、钢桁架组成，各构件之间采用焊缝、螺栓或铆钉连接，常见于跨度大、高度大、荷载大、动力作用大的各种工程结构中。

6. 预应力钢结构

预应力钢结构是指在结构负荷以前，先施以预加应力，预应力钢结构广泛应用的领域是大型建筑结构，如体育场馆、会展中心、剧院、商场、飞机库、候机楼等。

7. 砖混结构

砖混结构建筑物的墙、柱等采用砖或者砌块砌筑，梁、楼板、屋面板等采用钢筋混凝土构件。

（二）高层与超高层技术

1976年，我国国内建成了第一幢超过100m的超高层建筑，为广州白云宾馆，楼高112m。1986年后，高层和超高层建筑数量迅速增长，到2012年已建成94幢，其中200～300m高的约占59%，上海中心大厦的高度已达632m，而深圳平安金融中心达到648m。此结构类型以框架－核心筒、框筒－核心筒、巨型框架核心筒和巨型支撑框架－核心筒四种结构为主。其中框架核心筒和框筒－核心筒结构适用于250～400m的高建筑；巨型框架－核心筒适用于300m以上的超高层建筑；巨型框架－核心筒和巨型支撑框架－核心筒，适用于300m以上的超高层建筑。超高层建筑常采用钢结构，其常用类型及适用范围。

（三）大跨度结构

大跨度结构通常是指跨度在30m以上的结构，主要用于民用建筑中的影剧院、体育场馆、展览馆、大会堂、航空港以及其他大型公共建筑，在工业建筑中则主要用于飞机装配车间、飞机库和其他大跨度厂房。

在古罗马已经有大跨度结构，如公元120——124年建成的罗马万神庙，穹顶直径达43.3m，用混凝土浇筑而成。

大跨度建筑真正得到迅速发展是在19世纪后半叶以后，1889年为巴黎世界博览会建造的机械馆，跨度达到115m，采用三铰拱钢结构；又如法国巴黎的法国工业技术中心展览馆，它是三角形平面的建筑，每边跨度达到218m，高48m，总面积为9万m²，采用双层薄壳结构，壳的厚度仅6.01～12.1cm，建于1959年。目前，世界上跨度最大的建筑是美国底特律的韦恩县体育馆，其圆形平面直径达266m，为钢网壳结构。

我国于20世纪70年代建成的上海体育馆，其圆形平面直径为110m，为钢平板网架结构。目前，以钢索及膜材做成的结构最大跨度已达到320m。

大跨度建筑迅速发展的原因，一方面是社会发展需要建造更高大的建筑空间，来满足群众集会、举行大型的文艺体育表演、举办盛大的各种博览会等需求；另一方面则是新材料、新结构、新技术的出现，促进了大跨度建筑的进步。

（四）异形造型

当今世界，出现了越来越多的具有异形化造型倾向的建筑。地标性建筑如体育场馆、博物馆、展览馆、音乐厅、电视台、歌剧院等，往往采用复杂的曲面造型来传达设计师的理念，形成具冲击力的视觉效果，并营造独特的文化氛围。从国家大剧院的"巨蛋"、奥运会的"鸟巢"、央视大楼的"大裤衩"，再到东方之门的"秋裤"，人们对异形建筑的争议从来没有停止过。需要指出的是，评价一个建筑物不能仅看其造型和外立面，应该多加思考，同时看它是否能够经得起时间的考验。

异型建筑有很多突破常规的地方，这使得它在设计、施工中均存在诸多需要解决的课题。与常规造型的结构相比，它在形体建模、表面划分、结构模型提取及分析、光学声学分析、冷热负荷计算、可持续优化等诸多方面，均需要通过特定的手段才能加以解决，异型建筑的绘图也需采用专门软件才能完成。施工方面，异型建筑必须结合三维数字模型，并借助于一定的程序代码才能提取出信息，指导构件的加工制作安装。

二、民用建筑结构选型

建筑设计着重于建筑的适用及美观，而结构设计更重要的是房屋的安全。要做到房屋既实用美观，又安全可靠，要求建筑设计和结构设计必须相互配合，如地震区建筑设计应符合抗震概念设计的要求，不应采用严重不规则的设计方案。不然，则首先要调整建筑平面尺寸和立面尺寸，然后再设置防震缝，把体型复杂不规则的建筑划分为多个较规则的结构单元。结构方案设计时也要根据工程的具体情况进行方案比较，除安全适用外，还要进行技术经济分析，要做到经济合理、技术先进，这是结构设计的基本原则，也是结构选型的原则。

（一）结构选型的原则

1.结构安全

①房屋结构单元平面及竖向布置应符合规范要求，不能出现严重不规则的结构单元。对于体型复杂、严重不规则的建筑，应通过调整建筑方案或设防震缝来满足规范要求。设防震缝应考虑结合伸缩缝、沉降缝及施工缝的设置。

②各种结构的最大适用高度及高宽比，在规范中均有规定，结构选型应在最大适用高度范围内选择。适用高度的高低能够反映出各种结构的承载能力及抗风、抗震能力，是结构安全重要的可比条件。

③结构防火属结构安全重要的条件之一。木材本身就是燃烧体，因此很多房屋不能采用木结构或木构件。钢构件本身的耐火极限很低，必须采取有效的防火措施，才能达到一定的耐火等级。相比之下，混凝土结构和砌体结构耐火性能就要好得多。

④房屋设计使用年限要求结构有足够的耐久性，这也是结构安全的一个条件。各种结构都有影响耐久性的因素，如木结构的腐烂和虫蛀、钢结构的锈蚀、砌体材料的风化、混凝土的碱集料反应等。碱集料反应是指混凝土集料中某些活性矿物（活性氧化硅、活性氧化铝等）与混凝土微孔中的碱溶液发生的化学反应，其反应生成物体积增大，会导致混凝土结构发生破坏。

2.适用

适用性是指需要满足使用功能的要求。各种房屋都有不同的使用功能，基本反映在建筑方案中，如房屋用途、平立面布置、层数及高度、有无地下室及其他用途等。各种用途的房屋都有不同的使用特点，如住宅分单元使用，要求空间不大；办公楼要有明亮及空间较大的办公室；教学楼以教室为主，人流密集，需要明亮的大空间；影剧院分前厅、观众厅、舞台、休息室等不同使用功能区，观众厅及舞台要求大空间；体育馆要求空间最大，若有看台则人流更密集，疏散要求更高。

3.经济合理

影响房屋土建造价的因素主要是结构材料的价格，综合造价还应考虑以下因素：结构自重会影响地震作用大小及基础工程量大小；结构施工方便、工期短，将会降低成本；结构维护费用会影响房屋造价，如结构防火、防腐等。现就上述几方面作简单比较。

①结构材料价格（按从低到高排列）：木结构、砌体结构、混凝土结构、钢结构。

②结构自重（按从轻到重排列）：木结构、钢结构、混凝土框架、框架-剪力墙、板柱-剪力墙、筒体、剪力墙、砌体结构。

③结构施工工期（按从短到长排列）：钢结构、木结构、混凝土结构、砌体结构。

④结构维护费用（按从低到高排列）：混凝土结构、砌体结构、钢结构、木结构。

4.技术先进

技术先进主要是指结构体系应推广应用成熟的新结构、新技术、新材料、新工艺，有利于加快建设速度，有利于工业化、现代化及确保工程质量。按上述条件，各结构体系技术先进性排列如下：

①钢结构：钢结构构件可以在工厂大批加工，现场组装，工业化程度高，建设速度快，工程质量易保证。钢结构可与各种新型装配式板材配套使用，且钢材可重复利用，有利于环保和节能。钢结构强度高、自重轻，是超高层建筑常用的结构形式，钢结构中的各类筒体结构是高层建筑适用高度最高的结构，钢网架或钢网壳常用于空间结构中。随着钢结构的广泛应用，其技术将不断发展。

②混凝土结构：混凝土结构体系中的结构形式很多，技术发展很快，不断派生出新的结构形式，如钢混凝土混合结构、异形柱框架结构、短肢剪力墙结构等。为提高混凝土结构的建筑高度，可采用高强度混凝土、钢管混凝土及型钢混凝土等新结构、新技术、新材料。预应力技术已广泛应用在混凝土梁、板、柱中，混凝土预制构件可

实现工厂化生产，且各种施工新工艺不断涌现，加快了房屋建设速度，因此，混凝土结构是高层建筑用得最多的结构形式。

③砌体结构：随着黏土砖的逐步淘汰，各种节能、环保、高强的砌体材料不断发展，构造措施日益完善，因此，砌体结构仍然具有发展前途，是单层及多层建筑的主要结构形式，而且配筋砌体剪力墙结构扩展了砌体结构应用范围。但砌体结构劳动生产率低，不利于加快建设速度。

④木结构：我国森林资源不太丰富，基于环保要求不能大量砍伐木材，因此工程中限制使用木结构，从而使木结构技术的应用和发展受到制约，现代木结构技术含量低。且木结构最多只能建到三层楼，还有防火、防腐、防蛀等问题，因此木结构设计方案选择面很窄。

2.结构选型

当拿到某一建筑方案时，首先应了解房屋的使用功能，如房屋的用途、房屋的高度及整体布局等；接着应该了解建设地区的地震基本烈度、基本风压、工程地质、场地土类别，以及当地结构材料供应情况、施工技术条件等；然后根据上述设计原则进行综合分析对比，选择合理的结构形式。一般先在房屋适用高度范围内选出若干可能的结构，进行使用条件的分析对比，然后再进行经济条件和技术条件的分析对比。

三、新建筑与技术

（一）新型或特别的材料

新材料或一些特别的建筑材料，也会催生新的建筑形式，促进建筑属性的优化和进化。

1.金属外围护

钛金属板经过特殊氧化处理，其表面金属光泽极具质感，且具备耐候性。钛金板用于建筑外围护构件，使建筑外观为之一新。

2.GRC

GRC即玻璃纤维增强混凝土，是一种通过模具造型，使建筑构件较轻而造型、纹理、质感与色彩变化多端，能充分表达设计师想象力的材料。

3.GRG

GRG是预制玻璃纤维加强石膏板，它有足够的强度，可制成各种平板或各种艺术造型，常用于室内空间的再塑造，以及建筑构件的制作。

4.ECM外墙装饰挂板

ECM外墙装饰挂板产品采用特种轻质硅酸盐材料、活性粒子渗透结晶防水材料等十几种材料经科学配方加工而成，可以塑造很多异型的建筑构件，也可以模仿各种石材、木材、金属板等建筑材料。

5.生态墙顶技术

使用这种技术，能在建筑外表面上栽花种草，可以塑造良好的生态效应和新型的建筑外观。

6.光伏材料

光伏材料使用太阳能与建筑一体化应用技术，既可利用建筑外表获得清洁能源，又使建筑获得全新的外观。

7.新光源

新光源包括LED、光导纤维和发光纤维技术，既节省能源，又为建筑与环境增光添彩。

LED灯可制成各种灯具和点光源，适宜大面积分布，它消耗电能较少，效果独特。光导纤维可借助一个光源产生众多的发光点，塑造出变化万千的发光效果。

（二）新型或特殊的结构形式

新颖的建筑造型，一般采用新型的或特殊的结构形式及新材料。

1.索网结构

例如，哈萨克斯坦的成吉思汗后裔帐篷娱乐中心，就采用了索网结构，以ETFE材料做外围护结构。

2.混合框架＋核心筒结构

北京怀柔的金雁饭店，采用了混合框架＋核心筒结构及太阳能幕墙，造型独特，节能环保。

3.膜结构

膜结构是由多种高强薄膜材料及加强构件（钢架、钢柱或钢索）通过一定的方式使其内部产生一定的预应力以形成某种空间形式，作为覆盖结构，并能承受一定的外部荷载作用的一种空间结构形式。特别是ETFE膜，已用于如中国的鸟巢、水立方，英国的"伊甸园"生态温室等建筑。

4.异形钢结构

上海光源：圆环建筑，为钢筋混凝土框架结构体系，屋盖为异形钢结构屋盖，与混凝土框排架柱的连接为固定铰支座及弹性限位支座，造型由8组螺旋上升的钢筋混凝土拱壳面及

（三）建筑智能化

以建筑物为平台，基于对各类智能化信息的综合应用，集架构、系统、应用、管理及优化组合为一体，具有感知、传输、记忆、推理、判断和决策的综合智慧能力，形成以人、建筑、环境互为协调的整合体，为人们提供安全、高效、便利及可持续发展功能环境的建筑。因此，可以了解到建筑智能化的目的，就是为了实现建筑物的安全、高效、便捷、节能、环保、健康等属性。

建筑智能化工程又称弱电系统工程，主要指通信自动化（CA）、机电设备自动化（BA）、办公自动化（OA）、消防自动化（FA）和保安自动化（SA），简称"5A"。

第二节　建筑设计的经济性

一、建筑经济性的概念

建筑经济性的内容应当包括：建筑物新建、改建或扩建的总投资；建筑物交付使用后，经营、投入生产、管理维护费用及盈亏的综合经济效益；建筑物的标准，即每平方米建筑面积的造价；设计和施工周期所耗的时间；建筑物的经济技术指标，如建筑密度、容积率、建筑层高、层数等，通过控制指标力求合理利用空间，节约有限的用地；进行前期可行性研究，防止重复性建设；建筑空间立体发展，综合安排地下建筑空间以节约用地；建筑物的空间设计能够满足多功能活动的灵活展开，在不同时期最大限度地利用建筑物。

（一）投入与产出

著名的法国建筑大师勒·柯布西耶曾经说过："建筑师必须认识建筑与经济的关系，而所谓经济效益，并不是指获得商业上的最大利润，而是要在生产中以最少的（劳动）付出，获得最大的实效。"以最低的成本建造出符合要求的建筑才是最合适的。在建筑设计中融入经济性理念，也就是在进行设计时既要考虑建筑功能上的需要，又要考虑建筑成本的支出。评价一项建筑工程也要综合分析建筑的外观、功能以及成本支出。经济性好的建筑，不是低投入、高消耗的建筑，而是能够合理地支配土地、资金、能源、材料与劳力等建设资源，并在长期的综合比较后能够保持数量、标准和效益三者之间适当平衡且相对经济的建筑；是一种不仅外形美观而且建造、管理以及维修等所有费用都相对合算的建筑；是在建筑投入使用后，不经过新的投资或是投入较少的资金却仍能保证可持续运转的建筑。对我国这样的发展中国家来说，寻求良好的经济效益是很有必要的。

（二）全寿命过程

从一项建筑工程的计划、设计、建造直到建成后的使用，这些阶段都是前后相继、相互关联的，我们可以将这整个一系列的过程称之为"全寿命过程"。

在前工业社会中，建筑物的费用绝大部分体现在一次建造中。但是，随着科学技术的不断发展，建筑物为了满足多种使用功能要求，增添了采暖、通风、照明、电梯等各种设施。这些设施及整个建筑物在建成之后的经常运行及管理中，还要有相当大的费用支出。在能源短缺的形势下，这种经常性的支出往往要高出建筑物一次造价，甚至高出几倍之上。

建筑的经济性不仅要重视节约第一次投资，还要重视交付使用后的能源耗费和经营管理费用开支。建筑师的任务也不仅仅限于研究如何节约一次造价，还要把包括建筑物投入使用以后的长期支出（即全寿命费用）与它产生的收益相比较，一起达到最佳的产品效益。

实践中，建筑师要建立"全寿命过程"经济性理念，全面掌握建筑结构、材料、设施、设备的性质、性能和各项技术指标，以及它们在建筑使用中的重要性、所占投资的比例，结合不同的经济条件和使用目的加以分析、综合，以提高建筑建造、运营过程的整体经济性。

（三）近期与远期相结合

建筑设计一定要考虑长远利益，只考虑眼前利益而造成建筑需短期内改造和改建的行为会造成巨大的经济损失。当建筑物的用途要求发生改变、原先满足功能要求的建筑可能不再适应新的功能需要时，建筑物长期的经济效益就会有所降低。建筑师要有长远的观点，设计过程中对建筑物所能满足的功能要求以及在将来可能花费的费用等都要充分考虑，既合理布置建筑最初所要满足的使用功能，又要考虑到将来建筑所能适应的使用要求。

（四）综合效益观念

建筑物作为一项物质产品，应当产生经济、社会及环境三方面的效益。这三种效益随着产品性质不同各有所侧重，但是每个产品应尽可能地兼顾这三个方面。建筑师要树立综合效益观念，全面地理解建筑经济性的含义。

在与环境、社会两大效益的相互关联中，经济效益起到的是基础性的作用。没有经济效益的建筑，其环境效益、社会效益也无从谈起。反过来，建筑活动只有在有效地塑造出舒适的空间环境、体现出良好社会效益的基础上，才能最终实现其经济效益。随着建筑性质的变化，三者之间会各有所侧重，但是任何情况下都要尽可能地兼顾协调这三个方面。不管是为了经济效益而忽视环境和社会效益，还是只从远景和环境效益出发，提出过高的建设要求，使投资者无利可图，都是片面的做法。建筑是应当从社会利益、城市与建筑整体的环境效益、业主投资者的经济利益以及整体的经济效益出发，来进行建筑创作。

建筑设计的经济性目标并不是单纯地指一时一地的高经济回报，而是要重视对环境和生态的保护、对资源的节约使用和再利用等。世界上的可用资源是有限的，我们必须有效合理地分配使用这些资源。片面追求经济的增长，对自然资源的过度消耗，只会严重损坏人类的生存环境。任何情况下都要强调经济效益、环境效益和社会效益三者的统一。

二、建筑设计过程中的经济性考虑

建筑设计是基本建设的首要环节，建筑设计阶段可以有效地控制项目投资。研究表明，房地产项目的初步设计阶段影响工程造价的程度为75%，施工图设计阶段影响工程造价的程度为25%～30%，而施工阶段影响工程造价的程度为5%～10%。由此可见，要有效地控制项目投入，应首先在投资决策和设计阶段中解决工程造价问题。

建筑师不仅要知道如何设计建筑物的外形和内部布局，还要了解建筑结构形式、外部环境以及各种费用之间的相互关系，只有这样才能设计出经济可行的方案。

建筑设计总是在一定的经济条件约束下进行的，只有技术上先进可靠、经济上合理可行的建筑产品才能被社会接受。随着建筑领域科学技术的发展，出现了许多新的建筑设计理论、新的结构形式、新型建筑材料，以及新型施工机械和施工工艺，这些科技因素都会对建筑经济性产生很大的影响。设计师可以通过更加有效灵活地利用空间，提高建筑的使用价值；也可以通过选择最为合适的材料以及简化施工方法等来降低建筑成本，并使方案适用于可采用的各种材料和构配件的范围；还可以通过提高结构耐久性或延缓建筑产品的老化来减少维护费用和其他费用，相应提高产品的收益价值。

建筑设计的各个环节中都可以采用不同的设计策略以提高建筑的经济性。但是，对于建筑设计的全过程而言，用地布局，空间利用，结构及形式，建材、设备、施工方案的选择，以及室内外各工程的设计合理性等，都应在进行全面分析比较、充分研究项目的经济可行性之后，选择出最佳的解决方案。

（一）准确把握建筑总图布局

总图布局是建筑设计中的一个重要环节，是在对建设用地进行全面分析的基础之上，全面、综合的考察影响场地设计的各种因素，因地制宜、主次分明、经济合理地对建设用地的利用作出总体安排。

1.总图布局中的节约用地

建筑师在设计时，应当充分考虑用地的经济性，尽量采用先进技术和有效措施，寻求建设用地的限制与建筑意向之间的最佳结合点，使场地得到最大限度的利用，使设计得到最有利可图的允许用途。

（1）充分利用地形

为了适应基地形状，充分发挥土地的作用，可以采用将建筑错落排列、利用高差丰富空间效果、在建筑群的交通联系上进行精心设计等方法。在用地中，较完整的地段可以布置大型的较集中的建筑组群；在零星的边角地段，可以采用填空补缺的办法，布置小型的、分散的建筑或点式建筑。例如，上海重庆南路中学的总平面图布局中，充分考虑了用地形状，将教学楼体型与用地形状很好地结合，在用地很小的情况下留出了较为完整的运动场地，并保证了教室良好的朝向和通风条件。对于坡地、地脊等特定的场地来说，更应因地制宜地利用山坡的自然地形条件，根据建设项目的特点进行总体布置，力求充分发挥用地效能。在考虑充分结合地形时，还需综合考虑建筑朝向、通风、地质等条件，尤其是山地丘陵等地质较为复杂的地形，只有在对地质做全面了解之后才能做出合理的总体布局。

坡地地形中，建筑与地形之间不同的布置方式会对造价产生不同的影响。建筑与等高线平行布置，当坡度较缓时，土石方及基础工程均较省；坡度在1%以下时，仅需提高勒脚高度，建筑土石方量很小，对整个地形无须进行改造，较为经济；坡度在10%以上时，坡度越大，勒脚越高，经济性进一步下降，此时应对坡地进行挖填平整，分层筑台；坡度在25%以上时，土石方量、基础及室外工程量都大大增加，宜采用垂直等高线或与等高线斜交的方式布置。垂直等高线布置的建筑，土石方量较小，通风采光及排水处理较为容易，但与道路的结合较为困难，一般需采用错层处理的方式。与等高线斜交的布置方式，有利于根据朝向、通风的要求来调整建筑方位，适应的坡度范围最广，实践中采用得最多。

（2）避开不利的地段

建设项目的选址，必须全面考虑建设地区的自然环境和社会环境，对选址地区的地理、地形、地质、水文、气象等因素进行调查研究，尽量选择对建筑稳定性有利的场地，不应在危险地段建造建筑（如软弱地基、溶洞或人防、边坡治理难度大的地方等），选择地下水位深、岩石坚硬及粗粒土发育的地段。同时，从环境保护角度出发，应尽量避免产生污染和干扰，统一安排道路、绿化、广场、庭院建筑小品，形成良好的环境空间。

（3）合理规划布局及功能分区

在总平面图布局过程中，要结合用地的环境条件以及工程特点，将建筑物有机地、紧密地、因地制宜地在平面和空间上组织起来，合理完成建筑物的群体配置，使用地得到最有效的利用，提高场地布局的经济性。场地的使用功能要求往往与建筑的功能密不可分。例如，在中小学的总平面图布局中，应充分考虑各类用房的不同使用要求，将教学区、试验区、活动区和后勤区分别设置，避免相互交叉，并保证其使用方便。在进行总平面图设计时，还要考虑长远规划与近期建设的关系，在建设中结合近期使用以及技术经济上的合理性。近期建设的项目布置应力求集中紧凑，同时又有利于远期建设的发展。

（4）合理布置建筑朝向及排列方式

合理布置建筑朝向、间距、排列方式，并使建筑与周围环境、设备设施协调配合，可以有效提高建筑容积率，节约用地。以住宅建筑为例，可以看出建筑朝向及排列方式对建筑用地的影响。

①行列式布置。行列式布置是住宅群布置的最为普通的一种形式，这种布置形式一般都能够为每栋建筑争取好的朝向，且便于铺设管网和布置施工机械设备。但千篇一律的平行布置会形成单调的重复，使空间缺乏变化。例如，在住宅小区的规划设计中，为提高容积率，住区的总平面设计中常会采用较为经济的行列式布局，使住宅具备朝向好、通风畅、节约用地、整体性强等优点。但是如果在建筑层数受到限制的情况下追求过高的容积率，总体的规划设计就会受到较大的限制，难以形成多元化的空间组织关系，小区环境的设计也会受到影响。设计中应兼顾经济效益、社会效益和环境效益，创造出符合现代居住生活和管理模式需要的居住空间来。

另外，适当加大建筑长度可以节约用地，但平行布置的两排住宅长度不宜过大，应结合院内长、宽、高的空间比例进行考虑，以免形成狭窄的空间。这时可以将住宅错接布置，或利用绿化带适当分隔空间。例如，上海阳光欧洲城四期经济适用房的规划设计中，虽然对容积率的要求不是很高，但是由于经济方面的原因，甲方不允许采用扭转围合、南入口处理等手法来营造多样的空间。设计者为适应住户对舒适、安全、环境等方面日益增高的标准，利用平接、错接的手法组织建筑单元，并创造出空间与平面形态变化流畅的绿地系统，避免了单调的住宅布局。

②自由多样化布置。自由多样化布置使几栋住宅建呈一定的角度，在节约用地上有明显的优势，并且可以获得较为生动的空间效果。在地势平坦且满足日照通风等条件的情况下，采用相互垂直的布置能够获得大面积的完整、集中的内院，可以用于绿化或作为休息娱乐场所。而且，内院与内院之间通过空间上的处理相互联系，可以产生空间重复和有节奏感的效果。为了适应地形，住宅之间也常常会呈一定角度斜向布置。这样的布置形式不仅可以与环境协调，结合地形节省土石方，还可以形成两端宽窄不等的空间，避免单调。

成角度的布置方式中，通过适当增加东西向住宅，可使其日照间距与南北向住宅的间距重叠起来，较好地利用地形并节约用地。南方地区应采取相应的措施尽量避免东西向房屋的西晒问题。例如，在南北向布置的条形住宅端头空地中布置一些点式住宅，能够较好地克服西晒并减少长条形建筑对日照通风的阻挡。

③周边式布置。周边式布置是建筑沿街坊或院落周边布置的形式，这种布置形式形成近乎封闭的空间，具有一定的空地面积，便于组织公共绿地和小型休息场地，且有利于街景和商业网点布局，组成的院落也相对比较完整。对于寒冷及多风沙地区，还可阻挡风沙及减少院内积雪，有利于节约用地，提高建筑密度，不失为节约用地的一种方案。

在地形较为复杂的情况下，大面积统一采用一种布置方式往往是不容易的。因此，应当根据地形、地貌，结合考虑日照及通风，因地制宜地组织建筑布局。

（5）合理开发地下空间

随着城市的发展，城市内各种用地日趋紧张，地下空间的拓展可以扩大城市的可利用空间，促进城市土地的高效利用，带来巨大的社会效益和环境效益。从节约土地、节约能源和开拓新的空间等角度出发，对地下空间进行开发利用是一个必然的发展趋势。

地下交通的发展，可以节约大量土地，还具备准时快速、无噪声、节约能源、无污染等优点，并能有效地降低事故率和车祸率。地下空间的开发对城市历史文化的保护也有重要贡献。通过利用地下空间，我们还可以将一些诸如废物处理厂、垃圾焚化炉等影响城市景观的设施，以及产生大量噪声的工厂移到地下，减少地面污染。

经济性是影响地下空间开发利用的主要因素。由于自然环境、空气污染、安全及防火以及施工复杂等方面的问题，地下工程的建筑投资一般为地面相同面积工程建设的3～4倍，最高可达8～10倍。但是，衡量地下空间利用的经济性应当从社会效益、环境效益、经济效益三方面全面考虑。

2.总图布局中的环境效益

建筑师在设计的过程中常常考虑的是单体建筑，而对周围环境缺乏总体的考虑。但评价一个建筑物，不仅要看其本身价值，还要看其对周围环境的影响。环境条件直接影响工程项目的整体效益，这就需要建筑师在进行总体设计时能够将建筑单体设计与环境设计协调组织起来，充分考虑建筑与城市、建筑与建筑以及建筑与景观之间的关系。建筑师除了要保证自然环境质量的最低限度要求之外，还要创造一个良好的人造环境，并为用户留出足够的自我创造或自我改善的余地，以实现最佳或较佳的总体效益环境。

（1）适宜的建筑容积率与建筑高度

创造良好的建筑环境与建筑上追求商业利润的矛盾在我国比较突出。现在许多大中城市的建筑容积率过高，导致局部环境较差，甚至还会对社会面貌、道路交通以及设备设施等造成不良影响，直接损害社会效益和环境效益。因此，各建设项目对容积率以及建筑高度等应有严格控制，不能只顾眼前或局部利益，也不能脱离实际提出过高的标准，应当坚持适宜的建筑环境要求。

中国的城市用地十分有限，所以垂直化建造是必然的结果。随着城市土地存储量的不断减少，以及建筑技术的飞速发展，高层建筑的建设将是一段时间发展的重要途径和趋势。增加建筑层数可以节约建筑用地，当建筑面积规模一定时，层数越高，建筑物基底所占用地就越少。一般来说，长条形平面房屋层数较少时，增加层数对节约用地所起的作用较为明显。层数的增加，使得日照、采光、通风所需的空间随之增大，但总的来说还是节约用地的。

虽然节约用地是降低成本的有力措施之一，但也不能因为一味地节约用地而对环境造成负面影响。居住小区设计方案的技术经济分析，核心问题是提高土地利用率。在居住小区的规划与设计中，合理地提高容积率是节约用地行之有效的措施，但这是应该以控制建设密度，保证日照、通风、防火、交通安全的基本需要，保证良好的人居环境为前提的。若是设计和组织不当，可能还会造成土地的实际使用效率下降。合理的容积率不仅可以充分利用土地、降低成本，还有利于可持续发展以及创造良好的人居环境。因此，住宅建筑的总体设计中可以结合以下准则：在不必采用高层楼房就能达到所要求密度的地方，仅从节约资金的角度考虑就不应修建高楼；在为了得到所要求的密度而需要一些高层建筑的地方，高层建筑的数量应保持最小；密度较高时，宁可使用少量的高达20层的高层建筑而不采用大量的中等高度的建筑；紧凑的平面布局有助于把高层建筑的数量保持到最小限度，并尽量保证最多数量低层建筑，以取得所要求的密度。

（2）合宜的停车场布置

停车场的布置也反映出很大的环境效益问题。随着私家车拥有量的不断增加，在经济发达的城市里如何解决大量的停车位已成为相当严峻的问题。室外集中设置停车场，或在沿街住宅与红线之间设停车位的做法都会对景观造成较差的影响。现在，室外停车场多采用以植草砖铺装，这种场地可以按照1/2的比例计入绿化面积。这样的做法可以消除水泥地面停车场对环境的负面影响，但若将植草砖铺装的停车场地按1/2的比例计入绿化面积，其经济效益显然远远大于环境效益。室内停车方式可以节约土地，环境效益较好，但是造价却相对较高。现在也有一些小区将室内环境较差的低层住宅架空，利用架空层的一侧设车库，另一侧供居民活动或作为自行车停放区。类似的还有利用楼间空地，抬高底层，将其下面用作停车库的做法，也可以充分利用楼间空地面积，提高土地利用率。

（3）合宜的景观布置

保证一定比例的绿地面积是实现较好的环境效益的基本要求。国外很多国家都建设有标准较高、环境较好的城市绿地，甚至在高层密集的城市中心区也会留有大片的城市绿地。环境效益的好坏又会直接影响项目整体效益的好坏，因此在设计中应当注重建筑与周围环境的关系，力求达到建筑与环境的最佳融合。

建筑设计应当与自然很好地结合，考虑环境建设的经济性，既要计算一次性建设投资，也要计算建成后的日常运行和管理费用。标准过低或奢华浪费，或是设计好的室外环境工程由于日常运行和管理费用较高而弃之不用，都会造成经济上的浪费，以至于影响整个工程的综合效益。要想实现较好的环境效益，既要充分利用自然环境，又要注意内外环境的一致协调，还要考虑到环境的保持和维护费用，不搞华而不实、脱离实际、维护费用较高、中看不中用的"景观"。

（二）充分发挥建筑空间效益

充分发挥建筑的空间效益，就必须要有合理高效的空间布局，不仅要处理好建筑与外部环境的协调关系，还要充分利用空间，达到节约土地资源的目的。空间的高效性，要求建筑的内部功能具有合理清晰的组织，各组成部分之间有方便的联系，采用的形式也要与空间的高效性相符合。在进行空间布局设计时，要将建筑物使用时的方便和效率作为设计的出发点。

1.空间形态

（1）简单高效的平面形状

平面设计一般要求布局紧凑、功能合理、朝向良好，建筑平面形式规整，外形力求简单、规整，并能提高平面利用系数，力求避免设计转角和凹凸型的建筑外形。建筑物的形状对建筑的造价有显著的影响，一般来说，建筑平面越简单，它的单位造价就越低。在平面设计中，每平方米建筑面积的平均外墙长度是衡量造价的指标之一。墙建筑面积比率越低，设计就会越经济。当一座建筑物的平面又长又窄或者它的外形设计得复杂而不规则时，其建筑周长与建筑面积的比率必将增加，造价也就随之增高。

在平面布局中，采用加大进深、减小面宽的方法可以降低建筑物的周长与建筑面积的比率，节约用地。但是进深与面宽之间也要保持合适的比例，过分窄长的房间会造成使用上的不便。如果每户面宽太小还会产生黑房间，使得部分空间丧失使用功能。以一般的二室户大厅小室普通住宅为例，一梯三户住宅的面宽应在 4.2～4.8m，一梯二户住宅面宽应在 5.1～5.7m，过大或过小都不合适。进深以 12m 左右为宜，低于 10m 的进深就视为不经济。

不同的工程项目中，不同的功能、外观、使用方式、造价等设计标准，分别对平面形状的设计过程起不同程度的影响。例如，就造价而言，正方形的平面是最为经济的，但对于住宅、学校、医院建筑等对自然采光有较高要求的建筑来说就不适用。一座大型的正方形建筑，在其中心部分的采光设计上必然是要受到较大限制的。对于这些类型的建筑而言，建筑的进深也要受到控制，因为当建筑物的进深增加时，为获得充足的光线有时就需要增加建筑层高，这样建筑造价就会随之增加，节约用地所取得的经济效益也可能会被抵消。因此在设计时，针对不同的实际情况应采取不同的处理措施，设计中要保持各要素之间的平衡，也就是遵循"适用、经济、美观"的原则，经过综合分析得出理想的方案。

（2）经济美观的建筑外形

在满足使用合理方便生产的原则下，采用合理的建筑外形，尽量增加场地的有效使用面积，是缩减建设用地、节约投资的有效途径。建筑是科学与艺术的结合，建筑的形式要随功能、环境、材料、构造与技术、社会生活方式以及文化传统等因素而定。形式作为外在的东西，应当是内在建筑要素的外部综合表现，因而它是以其他建筑要素的合理结合为支撑的。形式与内部各要素的完美结合能有效地节约投资，同样可以提高建筑的经济性。

一个完美的建筑，其内容与形式应该是一致的，与内容相脱离的形式不但不美观，而且会造成浪费。建筑师应当利用现代社会的成就，合理布置功能，将功能的适用作为造型的基本依据，同时也让造型给功能以必要的启示。现在一些设计师在设计时往往从形式出发，形式决定功能，立面决定一切，或是通过运用先进的建筑技术来追求新奇的形式，既不考虑建筑的经济性，也不重视建筑功能。例如，有的建筑为了强调立面通透或虚实对比，将本应封闭的房间开了大窗户，甚至做成玻璃幕墙，而需要自然采光的房间却只有小窗甚至无窗，结果是只好看不好用。这样难免会造成建筑设计一味追求形式、缺乏内涵的状况，设计出来的建筑也很难顾及经济合理性以及与周围环境的协调性。对于住宅、学校、厂房等与人民利益密切相关的建筑，适用与经济尤为重要，绝不能一味追求时髦与形式。

当然，追求建筑的经济性并不意味着单调乏味、简陋粗糙，给城市景观造成不良的负面影响。在有限的条件下，通过精心的设计，仍然可以营造出赏心悦目的建筑形态。

2.空间利用率

空间的经济性是与空间的使用效率有关的。提高建筑空间的利用率，发挥建筑空间的最大潜能，可以有效地节约土地资源，最大限度地发挥建筑的使用价值，实际上也是对资金、能源的有效利用。这就要求建筑师通过分析各使用空间之间的相互关系以及联系，合理地安排建筑平面布局，充分挖掘空间的潜力，创造出具备灵活适应性且经济合理、使用高效的建筑空间。

（1）功能布局合理

一个合理的平面设计方案，不仅可以节省建筑材料、降低工程造价、节约用地，还可以提高建筑空间的使用效率，发挥建筑空间的最大潜能。

建筑内的交通空间常常也会占据较大的面积，因此交通空间的合理布置也相当重要。有关调查结果表明，一些高层公寓大楼的通道面积与层面积之比高达29%，而研究表明，15%的比例就已经足够了。所以，只有合理地安排交通空间，才能够有效地节约空间、降低造价。

（2）充分利用空间

应通过空间的充分利用，发挥建筑中每平方米的使用价值，使建筑功能与空间的处理紧密结合。

①夹层的灵活运用。公共建筑中的营业厅、候车室、比赛馆等都要求有较高的空间，而与此相联系的辅助用房和附属用房则在面积和层高要求上小得多，因此常采取在大厅周围布置夹层的方式，以便更合理地利用空间，使不同房间各得其所。在设计夹层的时候，特别在多层公共大厅中（如商店），应特别注意楼梯的布置和处理。如能充分利用楼梯平台的高差来适应不同层高的需要，而不另外增加楼梯间，那是最理想的。在居住建筑中，也常结合起居室的高大空间设置夹层，作其他居室之用。

②坡屋顶的利用。坡屋顶是在公共建筑和居住建筑中常见的运用较广的一种屋面处理形式。在不影响采光间距的前提下，坡屋顶能额外获得三角形坡顶中的不小的空间，因此，在设计时可充分加以利用。在影剧院中的坡屋顶，常作为布置通风、照明管线的技术层来利用；在居住建筑中，常利用坡屋顶设置楼阁或储藏室。

③走道上部空间的运用。纯为交通性的走道，不论在公共建筑中还是居住建筑中都是供人们通行而停留较少的地方，宽度也不大，因此它可比其他房间采取更低的层高。在公共建筑中，常利用走道上部空间布置通风管道和照明管线；而在旅馆及居住建筑中，常利用走道上空布置储藏空间，这样从被压低后的交通空间再进入房间，可以使本来高度就不大的居室在大小空间的对比下，产生更为开敞的效果。有时也可降低部分居室高度，以增加储藏空间。

第五章 建筑设计的基础构造原理

第一节 墙体的构造

一、墙体概述

墙体是建筑物的重要组成部分。它的作用是承重、围护或分隔空间。墙体构造取决于选用的结构形式以及它所处的位置。

（一）墙体的设计要求

具有足够的承载力和稳定性

（1）承载力是指墙体承受荷载的能力。大量性民用建筑，一般横墙数量多，空间刚度大，但仍需验算承重墙或柱在控制截面处的承载力。承重墙应有足够的承载力来承受楼板及屋顶竖向荷载。地震区还应考虑地震作用下墙体的承载力，对多层砖混房屋一般只考虑水平方向的地震作用。

（2）墙体的稳定性。墙体的高厚比是保证墙体稳定的重要措施。高厚比越大，构件越细长，其稳定性越差。实际工程高厚比必须控制在允许高厚比限值以内。允许高厚比限值结构上有明确的规定，是综合考虑了砂浆强度等级、材料质量、施工水平、横墙间距等诸多因素确定的。

（二）具有必要的保温、隔热性能

建筑在使用中对热工环境舒适性的要求带来一定的能耗，从节能的角度出发，也为了降低建筑长期的运营费用，作为围护结构的外墙应具有良好的热稳定性，使室内温度环境在外界环境气温变化的情况下保持相对稳定，减少对空调和采暖设备的依赖。

（三）应满足防火、防潮、防水要求

（1）防火要求。墙体材料应选择燃烧性能和耐火极限符合防火规范规定的材料。在较大的建筑中应设置防火墙，把建筑分成若干区段，以防止火灾蔓延。根据防火规范，一、二级耐火等级建筑防火墙最大间距为150m，三级为100m，四级60m。

（2）防水防潮要求。卫生间、厨房、实验室等有水的房间及地下室的墙应采取防水防潮措施，应选择良好的防水材料以及恰当的构造做法，以保证墙体的坚固耐久性，使室内有良好的卫生环境。

（四）满足隔声要求

墙体隔声主要是隔空气传声和撞击声，在设计时采取以下措施：

（1）密缝，即密实墙体缝隙，在砌筑墙体时，要求砂浆饱满，密实砖缝，并通过墙面抹灰解决缝隙。

（2）增加墙体密实性及厚度，避免噪声穿透墙体及墙体振动。砖墙的隔声能力是较好的，240mm厚砖墙的隔声量为49dB。当然，一味地依靠增加墙厚来提高隔声性能是不经济也不合理的。

（3）采用有空气间层或多孔性材料的夹层墙。由于空气或玻璃棉等多孔材料具有减振和吸声作用，采用这些构造可以提高墙体的隔声能力。

（4）在建筑总平面中考虑隔声问题：不怕噪声干扰的建筑靠近城市干道布置，对后排建筑可以起隔声作用；也可选用枝叶茂密、四季常青的绿化带降低噪声。

（五）建筑工业化要求

在大量性民用建筑中，墙体工程量占相当的比重。因此，建筑工业化的关键是墙体改革，必须改变手工生产及操作，提高机械化施工程度，提高工效，降低劳动强度，并应采用轻质高强的墙体材料，以减轻自重、降低成本。

二、墙的类型

（一）按墙所处的位置及方向分类

墙体按所处的位置分为外墙和内墙。外墙位于房屋的四周，属于围护结构；内墙位于房屋内部，主要起分隔作用。墙体按布置方向又可分为横墙和纵墙，沿建筑物长轴方向布置的叫纵墙，沿短轴方向布置的叫横墙。外横墙又称山墙，它的作用主要是与邻居的住宅隔开和防火。

（二）按受力情况分类

墙体按结构竖向受力情况分为承重墙和非承重墙。承重墙直接承受楼板及屋顶传下来的荷载。在砖混结构中，非承重墙可以分为自承重墙和隔墙。自承重墙仅承受自身重量，并把自重传给基础；隔墙则把自重传给楼板层或附加的小梁。在框架结构

中，承重结构为梁柱，墙体仅作围护、分隔之用。在剪力墙结构中，钢筋混凝土墙为承重墙，其他均为非承重墙。当墙体悬挂于框架梁柱的外侧起围护作用时，称为幕墙，幕墙的自重由其连接固定部位的梁柱承担。位于高层建筑外围的幕墙，虽然不承受竖向的外部荷载，但受高空气流影响需承受以风力为主的水平荷载，并通过与梁柱的连接将荷载传递给框架系统。

（三）按材料及构造方式分类

墙体按构造方式可以分为实体墙、空体墙和组合墙三种。实体墙由单一材料组成，如普通砖墙、实心砌块墙、混凝土墙、钢筋混凝土墙等。空体墙也由单一材料组成，既可以是由单一材料砌成内部空腔，例如空斗砖墙，也可用具有孔洞的材料建造墙，如空心砌块墙、空心板材墙等。组合墙由两种以上材料组合而成，例如钢筋混凝土和加气混凝土构成的复合板材墙，其中钢筋混凝土起承重作用，加气混凝土起保温隔热作用。

（四）按施工方式分类

墙体按施工方法可分为块材墙、板筑墙和板材墙。块材墙是用砂浆等胶结材料将砖、石等块材组砌而成，例如砖墙、石墙及各种砌块墙等。板筑墙是在现场立模板，现浇而成的墙体，例如现浇混凝土墙等。板材墙是预先制成墙板，施工时安装而成的墙，例如预制混凝土大板墙、各种轻质条板内隔墙等。装配式板材墙是将以工业化方式在预制构件厂生产的大型板材构件，在现场进行安装的墙体。这种墙体机械化程度高，施工速度快，工期短，不受气候的影响，是建筑工业化的发展方向。

三、承重墙体的结构布置

（一）结构布置方案

墙体是多层砖混房屋的围护构件，也是主要的承重构件。墙体布置必须同时考虑建筑和结构两方面的要求，既满足设计的房间布置、空间大小划分等使用要求，又应选择合理的墙体承重结构布置方案，使之安全承担作用在房屋上的各种荷载，坚固耐久、经济合理。

结构布置指梁、板、柱等结构构件在房屋中的总体布局。砖混结构建筑的结构布置方案，通常有横墙承重、纵墙承重、纵横墙双向承重、局部框架承重几种方式。

横墙承重方案是将楼板两端搁置在横墙上，纵墙只承担自身的重量。纵墙承重方案是将纵墙作为承重墙搁置楼板，而横墙为自承重墙。两种方式相比较，前者适用于横墙较多且间距较小、位置比较固定的建筑，房屋空间刚度大，结构整体性好。后者的横墙较少，可以满足较大空间的要求，但房屋刚度较差。对于建筑外立面来说，承重墙上开设门窗洞口比在非承重墙上限制要大。将两种方式相结合，根据需要使部分横墙和部分纵墙共同作为建筑的承重墙的布置方式，称为纵横墙承重。该方式可以满足空间组合灵活的需要，且空间刚度也较大。当建筑需要大空间时，采用内部框架承重、四周墙承重的方式，称为半框架承重，该方式中房屋的总刚度主要由框架来保证。

墙承重体系的建筑的墙，抗压性能好，但抗弯、抗剪的性能差。现代建筑的整体高度越来越高，水平荷载对建筑的影响越来越大，所以对垂直承载分系统提出了更高的要求，应采用框架剪力墙结构、剪力墙结构、筒体结构等结构体系。

（二）剪力墙承重结构

剪力墙又称抗风墙、抗震墙或结构墙，一般用钢筋混凝土做成。由于纵、横向剪力墙在其自身平面内的刚度都很大，在水平荷载作用下，侧移较小，因此这种结构抗震及抗风性能都较强，是高层建筑中常用的结构形式，承载力要求也比较容易满足。但是为了尽可能地让结构的刚度分布均匀，空间布置就不够灵活。

四、块材墙构造

（一）墙体材料

块材墙是用砂浆等胶结材料将砖、石等块材组砌而成，如砖墙、石墙及各种砌块墙等，也可以简称为砌体。一般情况下，块材墙具有一定的保温、隔热、隔声性能和承载能力，生产制造及施工操作简单，不需要大型的施工设备，但是现场湿作业较多、施工速度慢、劳动强度较大。

1.砖

砖的种类很多，从材料上看有黏土砖、灰砂砖、页岩砖、煤矸石砖、水泥砖以及各种工业废料砖，如炉渣砖等；从外观上看，有实心砖、空心砖和多孔砖；从其制作工艺看，有采用烧结和蒸压养护成型等方式成型的砖。目前常用的砖有烧结普通砖、蒸压粉煤灰砖、蒸压灰砂砖、烧结空心砖和烧结多孔砖。

烧结普通砖指各种烧结的实心砖，其制作的主要原材料可以是黏土、粉煤灰、煤矸石和页岩等，按功能有普通砖和装饰砖之分。黏土砖是我国传统的墙体材料，以黏土为主要材料，经成型、干燥、焙烧而成，具有较高的强度和热工、防火、抗冻性能。但由于黏土材料占用农田，国家有关部门下了建筑行业施工禁止使用普通黏土烧结砖的禁令，各大中城市已分批逐步停止使用。随着墙体材料改革的进行，在大量性民用建筑中曾经发挥重要作用的黏土砖将逐步退出历史舞台。蒸压粉煤灰砖是以粉煤灰、石灰、石膏和细集料为原料，压制成型后经高压蒸汽养护制成的实心砖。其强度高，性能稳定，但用于基础或易受冻融及干湿交替作用的部位时对强度等级要求较高。蒸压灰砂砖以石灰和砂子为主要原料，成型后经蒸压养护而成，是一种比烧结砖质量大的承重砖，隔声能力和蓄热能力较好，有空心砖也有实心砖。蒸压粉煤灰砖和蒸压灰砂砖的实心砖都是替代实心黏土砖的产品之一，但都不得用于长期受热200℃以上，有流水冲刷，受急冷、急热和有酸碱介质侵蚀的建筑部位。

烧结空心砖和烧结多孔砖都是以黏土、页岩、煤矸石等为主要原料经焙烧而成的。前者孔洞率≥35%，孔洞为水平孔；后者孔洞率为15%～30%，孔洞尺寸小而数量多。这两种砖都主要适用于非承重墙体，但不应用于地面以下或防潮层以下的砌体。

2.砌块

砌块是利用混凝土、工业废料（炉渣、粉煤灰等）或地方材料制成的人造块材，外形尺寸比砖大，具有设备简单、砌筑速度快的优点，符合了建筑工业化发展中墙体改革的要求。

砌块按尺寸和质量的大小不同分为小型砌块、中型砌块和大型砌块。砌块系列中主规格的高度大于115mm而小于380mm的称作小型砌块，高度为380～980mm的称为中型砌块，高度大于980mm的称为大型砌块。使用中以中小型砌块居多。

砌块按外观形状可以分为实心砌块和空心砌块。空心砌块有单排方孔、单排圆孔和多排扁孔三种形式。其中多排扁孔对保温较有利。砌块按其在组砌中的位置与作用可以分为主砌块和各种辅助砌块。

3.胶结材料

块材需经胶结材料砌筑成墙体，使它传力均匀。同时，胶结材料还起着嵌缝作用，能提高墙体的防寒、隔热和隔声能力。块材墙的胶结材料主要是砂浆。砌筑砂浆要求有一定的强度，以保证墙体的承载能力，还要求有适当的稠度和保水性（即有良好的和易性），以方便施工。砌筑砂浆通常使用的有水泥砂浆、石灰砂浆和混合砂浆三种。比较砂浆性能的因素主要是强度和易性、防潮性几个方面。水泥砂浆强度高、防潮性能好，主要用于受力和防潮要求高的墙体中；石灰砂浆强度和防潮性均差，但和易性好，用于强度要求低的墙体；混合砂浆由水泥、石灰、砂拌和而成，有一定的强度，和易性也好，使用比较广泛。

一些块材表面较光滑，如蒸压粉煤灰砖、蒸压灰砂砖、蒸压加气混凝土砌块等，砌筑时需要加强其与砂浆的黏结力，要求采用经过配方处理的专用砌筑砂浆，或采取提高块材和砂浆间黏结力的相应措施。

（二）组砌方式

组砌是指块材在砌体中的排列。组砌的关键是错缝搭接，使上下层块材的垂直缝交错，以保证墙体的整体性。如果墙体表面或内部的垂直缝处于一条线上，即形成通缝，则在荷载作用下，通缝会使墙体的强度和稳定性显著降低。

1.砖墙的组砌

在砖墙的组砌中，把长方向垂直于墙面砌筑的砖叫丁砖，把长度方向平行于墙面砌筑的砖叫顺砖，上下两皮砖之间的水平缝称横缝，左右两块砖之间的缝称竖缝。砖墙要求丁砖和顺砖交替砌筑、灰浆饱满、横平竖直。丁砖和顺砖可以层层交错，也可以根据需要隔一定高度或在同一层内交错，由此带来墙体的图案变化和砌体内错缝程度不同。当墙面不抹灰做清水墙面时，应考虑块材排列方式不同带来的墙面图案效果差异。

2.砌块墙的组砌

砌块在组砌中与砖墙不同的是，由于砌块规格较多、尺寸较大，为保证错缝以及砌体的整体性，应事先做排列设计，并在砌筑过程中采取加固措施。排列设计就是把不同规格的砌块在墙体中的安放位置用平面图和立面图加以表示。砌块排列设计应满足以下要求：上下皮应错缝搭接，墙体交接处和转角处应使砌块彼此搭接；优先采用大规格砌块并使主砌块的总数量在70%以上；为减少砌块规格，允许使用极少量的砖来镶砌填缝；采用混凝土空心砌块时，上下皮砌块应孔对孔、肋对肋以保证有足够的接触面。

（三）墙身的细部构造

1.勒脚

勒脚是外墙的墙脚，它和内墙脚一样，受到土壤中水分的侵蚀，应做相同的防潮层。同时，它还受地表水、机械力等的影响，所以要求勒脚更加坚固耐久和防潮。另外，勒脚的做法、高低、色彩等应结合建筑造型，选用耐久性好的材料或防水性能好的外墙饰面。

2.防潮层

由于毛细管作用，地下土层中的水分从基础墙上升，致使墙身受潮，从而容易引起墙体冻融破坏、墙身饰面发霉、剥落等。因此，为了防止毛细水上升侵蚀墙体，需在内外墙上连续设置水平防潮层，以隔绝地下土层中的水分上升。

3.外墙周围的排水处理

（1）散水

为保护墙不受雨水的侵蚀，常在外墙四周将地面做成向外倾斜的坡面，以便将屋面雨水排至远处，这一坡面称为散水。散水所用材料与明沟相同。散水坡度一般为3%～5%，宽度一般为600～1000mm。当屋面排水方式为自由落水时，要求其宽度比屋檐长出200mm。

用混凝土做散水时，为防止散水开裂，每隔6～12m留一条20mm的变形缝，用沥青灌实；在散水与墙体交接处设缝分开，防止外墙下沉时将散水拉裂，嵌缝用弹性防水材料沥青麻丝，上用油膏作封缝处理。

（2）明沟

明沟是设置在外墙四周的将屋面落水有组织地导向地下排水集井的排水沟，其主要目的在于保护外墙墙基。明沟材料一般用素混凝土现浇，外抹水泥砂浆；或用砖砌筑，水泥砂浆抹面。

4.窗台

窗台有内、外窗台之分，外窗台主要是防止窗扇流下的雨水渗入墙内，防止外墙面受到流下雨水的污染，为便于排水一般设置为挑窗台。处于内墙或阳台等处的窗，不受雨水冲刷，可不必设挑窗台。外墙面材料为贴面砖时，墙面易被雨水冲洗干净，也可不设挑窗台。

挑窗台可以用砖砌，也可以用混凝土窗台构件。砖砌挑窗台根据设计要求可分为：60mm厚平砌挑砖窗台及120mm厚侧砌挑砖窗台。

窗台的构造要点是：

（1）悬挑窗台向外出挑60mm，窗台长度最少每边应超过窗宽120mm。

（2）窗台表面应做抹灰或贴面处理。侧砌窗台可做成水泥砂浆勾缝的清水窗台。

（3）窗台表面应做一定排水坡度，并应注意抹灰与窗下槛的交接处理，防止雨水向室内渗入。

（4）挑窗台下做滴水槽或斜抹水泥砂浆，以引导雨水垂直下落而不致影响窗下墙面。

5.门窗过梁

墙体上开设门窗洞口时，为了支撑洞口上部砌体所传来的各种荷载，并将这些荷载传给窗间墙，常在门窗洞口中设置横梁，该梁称为过梁。

混凝土过梁的形式较多，可直接用砖砌筑，也可用钢筋混凝土、木材和型钢制作。砖砌过梁和钢筋混凝土过梁采用较广泛。

（1）砖拱过梁

砖拱过梁是我国传统式做法，包括平拱和弧拱两种。

平拱砖过梁砌筑时，灰缝上宽下窄使侧砖向两边倾斜，相互挤压形成拱的作用，拱两端伸入墙内20～30mm，中部的起拱高度约为跨度的1/50。平拱砖过梁的优点是钢筋、水泥用量少，缺点是施工速度慢，用于非承重墙上的门窗，洞口宽度应小于1.2m。有集中荷载的墙或半砖墙不宜使用平拱砖过梁。平拱砖过梁可以满足清水砖墙的统一外观效果。弧拱过梁的跨度一般为2～3m。砌筑砖拱过梁的砂浆强度不宜低于M5。

（2）钢筋砖过梁

钢筋砖过梁即在洞口顶部配置钢筋，其上用砖平砌，形成能承受弯矩的加筋砖砌体，参见图3-25。高度不小于5皮砖，且不小于门窗洞口宽度的1/3，砂浆强度等级不低于M5，砖强度等级不小于MU10，过梁下铺20～30mm厚的砂浆层，砂浆内按每半砖墙厚设一根直径不小于5mm的钢筋，钢筋两端伸入墙内各240mm，再向上弯起60mm。钢筋砖过梁适用于门窗洞口尺寸在1.5m以内的墙。

（3）钢筋混凝土过梁

钢筋混凝土过梁承载能力强，可用于较宽的门窗洞口，对房屋不均匀下沉或振动有一定的适应性。预制装配式过梁施工速度快，是最常用的一种。

（四）墙的加固

当墙身由于承受集中荷载、开洞及地震因素，墙身稳定性不满足要求时，需要对墙身进行加固。

1.加壁柱和门垛

当墙体的窗间墙上出现集中荷载，而墙厚又不足以承受时或墙体的长度和高度超过一定限度并影响墙体稳定性时，常在墙身局部适当位置增设凸出墙面的壁柱以提高墙体刚度。壁柱的尺度有120mm×370mm、240mm×370mm、240mm×490mm等。

当墙上开设门洞且门洞开在两墙转角处或丁字墙交接处时，为了便于门框的安置和保证墙体的稳定性，在门靠墙的转角部位或丁字交接的一边设置门垛。

2.加圈梁

圈梁的作用是增加房屋的整体刚度和稳定性，减轻地基不均匀沉降对房屋的破坏，抵抗地震力的影响。圈梁设在房屋四周外墙及部分内墙中，处于同一水平高度，其上表面与楼板面平，像箍一样把墙箍住。

3.设构造柱

抗震设防地区，为了增加建筑物的整体刚度和稳定性，使用块材墙承重的房屋墙体，还需设置钢筋混凝土构造柱，使之与各层圈梁连接，形成空间骨架，加强墙体抗弯、抗剪能力，使墙体在破坏过程中具有一定的延伸性，减缓墙体的酥碎。构造柱是防止房屋倒塌的一种有效措施。

五、隔墙构造

隔墙是分隔室内空间的非承重构件。为了提高平面布局的灵活性，现代建筑大量采用隔墙以适应建筑功能的变化。由于隔墙不承受任何外来荷载，且本身的重量还要由楼板或小梁来承受，因此应注意以下要求：

（1）自重轻，有利于减轻楼板的荷载。

（2）厚度薄，增加建筑的有效空间。

（3）便于拆卸，能随使用要求的改变而变化。

（4）有一定的隔声能力，使各使用房间互不干扰。

（5）满足不同使用部位的要求，如卫生间的隔墙要求防水、防潮，厨房的隔墙要求防潮、防火等。

隔墙的类型很多，按其构成方式可分为块材隔墙、轻骨架隔墙、板材隔墙三大类。

（一）块材隔墙

块材隔墙是用普通砖、空心砖、加气混凝土等块材砌筑而成的，常用的有普通砖隔墙和砌块隔墙。目前，框架结构中大量采用的框架填充墙，也是一种非承重块材墙，既作为外围护墙，也作为内隔墙使用。

1.半砖隔墙

半砖隔墙用普通砖顺砌，砌筑砂浆强度等级宜大于M2.5。在墙体高度超过5m时应加固，一般沿高度每隔0.5m砌入中6钢筋两根，或每隔1.2～1.5m设一道30～50mm厚的水泥砂浆层，内放两根钢筋。顶部与楼板相接处用立砖斜砌，填塞墙与楼板间的空隙。隔墙上有门时，要预埋铁件或将带有木楔的混凝土预制块砌入隔墙中以固定门框。半砖隔墙坚固耐久，有一定的隔声能力，但自重大，湿作业多，施工麻烦。

2.砌块隔墙

为了减少重量，隔墙可采用质轻块大的各种砌块砌筑，目前最常用的是加气混凝土砌块、粉煤灰硅酸盐砌块、水泥炉渣空心砖等砌筑的隔墙。隔墙厚度由砌块尺寸而定，一般为90～120mm。砌块大多具有质轻、孔隙率大、隔热性能好等优点，但吸水性强。因此，有防水、防潮要求时应在墙下先砌3～5皮吸水率小的砖。砌块隔墙厚度较薄，也需采取加强稳定性措施，其方法与砖隔墙类似。

3.框架填充墙

框架体系的围护和分隔墙体均为非承重墙。填充墙是用砖或轻质混凝土块材砌筑在结构框架梁柱之间的墙体，既可用于外墙，也可用于内墙，施工顺序为框架完工后填充墙体。

填充墙的自重传递给框架支承。框架承重体系按传力系统的构成，可分为梁、板、柱体系和板、柱体系。梁、板、柱体系中，柱子成序列有规则地排列，由纵横两个方向的梁将它们连接成整体并支承上部板的荷载。板、柱体系又称为无梁楼盖，板的荷载直接传递给柱。框架填充墙是支承在梁上或板、柱体系的楼板上的，为了减轻自重，通常采用空心砖或轻质砌块。墙体的厚度视块材尺寸而定，用于外围护墙等有较高隔声和热工性能要求时不宜过薄，一般在200mm左右。

轻质块材通常吸水性较强，有防水、防潮要求时应在墙下先砌3～5皮吸水率小的砖。填充墙与框架之间应有良好的连接，以利将其自重传递给框架支承。其加固稳定措施与半砖隔墙类似，竖向每隔500mm左右需从两侧框架柱中甩出1000mm长、2Φ6的钢筋伸入砌体锚固，水平方向一般隔2～3m需设置构造立柱。门框的固定方式与半砖隔墙相同，但超过3.3m以上的较大洞口需在洞口两侧加设钢筋混凝土构造立柱。

（二）轻骨架隔墙

轻骨架隔墙由骨架和面层两部分组成，由于是先立墙筋（骨架）再做面层，因而又称为立筋式隔墙。

1.骨架

常用的骨架有木骨架和型钢骨架。近年来，为节约木材和钢材，市面上出现了不少采用工业废料和地方材料及轻金属制成的骨架，如石棉水泥骨架、浇注石膏骨架、水泥刨花骨架、轻钢和铝合金骨架等。

木骨架由上槛、下槛、墙筋、斜撑及横档组成，上、下槛及墙筋断面尺寸为

（45～50mm）×（70～100mm），斜撑与横档断面相同或略小些，墙筋间距常用400mm，横档间距可与墙筋相同，也可适当放大。

轻钢骨架是由各种形式的薄壁型钢制成的，其主要优点是强度高、刚度大、自重轻、整体性好、易于加工和可大批量生产，还可根据需要拆卸和组装。常用的薄壁型钢有0.8～1mm厚槽钢和工字钢。

2.面层

轻骨架隔墙的面层一般为人造板材面层，常用的有木质板材、石膏板、硅酸钙板、水泥平板等几类。

木质板材有胶合板和纤维板，多用于木骨架。胶合板是用阔叶树或松木经旋切、胶合等多种工序制成的，常用的是1830mm×915mm×4mm（三合板）和2135mm×915mm×7mm（五合板）。硬质纤维板是用碎木加工而成的，常用的规格是1830mm×1220mm×3mm（4.5mm）和2135mm×915 mm×4 mm（5mm）。

石膏板有纸面石膏板和纤维石膏板，纸面石膏板是以建筑石膏为主要原料，加其他辅料构成芯材，外表面粘贴有护面纸的建筑板材，根据辅料构成和护面纸性能的不同，使其满足不同的耐水和防火要求。纸面石膏板不应用于高于45℃的持续高温环境。纤维石膏板是以熟石膏为主要原料，以纸纤维或木纤维为增强材料制成的板材，具备防火、防潮、抗冲击等优点。

硅酸钙板全称为纤维增强硅酸钙板，是以钙质材料、硅质材料和纤维材料为主要原料，经制浆、成坯与蒸压养护等工序制成的板材，具有轻质、高强、防火、防潮、防蛀、防霉、可加工性好等优点。

水泥平板包括纤维增强水泥加压平板（高密度板）、非石棉纤维增强水泥中密度与低密度板（埃特板），是由水泥、纤维材料和其他辅料制成的，具有较好的防火及隔声性能。含石棉的水泥加压板材收缩系数较大，对饰面层限制较大，不宜粘贴瓷砖，且不应用于食品加工、医药等建筑内隔墙。埃特板的低密度板适用于抗冲击强度不高、防火性能高的内隔墙。其防潮及耐高温性能亦优于石膏板。中密度板适用于潮湿环境或易受冲击的内隔墙。表面进行压纹设计的瓷力埃特板，大大提高了对瓷砖胶的粘结力，是长期潮湿环境下板材以瓷砖作饰面时的极好选择。

隔墙的名称以面层材料而定，如轻钢龙骨纸面石膏板隔墙。人造板与骨架的关系有两种：一种是在骨架的两面或一面，用压条压缝或不用压条压缝即贴面式；另一种是将板材置于骨架中间，四周用压条压住，称为镶板式。在骨架两侧贴面式固定板材时，可在两层板材中间填入石棉等材料，提高隔墙的隔声、防火等性能。

人造板在骨架上的固定方法有钉、粘、卡三种。采用轻钢骨架时，往往用骨架上的舌片或特制的夹具将面板卡到轻钢骨架上。这种做法简便、迅速，有利于隔墙的组装和拆卸。

（三）板材隔墙

板材隔墙是指单板高度相当于房间净高，面积较大，且不依赖骨架，直接装配而成的隔墙。目前，板材隔墙的板材采用的大多为条板，如各种轻质条板、蒸压加气混凝土板和各种复合板材等。

1.轻质条板隔墙

常用的轻质条板有玻纤增强水泥条板、钢丝增强水泥条板、增强石膏空心条板、轻骨料混凝土条板。条板的长度通常为2200～4000mm，常用的为2400～3000mm。宽度常用600mm，一般按100mm递增，厚度最小为60mm，一般按递10mm递增，常用60mm、90mm、120mm。其中空心条板孔洞的最小外壁厚度不宜小于15mm，且两边壁厚度一致，孔间肋厚不宜小于20mm。

增强石膏空心条板不应用于长期处于潮湿环境或接触水的房间，如卫生间、厨房等。轻骨料混凝土条板用在卫生间或厨房时，墙面须作防水处理。

条板墙体厚度应满足建筑防火、隔声、隔热等功能要求。单层条板墙体用作分户墙时其厚度不宜小于120mm；用作户内分隔墙时，其厚度不小于90mm。由条板组成的双层条板墙体用于分户墙或隔声要求较高的隔墙时，单块条板的厚度不宜小于60mm。

轻质条板墙体的限制高度为：60mm厚度时为3.0m；90mm厚度时为4.0m；120mm厚度时为5.0m。

条板在安装时，与结构连接的上端用胶黏剂黏结，下端用细石混凝土填实或用一对对口木楔将板底楔紧。在抗震设防烈度为6～8度的地区，条板上端应加L形或U形钢板卡与结构预埋件焊接固定，或用弹性胶连接填实。对隔声要求较高的墙体，在条板之间以及条板与梁、板、墙、柱相结合的部位应设置泡沫密封胶、橡胶垫等材料的密封隔声层。确定条板长度时，应考虑留出技术处理空间，一般为20mm，当有防水、防潮要求在墙体下部设垫层时，可按实际需要增加。

2.蒸压加气混凝土板隔墙

蒸压加气混凝土板是由水泥、石灰、砂、矿渣等加发泡剂（铝粉）经原料处理、配料浇注、切割、蒸压养护工序制成，与同种材料的砌块相比，板的块型较大，生产时需要根据其用途配置不同的经防锈处理的钢筋网片。这种板材可用于外墙、内墙和屋面。其自重较轻，可锯、可刨、可钉、施工简单、防火性能好。由于板内的气孔是闭合的，所以这种板材能有效抵抗雨水的渗透，但不宜用于具有高温、高湿或存在化学有害空气介质的建筑中。

3.复合板材隔墙

由几种材料制成的多层板材为复合板材。复合板材的面层有石棉水泥板、石膏板、铝板、树脂板、硬质纤维板、压型钢板等，夹芯材料可用矿棉、木质纤维、泡沫塑料和蜂窝状材料等。复合板材充分利用材料的性能，大多具有强度高、耐火性、防水性、隔声性能好的优点，且安装、拆卸方便，有利于建筑工业化。

第二节　楼地层的构造

一、楼地层的基础知识

楼地层包括楼板层和地坪层，是水平方向分隔房屋空间的承重构件，楼板层分隔上下楼层空间，地坪层分隔大地与底层空间。由于它们均是供人们在上面活动的，因而有相同的面层；但由于它们所处位置不同、受力不同，因而结构层有所不同。楼板层的结构层为楼板，楼板将所承受的上部荷载及自重传递给墙或柱，并由墙柱传给基础，以及对墙体起着水平支撑作用，以减小风力和地震产生的水平力对墙体的影响，增强整体刚度。此外，楼板层还有隔声、防火、防水、防潮等功能要求；地坪层的结构层为垫层，垫层将所承受的荷载及自重均匀地传给夯实的地基。

（一）楼板的类型

根据承重结构所用材料的不同，楼板可分为木楼板、钢筋混凝土楼板和钢衬板组合楼板等多种类型。

1.木楼板

木楼板是我国的传统做法，是通过在墙或梁支承的木搁栅上铺钉木板，木搁栅间设置增强稳定性的剪刀撑构成的。木楼板自重轻、保温隔热性能好、舒适有弹性，但耗费木材较多，易被腐蚀、易被虫蛀且耐火性和耐久性均较差，目前很少使用。

2.钢筋混凝土楼板

钢筋混凝土楼板造价低廉、容易成型、强度高、耐火性和耐久性好，且便于工业化生产，目前应用最广。

3.钢衬板组合楼板

钢衬板组合楼板是在钢筋混凝土楼板基础上发展起来的一种新型楼板。压型钢板组合式楼板的整体连接由栓钉（又称抗剪螺钉）将钢筋混凝土、压型钢板和钢梁组合成整体。它利用钢衬板作为楼板的受弯构件和底模，既提高了楼板的刚度和强度，又加快了施工速度。

4.砖拱楼板

砖拱楼板采用钢筋混凝土倒 T 形梁密排，其间填以普通黏土砖或特制的拱壳砖砌筑成拱形，故称为砖拱楼板。这种楼板虽比钢筋混凝土楼板节省钢筋和水泥，但是自重大，作地面时使用材料多，并且顶棚成弧拱形，一般应做吊顶棚，故造价偏高。此外，砖拱楼板的抗震性能较差，故在要求进行抗震设防的地区不宜采用。

（二）楼地层的构造

1.楼板层的组成

楼板层由面层、楼板结构层、顶棚层及附加层组成。

（1）面层。面层是人们日常活动、家具设备等直接接触的部位。楼板面层能保护结构层免受腐蚀和磨损，同时还对室内起到美化装饰的作用，增加了使用者的舒适感。因此，楼板面层应满足坚固耐磨、不易起尘、舒适美观的要求。

（2）楼板结构层。楼板的结构层是承重构件，通常由梁板组成。其主要功能是承受楼板层上的全部荷载并将这些荷载传给承重墙或柱，同时还对墙身起水平支撑作用，以加强建筑物的整体刚度。结构层应坚固耐久，满足楼板层的强度和刚度要求。

（3）顶棚层。为了室内的观感良好，楼板下需要做顶棚。顶棚层既可以保护楼板、安装灯具、遮挡各种水平管线，又可以改善室内光照条件，装饰美化室内空间，但会减小室内净空高度。

（4）附加层。在实际工程中，上述的三个基本层往往不能满足使用上或构造上的要求，这就需要添加其他层次－附加层，又称之为功能层。附加层应根据楼板层的具体要求进行设置，其主要作用是隔声、隔热、保温、防水、防潮、防腐蚀、防静电等。

2.地坪层的组成

地坪的基本组成部分有面层、垫层和基层。

对于有特殊要求的地坪，常在面层和垫层之间增设附加层。

（1）面层。垫层的面层又称之为地面，和楼面一样，直接承受人、家具、设备等的各种物理和化学作用，起着保护结构层和美化室内的作用，和楼面做法相同。

（2）垫层。垫层的作用是承受地面上的荷载并将荷载传递给基层。按照垫层材料的不同，垫层可以分为刚性垫层和非刚性垫层两大类：刚性垫层的混凝土厚度一般为50～100mm，具有足够的整体刚度，受力后不产生塑性变形；非刚性垫层的材料为灰土、砂和碎石、炉渣等松散材料，受力后产生塑性变形。当地面面层为整体性面层时如水泥地面、水磨石地面等，常采用刚性垫层；当地面面层的整浇性较差时，如块料地面，常采用非刚性垫层。

（3）基层。基层即垫层下的土，又称之为地基，一般为原土层或填土分层夯实。

（三）楼地层的设计要求

1.强度和刚度要求

强度要求是指楼板层应保证在自重和活荷载的作用下安全可靠，不发生任何破坏。刚度要求是指楼板层应在一定荷载作用下不发生过大的变形，以保证正常使用。强度要求主要通过结构设计来满足；刚度要求通过结构规范限制楼板的最小厚度和配筋值来保证。

2.隔声要求

楼板层和地坪层应具有一定的隔声能力，以避免上下层房间的相互影响。不同使用性质的房间对隔声的要求不同，一般楼层的隔声量为40～50dB（分贝）。

楼板主要是隔绝固体传声，如人的脚步、拖动家具、敲击楼板等的声音。防止固体传声可采取以下三项措施。

（1）在楼板表面铺设地毯、橡胶、塑料毡等柔性材料，减弱对楼板层的撞击和楼板本身的振动，以达到较好的隔声效果。

（2）采用浮筑式楼板，即在楼板与面层之间加弹性垫层以降低楼板的振动。弹性垫层使楼板与面层完全隔离，可起到较好的隔声效果，但施工复杂，目前较少采用。

（3）在楼板下加设吊顶，用隔绝空气的办法来降低固体传声。吊顶的面层应非常密实，不留缝隙，以免降低隔声效果。吊顶与楼板采用弹性连接时隔声效果较好。

3.防火要求

建筑物各构件应按建筑物的耐火等级进行防火设计，以保证火灾时在一定时间内不会因楼板塌陷而给生命和财产带来损失。

4.防潮、防水要求

对于卫生间、盥洗室、厨房、学校的实验室、医院的检验室等有水的房间，因其地面潮湿、易积水，故都应进行防潮防水处理，以防水的渗漏影响下层空间的正常使用或者渗入墙体，使结构内部产生冷凝水，破坏墙体和内外饰面。

5.管线布设要求

现代建筑中的各种服务设施更加完善，有更多的管道和线路借楼板层来敷设。因此，为保证室内平面布置更加灵活，空间使用更加完整，在楼板层的设计中必须仔细考虑各种设备管线的走向，以便于管线的敷设。

6.经济要求

在多层房屋中，楼板层和地坪层的造价占总造价的20%～30%，因此，在进行结构选型、确定构造方案时，应与建筑物的质量标准和房间使用要求相适应，以减少材料消耗，降低工程造价，满足建筑经济的要求。

二、地面构造

楼板层和地坪层的面层统称为地面。两者面层的构造要求和做法基本相同，区别只是下面的基层有所不同：地坪层的面层通常做在垫层和基层上，楼板层面层则做在楼板上。

地面类型经常是以面层所用材料和做法命名的，由于材料品种繁多，因此地面的种类也很多。根据构造特点，地面可分为四大类型，即现浇整体地面、块材类地面、木地面和卷材地面等。

（一）现浇整体地面

现浇整体地面是指用砂浆、混凝土或其他材料的拌合物在现场浇筑而成的地面。常用的有以水泥为胶凝材料的水泥地面、水磨石地面、混凝土地面，以沥青为胶凝材料的沥青地面和以树脂为胶凝材料的现浇塑料地面。其中，水泥类现浇整体地面因具有坚固、耐磨、防火、易清洁等优点而得到广泛应用。

1.水泥砂浆地面

水泥砂浆地面通常用于对地面要求不高的房间或进行二次装饰的商品房的地面，是一种广为采用的低档地面。其原因在于水泥砂浆地面构造简单、坚固、能防潮防水而造价又较低。但水泥地面蓄热系数大，冬天感觉冷，空气湿度大时易产生凝结水，而且表面易起灰，不易清洁。

水泥砂浆地面做法：在混凝土垫层或结构层上抹水泥砂浆。一般有单层和双层两种做法。单层做法只抹一层20～25mm厚1：2或1：2.5的水泥砂浆作为面层；双层的做法是增加一层10～20mm厚1：3的水泥砂浆找平层，表面只抹10mm厚1：2的水泥砂浆。双层做法虽增加了工序，但不易开裂。

为改善水泥地面的使用质量，增加其美观性，可在面层上涂刷地面涂料，如聚氨基甲酸酯地板漆、过氯乙烯涂料、苯乙烯焦油涂料、聚乙烯醇缩丁醛涂料等。这些涂料的施工方便、造价较低，可以提高水泥地面的耐磨性、柔韧性和不透水性，弥补了水泥砂浆和混凝土地面的缺陷。

2.水磨石地面

水磨石地面一般分两层施工：在刚性垫层或结构层上用10～20mm厚的1：3水泥砂浆找平，面铺10～15mm厚1：（1.5～2）的水泥白石子，待面层达到一定承载力后加水用磨石机磨光、打蜡即成。所用水泥为普通水泥，所用石子为中等硬度的方解石、大理石、白云石屑等。

为适应地面变形可能引起的面层开裂以及施工和维修方便，做好找平层后，在找平层上按设计的各种图案嵌固玻璃塑料分格条（或铜条、铝条），并用1：1水泥砂浆固定。嵌固砂浆强度不宜过高，否则会造成面层在嵌条两侧仅有水泥而无石子，影响美观。

将用料中的普通水泥改为白水泥加各种颜料和各色石子，用铜条分格，可以形成各种美丽的图案，称之为美术水磨石地面，但其造价比普通水磨石高约4倍。

水磨石地面具有良好的耐磨性、耐久性、防水防火性，并具有质地美观、表面光洁、不起尘、易清洁等优点，通常应用于居住建筑的浴室、厨房、厕所和公共建筑门厅、走道及主要房间地面、墙裙等。

（二）块材类地面

块材类块料地面是把地面材料加工成块（板）状，然后借助胶结材料将其贴或铺砌在结构层上。胶结材料既起胶结又起找平作用，也有先做找平层再做胶结层的。常用胶结材料有水泥砂浆、沥青玛蹄脂等，也有用细砂和细炉渣做结合层的。块料地面种类很多，常用的有黏土砖、水泥砖、大理石、缸砖、陶瓷锦砖、陶瓷地砖等。

1.铺砖地面

铺砖地面有黏土砖地面、水泥砖地面、预制混凝土块地面等。因为这些砖厚度较大，故可直接铺在素土夯实的地基上。为了铺砌方便和易于找平，可用砂和细炉渣做结合层。用普通标准砖，有平砌和侧砌两种。这种地面施工简单，造价低廉，适用于要求不高或临时建筑的地面以及庭园小道等。

2. 石板地面

石板包括天然石板和人造石板。常用的天然石板指大理石板和花岗石板，它们质地坚硬、色泽丰富艳丽，属于高档地面装饰材料，但造价较高。人造石板有预制水磨石板、人造大理石板等。石板地面一般多用于高级宾馆、会堂、公共建筑的大厅等处。

3. 塑料板地面

随着石化工业的发展，塑料板地面的应用日益广泛，其中以聚氯乙烯地面应用最多。聚氯乙烯塑料板地面品种繁多，按外形可分为卷材和板材两种。聚氯乙烯板尺寸多样，可从 100mm×100mm 到 500mm×500mm，厚度为 1.5～2.0mm。聚氯乙烯板应铺贴在干燥清洁的水泥砂浆找平层上，并用塑料黏结剂黏牢。

（三）木地面

木地面的主要特点是有弹性、保温性能好、不起尘、易清洁，但耗费木料较多、造价较高，常用于高级住宅、体育馆、健身房、剧院舞台等建筑中。木地面按构造方式分为空铺、实铺两种。

1. 空铺木地面

空铺木地面常用于底层地面，由于其占用空间多、费材料，因而较少采用。但为防止房屋底层房间受潮或满足某些特殊使用要求（如舞台、体育比赛场、幼儿园等的地层需要有较好的弹性），需将地层架空形成空铺地层。

其构造做法是在垫层上砌筑地垄墙到预定标高，地垄墙的顶部用 20mm 厚 1:3 水泥砂浆找平，并设压沿木，钉木龙骨和横撑，其上铺木地板。这种做法利用地层与土层之间的空间进行通风，可带走地潮。

2. 实铺木地面

实铺木地面的构造分为搁栅式和粘贴式两种，其既可以用于底层地面，又可以用于楼层地面。

（四）卷材地面

常用的卷材包括聚氯乙烯塑料地毡、橡胶地毡以及地毯。目前，市面上出售的聚氯乙烯塑料地毡（又称地板胶）的宽度多为 700～2000mm，厚度为 1～6mm。橡胶地毡是以橡胶粉为基料，掺入填充料、防老化剂、硫化剂等制成的卷材，橡胶地毡耐磨、防滑、吸声、绝缘，既可直接干铺在地面上，也可用聚氨酯等黏合剂粘贴。地毯类型较多，有化纤地毯、羊毛地毯、棉织地毯等。地毯柔软舒适、吸音、保温、美观，且施工简单，是理想的地面装修材料，但价格较高。地毯的铺设方法有固定和不固定两种。其中，固定式铺设是将地毯用黏结剂粘贴在地面上，或将地毯四角钉牢。

三、钢筋混凝土楼板构造

因为钢筋混凝土楼板具有造价低廉、容易成型、耐久、防火等性能，所以它是目前最常用的楼板类型。根据施工方法的不同，钢筋混凝土楼板可分为现浇式、装配式和装配整体式三种。由于装配整体式钢筋混凝土楼板施工复杂、费工费料，故目前已较少使用。

（一）现浇式钢筋混凝土楼板

现浇式钢筋混凝土楼板是在施工现场支模、绑扎钢筋、浇筑混凝土而成型的楼板。它的优点是整体性好，特别适用于抗震设防要求较高的建筑物。对有管道穿过、平面形状不规整或防水要求较高的房间，也适合采用现浇式钢筋混凝土楼板。但是现浇式钢筋混凝土楼板有施工工期较长、现场湿作业多、需要消耗大量模板等缺点。近年来，随着工具式模板的采用及现场机械化程度的提高，现浇式钢筋混凝土楼板在高层建筑中的应用越来越普遍。

1. 平板式楼板

楼板内不设梁，将板直接搁置在承重墙上，楼面荷载可直接通过楼板传给墙体，这种厚度一致的楼板称为平板式楼板。楼板根据受力特点和支承情况的不同，分为单向板和双向板。当板的长边与短边之比大于2时，板基本上沿短边方向传递荷载，这种板称为单向板；当板的长边与短边之比不大于2时，荷载沿长边和短边两个方向传递，这种板称为双向板。

板式楼板板底平整、美观、施工方便，适用于墙体承重的小跨度房间，如厨房、卫生间、走廊等。

2. 肋梁楼板（梁板式楼板）

当房间很大时，除板外还有次梁和主梁等构件，通常称为肋梁楼板。当板为单向板时，称为单向板肋梁楼板。单向板肋梁楼板由板、次梁和主梁组成。当板为双向板时，称为双向板肋梁楼板。双向板肋梁楼板常无主梁、次梁之分，由板和梁组成。

肋梁楼板的结构布置应依据房间尺寸的大小、柱和承重墙的位置等因素进行。梁的布置应整齐、合理、经济。

布置主梁时，可以将主梁沿房屋横向布置，次梁沿房屋纵向布置，其优点是柱和主梁在横向上组成一个刚度较大的框架体系，能承受较大的横向水平荷载。当房屋的横向进深大于纵向柱距时，也可以沿纵向布置主梁，这样可以减少主梁的跨度，有利于提高房间净高，并且因为次梁垂直于纵墙，可避免梁在天棚上产生阴影。

当双向板肋梁楼板的板跨相同，且两个方向的梁截面也相同时，就构成了井式楼板。井式楼板实际上是一块扩大了的双向板，适用于正方形平面的长宽之比不大于1.5的矩形平面，板的跨度在3.5～6.0m，梁的跨度可为20～30m，梁截面的高度不小于梁跨的1/15，宽度为梁高的1/4～1/2且不少于120mm。井格式楼板可与墙体正交放置或斜交放置。由于井式楼板可用于较大的无柱空间，而且楼板底部的井格整齐划一，很有韵律，稍加处理就可形成艺术效果很好的顶棚，因此，常用于门厅、大厅、会议室、小型礼堂、歌舞厅等处。也可将井式楼板中的板去掉，将井格设在中庭的顶棚上，这样的做法可以获得很好的采光和通风效果，同时也很美观。

3. 无梁楼板

无梁楼板是指将楼板直接支承在柱上，不设主梁和次梁。无梁楼板分为有柱帽和无柱帽两种。当楼面荷载比较小时，可采用无柱帽楼板；当楼面荷载较大时，为提高楼板的承载能力、刚度和抗冲切能力，必须在柱顶加设柱帽。板的最小厚度不应小于150mm且为板跨的1/35～1/32。无梁楼板的柱网一般布置为正方形或矩形，柱距一般不超过6m。无梁楼板四周应设圈梁，梁高不小于2.5倍的板厚和1/15的板跨。

无梁楼板具有净空高度大、顶棚平整、采光通风及卫生条件较好、施工简便等优点，适用于活荷载较大的商店、书库、仓库等建筑。

4. 压型钢板组合楼板

压型钢板组合楼板是以截面为凹凸相间的压型钢板作衬板，与现浇混凝土面层浇筑在一起构成的整体性很强的一种楼板。

钢衬板组合楼板主要由楼面层、组合板和钢梁三部分构成。其中，组合板包括现浇混凝土和钢衬板。由于混凝土承受剪力与压力，钢衬板承受下部的压弯应力，因此，压型钢衬板起着模板和受拉钢筋的双重作用。所以，组合楼板受正弯矩部分只需要配置部分构造钢筋即可。此外，还可以利用压型钢板肋间的空隙敷设室内电力管线，从而充分利用楼板结构中的空间。目前，压型钢板组合楼板在国外高层建筑中已得到广泛的应用。

（二）装配式钢筋混凝土楼板

装配式钢筋混凝土楼板是指在构件预制加工厂或施工现场外预先制作，然后运到工地现场进行安装的钢筋混凝土楼板。装配化施工具有下列优点：进度快，可在短期内交付使用；劳动力减少，交叉作业方便有序；每道工序都可以像设备安装那样检查精度，保证质量；施工现场噪声小，散装物料减少，废物及废水排放很少，有利于环境保护；施工成本降低。这种楼板可以节省模板、加快施工速度、缩短工期，但楼板的整体性较差。预制楼板可分为预应力和非预应力两种。预应力楼板是指在预制加工中通过张拉钢筋，使钢筋回缩时挤压混凝土，从而在构件受拉部位的混凝土中建立预压应力，在安装受荷以后，板所受到的拉应力和预先给的压应力平衡，以提高构件的抗裂能力和刚度的楼板。预应力楼板的板型规整、节约材料、自重较轻、造价较低。预应力楼板和非预应力楼板相比，可节约钢材30%～50%，节约混凝土10%～30%。

预制板的长度一般与房屋的开间或进深一致，为3M的倍数；板的宽度根据制作、吊装和运输条件以及有利于板的排列组合确定，一般为1M的倍数；板的截面尺寸须经结构计算确定。

1.板的类型

根据预制板的截面形式不同，预制钢筋混凝土楼板的常用类型有实心平板、空心板、槽形板三种，其中槽形板又分为正放槽形板和倒放槽形板。

（1）实心平板

实心平板的跨度一般小于2.5m，板厚为跨度的1/30，一般为50～80mm，板宽为400～900mm。板的两端支承在墙或梁上。板的支承长度也有具体规定：搁置在钢筋混凝土梁上时，

不小于80mm；搁置在内墙上时，不小于100mm；搁置在外墙上时，不小于120mm。预制实心平板由于其跨度小、板面上下平整、隔声效果差，故常用于过道和小房间、卫生间的楼板，亦可作为架空隔板、管沟盖板、阳台板和雨篷等。

（2）空心板

空心板是目前广泛采用的一种形式。它的结构计算理论与槽形板相似，两者的材料消耗也相近，但空心板上下板面平整，且隔声效果优于槽形板，因此空心板较槽形板有更大的优势。

空心板根据板内抽空形状的不同，分为方孔板、椭圆孔板和圆孔板。方孔板能节约一定量的混凝土，但脱模困难，易出现裂缝；椭圆孔板和圆孔板的刚度较好，制作也方便，因此被广泛采用。需要注意的是不能在空心板的板面任意开孔洞。

根据板的宽度，圆孔板的孔数有单孔、双孔、三孔、多孔等。目前，我国的圆孔非预应力空心板的跨度一般在4m以上，板的厚度为120～180mm，宽度为600～1200mm。

（3）槽形板

槽形板是一种梁板结合的预制构件，即在空心板的两侧及端部设有边肋，作用在板上的荷载由边肋来承担。当板的跨度较大时，需在板的中部每隔1500mm增设横肋一道。一般槽形板的跨度为3～6m，板宽为500～1200mm，板肋高为120～240mm，板厚仅为30～50mm。槽形板减轻了板的自重，具有节省材料、便于在板上开洞等优点，但隔声效果较差。

用槽形板做楼板时，有正置（肋向下）和倒置两种。正置槽形板由于板底不平，通常做吊顶遮盖，为避免板端肋被压坏，可将板端伸入墙内的部分堵砖填实。倒置槽板虽板底平整，但在上面需要另做面层，且受力不如正置槽板合理，但可在槽内填充轻质材料，以解决楼板的隔声和保温隔热问题。

（4）T形板

T形板有单T板和双T板两种，也是一种梁板结合构件。T形板具有跨度大、功能多的特点，可做楼板也可做墙板。T形板板宽一般为1.2～2.4m，跨度为6～12m，板厚一般为长度的1/15～1/20。

T形板一般用于较大跨度的民用建筑和较大荷载的工业建筑，如图4-19所示。

2.板的结构布置方式

预制板的结构布置方式根据房间的平面尺寸及房间的使用要求确定，可采用墙承重系统和框架承重系统。

在砖混结构中，横墙承重一般适用于横墙间距较密的宿舍、办公楼及住宅建筑等。当房间开间较小时，预制板可直接搁置在墙上或圈梁上。当房间比较大时，如教学楼、实验楼等开间、进深都较大的建筑物，可以把预制板搁置在梁上，或者直接搁在纵墙上。

3.板的搁置要求

预制板直接搁置在墙上或梁上时，均应有足够的搁置长度。支承于梁上时其搁置长度应不小于80mm；支承于内墙上时其搁置长度应不小于100mm；支承于外墙上时其搁置长度应不小于120mm。一般来说，板的规格、类型愈少愈好，因为板的规格过多不仅会给板的制作增加麻烦，而且还会使施工变得复杂。

在空心板安装前，应在板端的圆孔内填塞C15混凝土短圆柱（即堵头）以避免安装过程中板端被压坏。

铺板前，先在墙或梁上用10～20mm厚M5水泥砂浆找平（即坐浆），然后再铺板，使板与墙或梁有较好的连接，同时也保证墙体受力均匀。

4.板缝处理

在一座建筑物中，预制板的类型要尽可能地少。为了便于板的安装，板的标志尺寸和构造尺寸之间应有10～20mm的差值，以形成板缝，并在板缝中填入水泥砂浆或细石混凝土（即灌缝）。

为了加强预制楼板的整体刚度，抵抗地震的水平荷载，在两块预制板之间、板与纵墙、板与山墙等处均应增加钢筋锚固，然后在缝内填筑细石混凝土；或者在板上铺设钢筋网，然后在上面浇筑一层厚度为30～40mm的细石混凝土作为整浇层。

5.隔墙与楼板

在预制楼板上设隔墙时，应尽量采用轻质材料。当房间内设有重质块材隔墙和砌筑隔墙时，应避免将隔墙直接搁置在楼板上，而应采取一些构造措施，如在隔墙下部设置钢筋混凝土小梁，通过梁将隔墙荷载传给墙体。当楼板结构层为预制槽形板时，可将隔墙设置在槽形板的纵肋上；当楼板结构层为空心板时，可将板缝拉开，在板缝内配置钢筋后浇筑C20细石混凝土形成现浇钢筋混凝土板带支承隔墙。

四、顶棚构造

（一）直接式顶棚

直接式顶棚是指直接在钢筋混凝土屋面板或楼板下表面做饰面层形成的顶棚。当板底平整时，可直接喷刷大白浆或106涂料；当楼板结构层为钢筋混凝土预制板时，可用1：3水泥砂浆填缝刮平，再喷刷涂料。这类顶棚构造简单、施工方便、造价较低，常用于装饰要求不高的一般建筑物，如办公室、住宅、教学楼。

此外，有的建筑是将屋盖结构暴露在外，不另做顶棚，这种顶棚称为结构顶棚。例如网架结构，构成网架的杆件本身很有规律，有结构自身的艺术表现力；又如拱结构屋盖可以形成富有韵律的拱面顶棚。结构顶棚广泛用于体育建筑及展览大厅等公共建筑。

（二）悬吊式顶棚

悬吊式顶棚又称为"吊顶"，它通过悬挂构件与主体结构相连，悬挂在屋顶或楼板下面。这类顶棚在使用功能和美观上都起到一定的作用。在使用功能上，吊顶可以提高楼板的隔声能力，或利用吊顶安装管道设施；在美观上，吊顶的色彩、材质及图案都可以提高室内的装饰效果。

吊顶一般由龙骨与面层两部分组成。吊顶龙骨分为主龙骨与次龙骨，主龙骨为吊顶的承重结构，次龙骨是吊顶的基层。主龙骨通过吊筋或吊件固定在屋顶（或楼板）结构上，次龙骨固定在主龙骨上。

龙骨可用木材、轻钢、铝合金等材料制成，其断面大小依据材料、荷载和面层构造做法等因素而定。主龙骨的断面比次龙骨要大，间距约为2m。悬吊主龙骨的吊筋为φ8～Φ10钢筋，间距也不超过2m。次龙骨的间距视面层材料而定，间距一般不超过600mm。

吊顶面层分为抹灰面层和板材面层两大类。抹灰面层为湿作业施工，费工费时，故应用较少。目前，板材面层应用较广，因为它既可以加快施工速度，又可以保证施工质量。板材吊顶有植物板材、矿物板材和金属板材等。

1.木质（植物）板材吊顶构造

木质板材包括胶合板、硬质纤维板、软质纤维板、装饰吸音板、木丝板、刨花板等，其中应用最广泛的是胶合板和纤维板。植物板材吊顶的优点是施工速度快、干作业施工，故比抹灰吊顶应用更广。

由于植物板材易吸湿而产生凹凸变形，因此，面板宜锯成小块板铺钉在次龙骨上，板块接头应留3～6mm的间隙以防止板面翘曲。板缝的缝形根据设计要求可以做成密缝、斜槽缝、立缝等形式。胶合板应采用较厚的不易翘曲变形的五夹板，如选用纤维板则宜用硬质纤维板。可在面板铺钉前进行表面处理，以提高植物板材抗吸湿的能力，例如，铺胶合板吊顶时，可事先在板材两面涂刷一遍油漆。

2.矿物板材吊顶构造

矿物板材吊顶常用石膏板、石棉水泥板、矿棉板等板材作面层，轻钢或铝合金型材作龙骨。这类吊顶的自重轻、施工安装速度快、耐火性好，多用于公共建筑或高级工程中。

轻钢和铝合金龙骨的布置方式为：主龙骨采用槽形断面的轻钢型材，次龙骨选用T形断面的铝合金型材。矿物板材安装在次龙骨翼缘上，次龙骨露在顶棚表面呈方格形，方格大小为500mm左右。悬吊主龙骨的吊挂件为槽形断面，吊挂点间距为0.9～1.2m，最大不超过1.5m，次龙骨与主龙骨的连接采用U形连接吊钩示。

3.金属板材吊顶构造

金属板材吊顶最常用的是以铝合金条板作面层，龙骨采用轻钢型材，根据建筑物的具体要求，选择密铺的铝合金条板吊顶或开敞式铝合金条板吊顶。

当吊顶无吸音要求时，条板采用密铺方式，不留间隙；当有吸音要求时，条板上面需加铺吸音材料，条板与条板之间应留出一定的间隙，使吸音材料能够吸收投射到顶棚的声能。

第三节　楼梯的构造

一、楼梯概述

（一）楼梯介绍

楼梯是建筑物中用于楼层之间垂直交通联系和安全疏散的构件，主要由梯段（又称梯跑）、平台（休息平台）和围护构件等组成。它的出现使人类对于空间的概念有了进一步的认识，只有产生了楼梯，才使建筑有了如此丰富多彩的空间组合和鬼斧神工的外观造型。如果没有楼梯，也许人们至今还在单层空间内活动，我们也只能生活在"二维"的世界中。

楼梯的历史反映了人类的发明创造史。楼梯最早的一个具体表现形式是爬竿，是在树干上刻出一些凹痕形成踏步。此时，楼梯材料多为原木，结构形式与简支梁类似，虽然外形粗糙、受力简单，但也正是从这个原点开始，人类的建筑空间由"二维"走向了"三维"。而后楼梯被用于一些宗教建筑中，由于宗教建筑一般建于地面上一定高度，而古人总希望有一条通往天国之路，因而宏伟的阶梯应运而生。由于当时的技术条件限制，宏伟建筑多采用抗压性能良好的石块，因此作为建筑重要表现部分的台阶，也采用石材。尽管此时人类已能够利用拱结构完成较大的跨度，但在楼梯技术上还没有明显的突破。

中世纪后，螺旋楼梯开始出现。在工艺上，螺旋楼梯相比于单跑楼梯更为先进。受力上，螺旋楼梯作为空间受力体系也更为复杂。起初螺旋楼梯被嵌入墙壁内部，陡峭而昏暗，而后人们试着将外墙拆除使其完全暴露出来，楼梯被赋予了一定的美观要求。继而人们又试着将实心中柱变成中空的框架，于是光被引入楼梯中间，梯井出现了。文艺复兴时期，单跑楼梯和螺旋楼梯逐渐被双跑楼梯取代，楼梯变得更加简洁高效，最终被公认为建筑中有意义的一部分，同时在一些公共建筑中也成为建筑表达的主角。此时的楼梯已与我们今天熟知的板式楼梯和梁式楼梯类似，是今天楼梯最常用的结构形式。从工业革命一直到现代，随着混凝土、铸铁、钢材等新材料的诞生，人们对于楼梯的创新也达到了惊人的高度，各种轻盈、精致、巧妙的楼梯也随之出现。工程师也试着把悬吊结构、空间网格结构、张拉结构等各种结构形式应用于楼梯，使之完成各种奇异、复杂的形状。

大名鼎鼎的卢浮宫悬浮螺旋楼梯，在新拿破仑大厅上空的空间中是一个关键性元素。楼梯给人的第一印象是薄，按道理这座旋转楼梯只有上部和下部有支点，中间和圆筒形电梯是脱开的，怎么可以做到这么薄？其实是一个感官错觉，楼梯内弧梁采用箱形截面，截面做得很大，在空间上像是一个"弹簧"。外弧梁由内弧箱梁悬挑而出，因此截面很小。同时，设计师将踏步板置于梯梁上部，并采用玻璃栏杆，显得外侧更加薄。最终通过吊顶，让楼梯底部形成一个完整的弧面，整个楼梯就犹如悬浮起来了。

（二）楼梯的组成

楼梯一般由梯段、平台、栏杆扶手三部分组成。

1.梯段

梯段俗称梯跑，是联系两个不同标高平台的倾斜构件。梯段通常为板式梯段，也可以由踏步板和梯斜梁组成梁板式梯段。为了减轻疲劳，梯段的踏步步数一般不宜超过18级，但也不宜少于3级，因梯段步数太多使人连续疲劳，步数太少则不易为人察觉。

2.楼梯平台

楼梯平台按所处位置和标高不同，有中间平台和楼层平台之分。两楼层之间的平台称为中间平台，用来供人们行走时调节体力和改变行进方向。而与楼层地面标高齐平的平台称为楼层平台，除起着与中间平台相同的作用外，还用来分配从楼梯到达各楼层的人流。

3.栏杆扶手

栏杆扶手是设在梯段及平台边缘的安全保护构件。当梯段宽度不大时，可只在楼梯的组成梯段临空面设置；当梯段宽度较大时，非临空面也应加设靠墙扶手；当梯段宽度很大时，则需在梯段中间加设中间扶手。

楼梯作为建筑空间竖向联系的主要部件，其位置应明显，以起到提示引导人流的作用，并要充分考虑其造型美观、人流通行顺畅、行走舒适、结构坚固、防火安全的要求，同时还应满足施工和经济条件的要求。因此，需要合理地选择楼梯的形式、坡度、材料、构造做法，精心地处理好其细部构造。

（三）楼梯形式

楼梯形式的选择取决于所处位置、楼梯间的平面形状与大小、楼层高低与层数、人流多少与缓急等因素，设计时需综合权衡这些因素。

1.直行单跑楼梯

此种楼梯无中间平台，由于单跑楼梯梯段踏步数一般不超过18级，故仅用于层高不高的建筑。

2. 直行多跑楼梯

此种楼梯是直行单跑楼梯的延伸，仅增设了中间平台，将单梯段变为多梯段，一般为双跑梯段，适用于层高较大的建筑。直行多跑楼梯给人以直接、顺畅的感觉，导向性强，在公共建筑中常用于人流较多的大厅。但是，由于其缺乏方位上回转上升的连续性，当用于需上下多层楼面的建筑，会增加交通面积并加长人流行走的距离。

3. 平行双跑楼梯

此种楼梯上完一层楼刚好回到原起步方位，与楼梯上升的空间回转往复性吻合，当设置于上下多层楼面时，比直跑楼梯节约交通面积并缩短人流行走距离，是最常用的楼梯形式之一。

4. 平行双分双合楼梯

（1）平行双分楼梯。此种楼梯形式是在平行双跑楼梯基础上演变产生的。其梯段平行而行走方向相反，且第一跑在中部上行，然后其中间平台处往两边以第一跑的二分之一梯段宽，各上一跑到楼层面，通常在人流多、楼段宽度较大时采用。平行双分楼梯由于其造型的对称严谨性，常用作办公类建筑的主要楼梯。

（2）平行双合楼梯。此种楼梯与平行双分楼梯类似，区别仅在于楼层平台起步第一跑梯段前者在中而后者在两边。

5. 折行多跑楼梯

此种楼梯人流导向较自由，折角可变，可为90°，也可大于或小于90°。当折角大于90°时，由于其行进方向性类似直行双跑楼，故常用于导向性强而仅上一层楼的影剧院、体育馆等建筑的门厅中；当折角小于90°时，其行进方向回转延续性有所改观，形成三角形楼梯间，可用于上多层楼的建筑中。

折行三跑楼梯，此种楼梯中部形成较大梯井，在设有电梯的建筑中，可利用梯井作为电梯井位置。折行三跑楼梯由于有三跑梯段，故常用于层高较大的公共建筑中。当楼梯井未作为电梯井时，因楼梯井较大，不安全，供少年儿童使用的建筑不能采用此种楼梯。

6. 交叉跑（剪刀）楼梯

交叉跑（剪刀）楼梯，可认为是由两个直行单跑楼梯交叉并列布置而成，通行的人流量较大，且为上下楼层的人流提供了两个方向，对于空间开敞、楼层人流多方向进入有利，但仅适合用于层高小的建筑。

当层高较大时，交叉跑（剪刀）楼梯应设置中间平台，中间平台为人流变换行进方向提供了条件，适用于层高较大且有楼层人流多向性选择要求的建筑如商场、多层食堂等。

交叉跑（剪刀）楼梯中间加上防火分隔墙，并在楼梯周边设防火墙、防火门形成楼梯间，就成了防火交叉跑（剪刀）楼梯。其特点是两边梯段空间互不相通，形成两个各自独立的空间通道，这种楼梯可以视为两部独立的疏散楼梯，满足双向疏散的要求。防火交叉跑（剪刀）楼梯由于其水平投影面积小，节约了建筑空间，常在有双向疏散要求的高层居住建筑中采用。

7.螺旋形楼梯

螺旋形楼梯通常是围绕一根单柱布置，平面呈圆形。其平台和踏步均为扇形平面，踏步内侧宽度很小，并形成较陡的坡度，行走时不安全，且构造较复杂。这种楼梯不能作为主要人流交通和疏散楼梯，但由于其流线形造型美观，常作为建筑小品布置在庭院或室内。为了克服螺旋形楼梯内侧坡度过陡的缺点，在较大型的楼梯中，可将其中间的单柱变为群柱或筒体。

8.弧形楼梯

弧形楼梯与螺旋形楼梯的不同之处在于它围绕一个较大的轴心空间旋转，未构成水平投影圆，仅为一段弧环，并且曲率半径较大。其扇形踏步的内侧宽度也较大，使坡度不至于过陡，可以用来通行较多的人流。弧形楼梯也是折行楼梯的演变形式，当布置在公共建筑的门厅时，具有明显的导向性和优美轻盈的造型，但其结构和施工难度较大，通常采用现浇钢筋混凝土结构。

（四）楼梯的坡度

楼梯坡度与建筑物的性质有关，主要依据是建筑物内主要使用人群的体征状况以及通行的情况。例如交通建筑的楼梯坡度较缓，以适应大量携带行李的人群行走，而一般居民住宅的楼梯坡度可以相对陡一些，是因为行走的人流量不大，而且建筑层高不高。

二、楼梯尺度

（一）踏步尺度

楼梯的坡度在实际应用中均由踏步高宽比决定，坡度一般控制在30°左右，对仅供少数人使用的楼梯则放宽要求，但不宜超过45°。楼梯踏步高宽比是根据楼梯坡度要求和不同类型人体自然跨步（步距）要求确定的，需根据人流行走的舒适、安全和楼梯间的尺度、面积等因素进行综合权衡。

踏步的高度，成人以150mm左右较适宜，不应高于175mm。踏步的宽度（水平投影宽度）以300mm左右为宜，不应窄于260mm。当踏步宽度过宽时，将导致梯段水平投影面积增加；而踏步宽度过窄时，会使人流行走不安全。为了在踏步宽度一定的情况下增加行走舒适度，常将踏步出挑20~30mm，使踏步实际宽度大于其水平投影宽度。

（二）梯段尺度

梯段尺度分为梯段宽度和梯段长度。梯段宽度应根据紧急疏散时要求通过的人流股数多少确定。楼梯梯段宽度在防火规范中以每股人流为0.55m计，并规定按两股人流计取时最小宽度不应小于1.10m，这对疏散楼梯是适用的，而对平时用作交通的楼梯则不完全适用，尤其是人员密集的公共建筑（如商场、剧场、体育馆等）主要楼梯应考虑多股人流通行，使垂直交通不造成拥挤和阻塞现象。

（三）平台宽度

平台宽度分为中间平台宽度和楼层平台宽度。梯段改变方向时，扶手转向端处的平台最小宽度不应小于梯段宽度，并不得小于1.20m，当有搬运大型物件需要时应适量加宽，以保持疏散宽度的一致，并能使家具等大型物件通过。医院建筑还应保证担架在平台处能转向通行，其中间平台宽度应不小于1.80m。对于直行多跑楼梯，其中间平台宽度不宜小于1.20m。对于楼层平台宽度，则应比中间平台更宽松一些，以利人流分配和停留。

（四）梯井宽度

所谓梯井，系指梯段之间形成的空隙，此空隙从顶层到底层贯通，见图5-10。根据实际操作和平时使用安全需要，规范规定公共疏散楼梯梯段之间空隙的宽度不小于150mm，主要考虑火灾时消防员进入建筑后，能利用楼梯间内两梯段及扶手之间的空隙向上吊挂水带，快速展开救援作业。对于住宅建筑，也要尽可能满足此要求。

（五）栏杆扶手尺度

楼梯栏杆扶手的设计，首先要确定其扶手的高度。对于临空扶手，其高度的确定要考虑避免梯段上行走者的跌落；对于靠墙扶手和中间扶手，主要考虑行走者抓扶的方便。

根据成年男性平均身高尺寸，其身体重心的高度一般在1～1.05m，防止跌落的扶手高度应不低于这一身体重心高度。室内楼梯不宜小于0.90m，靠楼梯梯井一侧水平扶手超过0.5m长时，其高度不应小于1.05m。室外楼梯的栏杆临空高度＜24m时，栏杆高度不应低于1.05m；临空高度≥24m时，栏杆高度不应低于1.10m；高层建筑的室外楼梯栏杆高度应再适当提高，但不宜超过1.20m。此外，对于幼儿园等供儿童使用的楼梯，应在500～600mm高度增设扶手。

（六）楼梯净空高度

楼梯各部位的净空高度应保证人流通行和家具搬运，楼梯平台上部及下部过道处的净高不应小于2m，梯段净高不宜小于2.20m。由于建筑竖向处理和楼梯做法变化，楼梯平台上部及下部净高不一定与各层净高一致，此时其净高不应小于2m，以使人行进时不碰头。梯段净高一般应满足人在楼梯上伸直手臂向上旋升时手指刚触及上方突出物下缘一点为限，为保证人在行进时不碰头和产生压抑感，故按常用楼梯坡度，梯段净高宜为2.20m。

三、现浇整体式钢筋混凝土楼梯

（一）现浇板式楼梯

板式楼梯段作为一块带锯齿的整浇板，斜向搁置在梯梁上，再由支座将荷载依次传递下去，板式楼梯的导荷方式是向高端梯梁和低端梯梁两边导荷，传力方式类似于单向板，因此钢筋混凝土梯段的主筋沿长方向配置。

（二）现浇梁式楼梯

梁板式楼梯的楼梯段由踏步板和斜梁组成，斜梁是楼梯跑的主要受力构件，通常在梯段的水平跨度大于4m，楼层较高、荷载较大的情况下，宜采用梁式楼梯。踏步板把荷载传给斜梁，斜梁两端支承在梯梁上，梯梁再把荷载通过支座传递下去。斜梁可设在梯段的两侧、中间和一侧。

四、装配式钢筋混凝土楼梯

预制钢筋混凝土楼梯作为装配式制构件中较容易实现标准化设计和批量生产的构件类型，和现浇楼梯最大的差别在于，预制楼梯按照严格的尺寸进行设计生产，更易安装和控制质量，不仅能够缩短建设的工期，还能做到结构稳定，减少裂缝和误差。传统现浇楼梯在工程应用中的缺点主要表现在施工速度缓慢、模板搭建复杂、模板耗费量大、现浇后不能立即使用、现浇楼梯必须做表面装饰处理等。而预制楼梯的优势就是现浇楼梯的缺点。特别是预制楼梯成品的表面平整度、密实程度和耐磨性都可达到或超过楼梯地面的要求，因此可以直接作为完成面使用，避免瓷砖饰面日久破损，或维护后新旧瓷砖不一致的情况。同时，预制楼梯的踏步板上还可预留防滑凸线（或凹槽），既可满足功能需要，又可起到装饰效果。预制楼梯最大的缺点是与现浇楼梯相比造价较高。

但如果预制楼梯全部统一标准化设计，预制楼梯造价要比传统楼梯相对较低，传统楼梯需要大量木模板，而且使用频率较低，标准化后的预制楼梯模具可以反复利用，只是会在运输费用上有一定增加，传统施工的人工和现场作业辅助工具材料，相对预制而言费用更高，所以综合来讲，预制楼梯会比传统楼梯便宜。

（一）装配式楼梯的节点

预制楼梯与支承构件之间宜采用简支连接。采用简支连接时，应符合下列规定：

（1）预制楼梯宜一端设置固定铰，另一端设置滑动铰，其转动及滑动变形能力应满足结构层间位移的要求，且预制楼梯端部在支承构件上的最小搁置长度应符合相关规定。

（2）预制楼梯设置滑动铰的端部应采取防止滑落的构造措施。

（二）装配式楼梯的选用步骤

（1）确定预制楼梯建筑、结构各参数。

（2）根据楼梯间净宽、层高，确定预制楼梯编号。

（3）核对预制楼梯的结构计算结果。

（4）选用预埋件，也可根据具体工程实际设置或增加其他预埋件。

（5）根据图集中预制楼梯梯段模板图及预制楼梯选用表中已标明的吊点位置及吊重要求，结合生产单位、施工安装要求选用吊件类型及尺寸。

（6）补充预制楼梯相关制作及施工要求。

五、踏步和栏杆扶手构造

（一）踏步面层及防滑构造

1.踏步面层

踏步面层装修做法与楼层面层装修做法基本相同，其材料一般与门厅或走道的地面材料一致，常用的有水泥砂浆、水磨石、花岗石、大理石、缸砖等。

2.防滑处理

踏步一般在踏步面层前缘40mm和距栏杆120mm位置处考虑防滑的处理。防滑常利用同种材料凸凹不平、不同材料耐磨系数不同设置防滑带和采取踏面与踢面交接处设包口的措施。

防滑措施是为了避免行人使用楼梯时滑倒、保护踏步阳角。另外，防滑条凸出踏步面不能太高，一般在3mm以内。

（二）栏杆与扶手构造

1.栏杆形式与构造

栏杆形式可分为空花式、栏板式和混合式，须根据材料、经济、装修标准和使用对象的不同进行合理的选择和设计。

（1）空花式：楼梯栏杆以栏杆竖杆作为主要构件，常采用钢材、木材、铝合金型材、铜材和不锈钢等制作。竖栏杆之间的距离不应大于110mm。

（2）栏板式：用栏板代替栏杆，安全、无锈蚀，为承受侧推力，栏板构件应与主体构件连接可靠，常有钢筋混凝土和钢丝网水泥栏板。

（3）混合式：空花式和栏板式两种栏杆形式的组合，栏杆竖杆抗侧力，栏板则作为防护和美观饰件。

（4）栏杆与楼梯段的连接方式：栏杆与楼梯段上的预埋件焊接，即预埋铁件焊接；栏杆插入楼梯段上的预留洞中，用细石混凝土、水泥砂浆或螺栓固定，即预留孔洞插或螺栓连接。

2.扶手形式

扶手材料一般有硬木、金属管、塑料、水磨石、天然石材等。顶层平台上的水平扶手端部与墙体的连接一般是在墙上预留孔洞，用细石混凝土或水泥砂浆填实；也可将扁钢用木螺丝固定在墙内预埋的防腐木砖上；当为钢筋混凝土墙或柱时，也可预埋铁件焊接。

六、台阶和坡道

室外台阶和坡道是建筑出入口处室内外高差之间的交通联系部件。室外台阶和坡道位置明显、人流量大，并需考虑无障碍设计，又处于半露天位置，特别是当室内外高差较大或基层土质较差时，须慎重处理。

（一）台阶

1.台阶尺度

台阶处于室外，踏步宽度应比楼梯大一些，使坡度平缓，以提高行走舒适度。其踏步高一般在100~150mm，踏步宽在300~400mm，步数根据室内外高差确定。在台阶与建筑出入口大门之间，常设一缓冲平台，作为室内外空间的过渡。平台深度一般不应小于1000mm。平台需做3%左右的排水坡度，以利雨水排除，如图5-36所示。考虑有无障碍设计坡道时，出入口平台深度不应小于1500mm。平台处铁算子空格尺寸不大于20mm。

2.台阶面层

由于台阶位于易受雨水侵蚀的环境之中，所以设计时需慎重考虑防滑和抗风化问题。其面层材料应选择防滑和耐久的材料，如水泥石屑、斩假石（剁斧石）、天然石材、防滑地面砖等。

对于人流量大的建筑的台阶，还宜在台阶平台处设刮泥槽。需注意刮泥槽的刮齿应垂直于人流方向。

3.台阶垫层

步数较少的台阶，其垫层做法与地面垫层做法类似，一般采用素土夯实后按台阶形状尺寸做C15混凝土垫层或砖石垫层。标准较高或地基土质较差的还可在垫层下加铺一层碎砖或碎石层。

对于步数较多或地基土质太差的台阶，可根据情况架空成钢筋混凝土台阶，以避免过多填土或产生不均匀沉降。

（二）坡道

在需要进行无障碍设计的建筑物的出入口内外，应留有不小于1500mm×1500mm平坦的轮椅回转面积。室内外的高差处理除用台阶连接外，还应采用坡道连接。

1.坡度尺度

建筑物出入口的坡道宽度不应小于1200mm，坡度不宜大于1：12，当坡度为1：12时，每段坡道的高度不应大于750mm，水平投影长度不应大于9000mm。当长度超过容许值时需在坡道中部设休息平台，休息平台的深度直行、转弯时均不应小于1500mm，在坡道的起点和终点处应留有深度不小于1500mm的轮椅缓冲区。

2.坡道扶手

坡道两侧宜在900mm高度处和650mm高度处设上下层扶手，扶手应安装牢固，能承受身体重量，扶手的形状要易于抓握。两段坡道之间的扶手应保持连贯性。坡道起点和终点处的扶手，应水平延伸300mm以上。坡道侧面临空时，在栏杆下端宜设高度不小于50mm的安全挡台。

七、电梯与自动扶梯

（一）电梯

1.电梯的类型

（1）按使用性质分

1）客梯：主要用于人们在建筑物中上下楼层时的联系。

2）货梯：主要用于运送货物及设备。

3）消防电梯：主要用于在发生火灾、爆炸等紧急情况下消防人员紧急救援。

（2）按电梯行驶速度分

1）高速电梯：速度大于2m/s，目前最高速度达到9m/s。

2）中速电梯：速度为1.5～2m/s。

3）低速电梯：速度在1.5m/s以内。

为缩短电梯等候时间，提高运送能力，电梯需选用恰当的速度。电梯速度选用一般随建筑层数增加和人流量增加而提高，以满足在期望的时间段内运送期望的人流量。低速电梯一般用于速度要求不高的客梯或货梯；中速电梯一般用于层数不多、人流量不大的建筑中的客梯或货梯；高速电梯一般用于层数多、人流量大的建筑中。消防电梯常用高速电梯，并要求在内从建筑底层到达顶层。

（3）其他分类

电梯还可以按单台、双台分，按交流电梯、直流电梯分，按轿厢容量分，按升降驱动方式分，按电梯门开启方向分等。

（4）观光电梯

观光电梯是把竖向交通工具和登高流动观景相结合的电梯。电梯从封闭的井道中解脱出来，透明的轿厢使电梯内外景观视线相互流通。

2.电梯的组成

电梯由下列几部分组成：

（1）电梯井道

不同性质的电梯，其井道根据需要有各种井道尺寸，以配合不同的电梯轿厢。井道壁多为钢筋混凝土井壁或框架填充墙井壁。

（2）电梯机房

机房和井道的平面相对位置允许机房任意向一个或两个相邻方向伸出，并满足机房有关设备安装的要求。

（3）井道地坑

井道地坑在最底层平面标高下≥1.3m，作为轿厢下降时所需的缓冲器的安装空间。

（4）组成电梯的有关部件

1）轿厢：是直接载人、运货的厢体。

2）井壁导轨和导轨支架：支承、固定轿厢上下升降的轨道。

3）牵引轮及其钢支架、钢丝绳、平衡锤、轿厢开关门、检修起重吊钩等。

4）有关电器部件：交流电动机、直流电动机、控制柜、继电器、选层器、动力照明、电源开关、厅外层数指示灯和厅外上下召唤盒开关等。

3.电梯与建筑物相关部位构造

（1）电梯井道

每个电梯井道平面净空尺寸需根据选用的电梯型号要求决定，一般为（1800～2500）mm×（2100～2600）mm。电梯安装导轨支架分预留孔插入式和预埋铁焊接式，井道壁为钢筋混凝土时，应预留150mm×150mm×150mm的孔洞，垂直中距2m，以便安装支架。井道壁为框架填充墙时，框架（圈梁）上应预埋铁板，铁板后面的焊件与梁中钢筋焊牢。每层中间加圈梁一道，并需设置预埋铁板。当电梯为两台并列时，中间可不用隔墙而按一定的间隔放置钢筋混凝土梁或型钢过梁，以便安装支架。

（2）梯井道底坑

井道底坑深度一般在电梯最底层平面标高下1300～2000mm，作为轿厢下降到最底层时所需的缓冲器空间。底坑需注意防潮防水，消防电梯的井道底坑还需设置排水装置。

（3）电梯机房

电梯机房除特殊需要设在井道下部外，一般均设在井道顶板之上。机房平面净空尺寸变化幅度很大，为（1600～6000）mm×（3200～5200）mm，需根据选用的电梯型号要求决定。电梯机房中电梯井道的顶板面需根据电梯型号的不同，高于顶层楼面4000～4 800mm。这一要求高度因一般与顶层层高不吻合，故通常需使井道顶板部分高于屋面或整个机房地面高于屋面。井道顶板上空至机房顶棚尚需留不低于2000mm的空间高度。通向机房的通道和楼梯宽度不小于1.2m，楼梯坡度不大于45°。机房楼板应平坦整洁，机房楼板和机房顶板应满足电梯所要求的荷载。机房需有良好的通风、隔热、防寒、防尘、减噪措施。

（二）自动扶梯

自动扶梯是通过机械传动，在一定方向上能大量连续输送人流的装置。其运行原理是：采取机电系统技术，由电机、变速器以及安全制动器所组成的推动单元拖动两条环链，而每级踏板都与环链连接，通过轧轮的滚动，踏板便沿主构架中的轨道循环地运转，而在踏板上面的扶手带以相应速度与踏板同步运转。自动扶梯作为整体性设备与土建配合需注意其上下端支承点在楼盖处的平面空间尺寸关系；注意楼层梁板与梯段上人流通行安全的关系；还需满足支承点的荷载要求；自动扶梯使上下楼层空间连续为一体，当防火分区面积超过规范限定时，需进行特殊处理。

第四节　屋顶的构造

一、屋顶概述

屋顶是建筑顶部的承重和围护构件，一般由屋面、保温（隔热）层和承重结构三部分组成。屋顶又被称为建筑的"第五立面"，对建筑的形体和立面形象具有较大的影响。屋顶的形式将直接影响建筑物的整体形象。

（一）屋顶的作用

屋顶既是建筑最上层起覆盖作用的围护结构，又是房屋上层的承重结构，同时对房屋上部还起着水平支撑作用。

1.承受荷载

屋顶要承受自身及其上部的荷载，并将这些荷载通过其下部的墙体或柱子，传递至基础。其上部的荷载包括风、雪和需要放置于屋顶上的设备、构件、植被以及在屋顶上活动的人的荷载等。

2.围护作用

屋顶是一个重要的围护结构，它与墙体、楼板共同作用围合形成室内空间，同时能够抵御自然界风、霜、雨、雪、太阳辐射、气温变化以及外界各种不利因素对建筑物的影响。

3.造型作用

屋顶的形态对建筑整体造型有非常重要的作用，无论是中国传统建筑特有的"反宇飞檐"，还是西方传统建筑教堂、宫殿中的各式坡顶都成了其传统建筑的文化象征，具有符号化的造型特征意义。由此可见屋顶是建筑整体造型核心的要素之一，是建筑造型设计中最重要的内容。

（二）屋顶的类型

屋顶按排水坡度大小及建筑造型要求可分为：

1.平屋顶

平屋顶坡度很小，常用坡度为1%～3%，高跨比为1/10，屋面基本平整，可上人活动，有的可作为屋顶花园，甚至作为直升机停机坪。平屋顶由承重结构、功能层及屋面三部分构成：承重结构多为钢筋混凝土梁（或桁架）及板；功能层除防水功能由屋面解决外,其他层次则根据不同地区而设,如寒冷地区应加设保温层,炎热地区则加隔热层。

2.坡屋顶

传统坡屋顶多采用在木屋架或钢木屋架、木檩条、木望板上加铺各种瓦屋面等传统做法;而现代坡屋顶则多改为钢筋混凝土屋面桁架(或屋面梁)及屋面板,再加防水屋面等做法。坡屋顶一般坡度都较大,如高跨比为1/6~1/4,不论是双坡还是四坡,排水都较通畅,下设吊顶,保温隔热效果都较好。

3.其他屋顶(如悬索、薄壳、拱、折板屋面等)

现代一些大跨度建筑如体育馆多采用金属板为屋顶材料,如彩色压型钢板或轻质高强、保温防水好的超轻型隔热复合夹芯板等。

(三)屋顶的设计要求

1.防水要求

作为围护结构,屋顶最基本的功能是防止渗漏,因而屋顶构造设计的主要任务就是解决防水问题。一般屋顶构造设计通过采用不透水的屋面材料及合理的构造处理来达到防水的目的,同时也需根据情况采取适当的排水措施,将屋面积水迅速排掉,以减少渗漏的可能。因而,一般屋面都需做一定的排水坡度。屋顶的防水是一项综合性技术,涉及建筑及结构的形式、防水材料、屋顶坡度、屋面构造处理等问题,需综合加以考虑。设计中应遵循"合理设防、防排结合、因地制宜、综合治理"的原则。

2.保温隔热要求

在寒冷地区的冬季,室内一般都需要采暖,屋顶应有良好的保温性能,以保持室内温度。否则不仅浪费能源,还可能产生室内表面结露或内部受潮等一系列问题。南方炎热地区的气候属于湿热型气候,夏季气温高、湿度大、天气闷热。如果屋顶的隔热性能不好,在强烈的太阳辐射和气温作用下,大量的热量就会通过屋顶传入室内,影响人们的工作和休息。在处于严寒与炎热地区之间的中间地带,对高标准建筑也需做保温或隔热处理。对于有空调的建筑来说,为保持其室内气温的稳定,减少空调设备的投资和经常维持费用,要求其外围护结构具有良好的热工性能。

屋顶的保温,通常是采用导热系数小的材料,阻止室内热量由屋顶流向室外来实现。屋顶的隔热则通常靠设置通风间层,利用风压及热压差带走一部分辐射热,或采用隔热性能好的材料,减少由屋顶传入室内的热量来达到目的。

3.结构要求

屋顶要承受风、雨、雪等荷载及其自重。如果是上人的屋顶,和楼板一样,还要承受人和家具等活荷载。屋顶将这些荷载传递给墙、柱等构件,与它们共同构成建筑的受力骨架,因而屋顶也是承重构件,应有足够的强度和刚度,以保证房屋的结构安全;从防水的角度考虑,屋顶也不允许受力后有过大的结构变形,否则易使防水层开裂,造成屋面渗漏。

4.建筑艺术要求

屋顶是建筑外部形体的重要组成部分。其形式对建筑物的性格特征具有很大的影响。屋顶设计还应满足建筑艺术的要求。中国古典建筑的坡屋顶造型优美，具有浓郁的民族风格。

5.其他要求

除了上述方面的要求外，社会的进步及建筑科技的发展还对建筑的屋顶提出了更高的要求。例如随着生活水平的提高，人们要求其工作和居住的建筑空间与自然环境更多地取得协调，以改善生态环境。这就提出了利用建筑的屋顶开辟园林绿化空间的要求。某些节能型建筑要求利用屋顶安装太阳能集热器等。屋顶设计时应对这些多方面的要求加以考查研究，协调好与屋顶基本要求之间的关系，以期最大限度地发挥屋顶的综合效益。

二、屋顶的排水

（一）排水坡度

1.影响屋面排水坡度大小的因素

（1）防水材料尺寸大小的影响

防水材料的尺寸小，接缝必然较多，容易产生缝隙渗漏，因而屋面应有较大的排水坡度，以便将屋面积水迅速排除。坡屋顶的防水材料多为瓦材，如小青瓦、平瓦、琉璃筒瓦等，覆盖面积较小，应采用较大的坡度，一般为1：2～1：3，如果防水材料的覆盖面积大，接缝少而且严密，使防水层形成一个封闭的整体，屋面的坡度就可以小一些。平屋顶的防水材料多为卷材或现浇混凝土等，其屋面坡度一般为2%～3%。

（2）年降雨量的影响

降雨量的大小对屋面防水的影响很大。降雨量大，屋面渗漏的可能性较大，屋面坡度就应适当加大。我国南方地区年降雨量较大，北方地区年降雨量较小，因而在屋面防水材料相同时，一般南方地区屋面坡度比北方的大。

（3）其他因素的影响

其他一些因素也可能影响屋面坡度的大小，如屋面排水的路线较长、屋顶有上人活动的要求、屋顶蓄水等，屋面的坡度可适当小一些，反之则可以取较大的排水坡度。

2.屋面排水坡度的形成

形成屋面排水坡度应考虑以下因素：建筑构造做法合理，满足房屋室内外空间的视觉要求；不过多增加屋面荷载；结构经济合理、施工方便等。

（1）材料找坡

将屋面板水平搁置，其上用轻质材料垫置起坡，这种方法叫作材料找坡。常见的找坡材料有水泥焦渣、石灰炉渣等。由于找坡材料的强度和平整度往往均较低，应在其上加设水泥砂浆找平层。采用材料找坡的房屋，室内可获得水平的顶棚面，但找坡层会加大结构荷载，当房屋跨度较大时尤为明显。

（2）结构找坡

将平屋顶的屋面板倾斜搁置，形成所需排水坡度，不在屋面上另加找坡材料，这种方法叫作结构找坡。结构找坡省工省料，构造简单，不足之处是室内顶棚呈倾斜状。结构找坡适用于室内美观要求不高或设有吊顶的房屋。单坡跨度大于9m的屋顶宜做结构找坡，且坡度不应小于3%。坡屋顶也是结构找坡，由屋架形成排水坡度。

（二）屋顶排水方式

屋顶排水方式分为无组织排水和有组织排水两类。

1.无组织排水

无组织排水又称自由落水，意指屋面雨水自由地从檐口落至室外地面。自由落水构造简单，造价低廉，缺点是自由下落的雨水会溅湿墙面。这种方法适用于三级及三级以下或檐高小于等于10m的中、小型建筑物或少雨地区建筑，标准较高的低层建筑或临街建筑都不宜采用。

2.有组织排水

有组织排水是通过排水系统，将屋面积水有组织地排至地面，即把屋面划分成若干排水区，使雨水有组织地排到檐沟中，经过水落口排至落斗，再经水落管排到室外，最后排往城市地下排水管网系统。

有组织排水又可分为内排水和外排水两种方式。内排水的水落管设于室内，构造复杂，极易渗漏，维修不便，常用于多跨或高层屋顶，一般建筑应尽量采用有组织外排水方式。有组织排水方式的采用与降雨量大小及房屋的高度有关。在年降雨量大于900mm的地区，当檐口高度大于8m时，或年降雨量小于900mm的地区，檐口高度大于10m时，应采用有组织排水。

有组织排水广泛应用于多层及高层建筑，高标准低层建筑、临街建筑及严寒地区的建筑也应采用有组织排水方式。采用有组织排水方式时，应使屋面流水线路短捷，檐沟或天沟流水通畅，雨水口的负荷适当且布置均匀。

（三）有组织排水常用方案

有组织排水通常采用檐沟外排水、女儿墙外排水及内排水方案。

1.檐沟外排水

（1）平屋顶挑檐沟外排水

这种方案通常采用钢筋混凝土檐沟，由于它是悬挑构件，为了防止倾覆，常采用下列方式固定：现浇式、预制搁置式、自重平衡式。

檐沟外排水是使屋面雨水直接流入挑檐沟内，再由沟内纵坡导入水落口的排水方案。此种方案排水通畅，设计时檐沟的高度可视建筑体型而定。平屋顶挑檐沟外排水是一种常用的 排水形式。

（2）坡屋顶檐沟外排水

外排水檐沟悬挂在坡屋顶的挑檐处，可采用镀锌铁皮或石棉水泥等轻质材料制作，水落管则仍可用铸铁、塑料、陶瓦、石棉水泥等材料制作。檐沟的纵坡一般由檐沟斜挂形成，不宜在沟内垫置材料起坡。

2.女儿墙外排水

房屋周围的外墙高于屋面时即形成封檐，高于屋面的这段外墙又称作女儿墙。如将女儿墙与屋面交接处做出坡度为1%的纵坡，让雨水沿此纵坡流向弯管式水落口，再流入墙外的水落斗及水落管，即形成女儿墙外排水。这种方案的排水不如檐沟外排水通畅。平屋顶女儿墙外排水方案施工较为简便，经济性较好，建筑体型简洁，是一种常用的形式。坡屋顶女儿墙外排水的内檐沟排水不畅，极易渗漏，宜慎用。

3.内排水

内排水方案的屋面向内倾斜，坡度方向与外排水相反。屋面雨水汇集到中间天沟内，再沿天沟纵坡流向水落口，最后排入室内水落管，经室内地沟排往室外。内排水方案的水落管在室内接头甚多，易渗漏，多用于不宜采用外排水的建筑屋顶，如高层及多跨建筑等。

4.其他排水方案

上述几种排水方案是屋顶排水最基本的形式，实践中还可根据需要派生出各种不同的排水形式，如蓄水屋面常用的檐沟女儿墙外排水方案，为使水落管隐蔽而做的外墙暗管排水或管道井暗管内排水等。

三、卷材防水屋面

卷材防水屋面是用防水卷材与胶黏剂结合在一起的，形成连续致密的构造层，从而达到防水目的的屋面。卷材防水屋面按卷材的常见类型有沥青卷材防水屋面、高聚物改性沥青类防水卷材屋面、高分子类卷材防水屋面之分。卷材防水屋面由于防水层具有一定的延伸性和适应变形的能力，故而又被称为柔性防水屋面。

卷材防水屋面较能适应温度、振动、不均匀沉陷因素的变化作用，能承受一定的水压，整体性好，不易渗漏。严格遵守施工操作规程时能保证防水质量，但施工操作较复杂，技术要求较高。

（一）卷材防水屋面的材料

1.卷材

（1）高聚物改性沥青类防水卷材

高聚物改性沥青防水卷材是以高分子聚合物改性沥青为涂盖层，以纤维织物或纤维毡为胎体，以粉状、粒状、片状或薄膜材料为覆面材料制成的可卷曲的片状防水材料，如SBS改性沥青油毡、再生胶改性沥青聚酯油毡、铝箔塑胶聚酯油毡、丁苯橡胶改性沥青油毡等。

（2）高分子类卷材

凡以各种合成橡胶、合成树脂或二者的混合物为主要原材料，加入适量化学助剂和填充料加工制成的弹性或弹塑性卷材，均称为高分子防水卷材，常见的有三元乙丙橡胶防水卷材、氯化聚乙烯防水卷材、聚氯乙烯防水卷材、氯丁橡胶防水卷材、再生胶防水卷材、聚乙烯橡胶防水卷材、丙烯酸树脂卷材等。

高分子防水卷材具有质量轻（$2kg/m^2$）、使用温度范围宽（$-20 \sim 80$℃）、耐候性能好、抗拉强度高（$2 \sim 18.2MPa$）、延伸率大（$>450\%$）等特点，近年来已逐渐在国内的各种防水工程中得到推广应用。

2.卷材胶黏剂

用于高聚物改性沥青防水卷材和高分子防水卷材的RA-86胶黏剂、主要为各种与卷材配套使用的溶剂型胶黏剂。例如：适用于改性沥青类卷材的RA-86型氯丁胶胶黏剂、SBS改性沥青胶粘剂等；三元乙丙橡胶卷材防水屋面的基层处理剂有聚氯酯底胶，胶黏剂有以氯丁橡胶为主体的CX-404胶；氯化聚乙烯橡胶卷材的胶黏剂有LYX-603、CX404胶等。

（二）卷材防水屋面构造

1.构造组成

（1）基本层次

卷材防水屋面由多层材料叠合而成，按各层的作用分别为结构层、找平层、结合层、防水层、保护层。

1）结构层：多为钢筋混凝土屋面板，可以是现浇板，也可以是预制板。

2）找平层：卷材防水层要求铺贴在坚固而平整的基层上，以防止卷材凹陷或断裂，因而在松软材料上应设找平层；在施工中，铺设屋面板难于保证平整，所以在预制屋面板上也应设找平层。找平层的厚度取决于基层的平整度，一般采用20mm厚1：3水泥砂浆，也可采用1：8沥青砂浆等。找平层宜留分隔缝，缝宽一般为5～20mm，纵横间距一般不宜大于6m。屋面板为预制时，分隔缝应设在预制板的端缝处。分隔缝上应附加200～300mm宽卷材，和胶黏剂单边点贴覆盖。

3）结合层：结合层的作用是在基层与卷材胶黏剂间形成一层胶质薄膜，使卷材与基层胶结牢固。沥青类卷材通常用冷底子油作结合层；高分子卷材则多采用配套基层处理剂，也有采用冷底子油或稀释乳化沥青作结合层的。

4）防水层。

①高聚物改性沥青防水层：高聚物改性沥青防水卷材的铺贴做法有冷粘法和热熔法两种。冷黏法是用胶黏剂将卷材黏结在找平层上，或利用某些卷材的自黏性进行铺贴。铺贴卷材时注意平整顺直，搭接尺寸准确，不扭曲，应排除卷材下面的空气并滚压黏结牢固。热熔法施工是用火焰加热器将卷材均匀加热至表面光亮发黑，然后立即滚铺卷材使之平展，并滚压牢实。

②高分子卷材防水层（以三元乙丙卷材防水层为例）：先在找平层（基层）上涂刮基层处理剂（如CX-404胶等），要求薄而均匀，干燥不黏后即可铺贴卷材。卷材一般应由屋面低处向高处铺贴，并按水流方向搭接；卷材可垂直或平行于屋脊方向铺贴。卷材铺贴时要求保持自然松弛状态，不能拉得过紧。卷材长边应保持搭接50mm，短边保持搭接70mm，铺好后立即用工具滚压密实，搭接部位用胶黏剂均匀涂刷黏合。

5）保护层。

设置保护层的目的是保护防水层，使卷材在阳光和大气的作用下不致迅速老化；同时保护层还可以防止沥青类卷材中的沥青过热流淌，并防止暴雨对沥青的冲刷。保护层的构造做法应视屋面的利用情况而定。不上人时，改性沥青卷材防水屋面一般在防水层上撒粒径为3～5mm的小石子作为保护层，称为绿豆砂保护层；高分子卷材如三元乙丙橡胶防水屋面保护层做法等通常是在卷材面上涂刷水溶型或溶剂型浅色保护着色剂，如氯丁银粉胶等。

上人屋面的保护层有着双重作用——既保护防水层又是地面面层，因而要求保护层平整耐磨。保护层的构造做法通常有：用沥青砂浆铺贴缸砖、大阶砖、混凝土板等块材；在防水层上现浇厚细石混凝土。板材保护层或整体保护层均应设分隔缝，位置是：屋顶坡面的转折处，屋面与突出屋面的女儿墙、烟囱等的交接处。保护层分隔缝应尽量与找平层分隔缝错开，缝内用油膏嵌封。上人屋面做屋顶花园时，水池、花台等构造均在屋面保护层上设置。

（2）辅助层次

辅助层次是根据屋顶的使用需要或为提高屋面性能而补充设置的构造层，如保温层、隔热层、隔蒸汽层、找坡层等。

其中：找坡层是材料找坡屋面为形成所需排水坡度而设；保温层是为防止夏季或冬季气候使建筑顶部室内过热或过冷而设；隔蒸汽层是为防止潮气侵入屋面保温层，使其保温功能失效而设等。有关的构造详情将结合后面的内容作具体介绍。

2.细部构造

卷材防水层是一个封闭的整体，如果在屋面开设孔洞，有管道出屋面，或屋顶边缘封闭不牢，都可能破坏卷材屋面的整体性，形成防水的薄弱环节而造成渗漏。因此，必须对这些细部加强防水处理。

（1）泛水构造

泛水是指屋面与垂直墙面相交处的防水处理。女儿墙、山墙、烟囱、变形缝等屋面与垂直墙面相交部位，均需做泛水处理，防止交接缝出现漏水。泛水的构造要点及做法为：

1）将屋面的卷材继续铺至垂直墙面上，形成卷材泛水，泛水高度不小于250mm。

2）在屋面与垂直于女儿墙面的交接缝处，砂浆找平层应抹成圆弧形或45°斜面，上刷卷材胶黏剂，使卷材铺贴牢实，避免卷材架空或折断，并加铺一层卷材。

3）做好泛水上口的卷材收头固定，防止卷材在垂直墙面上下滑。一般做法是：在垂直墙中凿出通长凹槽，将卷材收头压入凹槽内，用防水压条钉压后再用密封材料嵌填封严，外抹水泥砂浆保护。凹槽上部的墙本亦应做防水处理。

（2）挑檐口构造

挑檐口按排水形式分为无组织排水和檐沟外排水两种。其防水构造的要点是做好卷材的收头，使屋顶四周的卷材封闭，避免雨水渗入。无组织排水檐沟的收头处通常用油膏嵌实，不可用砂浆等硬性材料，因为油膏有一定弹性，能适应卷材的温度变形；同时，施工无组织排水时应抹好檐口的滴水，使雨水迅速垂直下落。挑檐沟的卷材收头处理通常是在檐沟边缘用水泥钉钉压条将卷材压住，再用油膏或砂浆盖缝。此外，檐沟内转角处水泥砂浆应抹成圆弧形，以防卷材断裂；檐沟外侧应做好滴水，沟内可加铺一层卷材以增强防水能力。

（3）水落口构造

水落口是用来将屋面雨水排至水落管而在檐口或檐沟开设的洞口，构造上要求排水通畅，不易渗漏和堵塞。有组织外排水最常用的有檐沟及女儿墙水落口两种构造形式。有组织内排水的水落口设在天沟上，其构造与外檐沟相同。

1）檐沟外排水水落口构造。在檐沟板预留的孔中安装铸铁或塑料连接管，就形成水落口。水落口周围直径500mm范围内坡度不应小于5%并应用防水涂膜涂封，其厚度不应小于2mm。为防止水落口四周漏水，应将防水卷材铺入连接管内50mm，周围用油膏嵌缝，水落口上用定型铸铁罩或钢丝球盖住，防止杂物落入水落口中。

水落口连接管的固定形式常见的有两种：一种是采用喇叭形连接管卡在檐沟板上，再用普通管箍固定在墙上；另一种则是用带挂钩的圆形管箍将其悬吊在檐沟板上。水落口过去一般用铸铁制作，易锈不美观。现在多改为硬质聚氯乙烯塑料（PVC）管，具有质轻、不锈、色彩多样等优点，已逐渐取代铸铁管。

2）女儿墙外排水

水落口构造是在女儿墙上的预留孔洞中安装水落口构件，使屋面雨水穿过女儿墙排至墙外的水落斗中。为防止水落口与屋面交接处发生渗漏，也需将屋面卷材铺入水落口内，水落口上还应安装铁箅，以防杂物落入造成堵塞。

（4）屋面变形缝构造

屋面变形缝的构造处理原则是既要保证屋顶有自由变形的可能，又能防止雨水经由变形缝渗入室内。屋面变形缝按建筑设计可设于同层等高屋面上，也可设在高低屋面的交接处。等高层面的变形缝在缝的两边屋面板上砌筑矮墙，挡住屋面雨水。矮墙的高度应大于250mm，厚度为半砖墙厚；屋面卷材与矮墙的连接处理类同于泛水构造。矮墙顶部可用镀锌薄钢板盖缝，也可铺一层油毡后用混凝土板压顶。高低屋面的变形缝则是在低侧屋面板上砌筑矮墙。当变形缝宽度较小时，可用镀锌薄钢板盖缝并固定在高侧墙上，做法同泛水构造，也可从高侧墙上悬挑钢筋混凝土板盖缝。

（5）屋面检修孔、屋面出入口构造

不上人屋面需设屋面检修孔，检修孔四周的孔壁可用砖立砌，也可在现浇屋面板时将混凝土上翻制成，高度一般为300mm。壁外的防水层应做成泛水并将卷材用镀锌薄钢板盖缝并压钉好。

出屋面的楼梯间一般需设屋面出入口，最好在设计中让楼梯间的室内地坪与屋面间留有足够的高差，以利防水，否则需在出入口处设门槛挡水。屋面出入口处的构造与泛水构造类同。

四、刚性防水屋面

（一）刚性防水屋面概述

刚性防水屋面是指用细石混凝土作防水层的屋面，因混凝土属于脆性材料，抗拉强度较低，故而称为刚性防水屋面。刚性防水屋面的主要优点是构造简单，施工方便，造价较低；其缺点是易开裂，对气温变化和屋面基层变形的适应性较差。所以，刚性防水多用于日温差较小的我国南方地区防水等级为Ⅲ级的屋面防水，也可用作防水等级为Ⅰ、Ⅱ级的屋面多道设防中的一道防水层。

刚性防水屋面要求基层变形小，一般只适用于无保温层的屋面，因为保温层多采用轻质多孔材料，其上不宜进行浇筑混凝土的湿作业；此外，混凝土防水层铺设在这种较松软的基层上也很容易产生裂缝。

刚性防水屋面也不宜用于高温、有振动和基础有较大不均匀沉降的建筑。

（二）刚性防水屋面的构造层次及做法

刚性防水屋面的构造一般有防水层、隔离层、找平层、结构层等。刚性防水屋面应尽量采用结构找坡。

1.防水层

防水层采用不低于C20的细石混凝土整体现浇而成，其厚度不小于40mm。为防止混凝土开裂，可在防水层中配直径为4～6mm、间距为100～200mm的双向钢筋网片，钢筋的保护层厚度不小于10mm。

为提高防水层的抗裂和抗渗性能，可在细石混凝土中渗入适量的外加剂，如膨胀剂、减水剂、防水剂等。

2.隔离层

隔离层位于防水层与结构层之间，其作用是减少结构变形对防水层的不利影响。

结构层在荷载作用下产生挠曲变形，在温度变化作用下产生胀缩变形。由于结构层较防水层厚，刚度相应也较大，当结构产生上述变形时容易将刚度较小的防水层拉裂，因此，宜在结构层与防水层间设一隔离层使二者脱开。隔离层可采用铺纸筋灰、低强度等级砂浆，或薄砂层上干铺一层油毡等做法。

3.找平层

当结构层为预制钢筋混凝土屋面板时，其上应用1:3水泥砂浆做找平层，厚度为20mm；若屋面板为整体现浇混凝土结构时则可不设找平层。

4.结构层

结构层一般采用预制或现浇的钢筋混凝土屋面板。结构应有足够的刚度，以免结构变形过大而引起防水层开裂。

（三）混凝土刚性防水屋面的细部构造

与卷材防水屋面一样，刚性防水屋面也需处理好泛水、天沟、檐口、水落口等细部构造，另外还应做好防水层的分隔缝构造。

1.分隔缝构造

分隔缝（又称分舱缝）是一种设置在刚性防水层中的变形缝。其作用有二：

（1）大面积的整体现浇混凝土防水层受气温影响产生的温度变形较大，容易导致混凝土开裂。设置一定数量的分隔缝将单块混凝土防水层的面积减小，从而减少其伸缩变形，可有效地防止和限制裂缝的产生。

（2）在荷载作用下屋面板会产生挠曲变形，支承端翘起，易引起混凝土防水层开裂，如在这些部位预留分隔缝就可避免防水层开裂。

2.泛水构造

刚性防水屋面的泛水构造要点与卷材屋面相同的地方是：泛水应有足够高度，一般不小于250mm，泛水应嵌入立墙上的凹槽内并用压条及水泥钉固定。不同的地方是：刚性防水层与屋面突出物（女儿墙、烟囱等）间须留分隔缝，另铺贴附加卷材盖缝形成泛水。

3.檐口构造

刚性防水屋面常用的檐口形式有自由落水檐口、挑檐沟外排水檐口、女儿墙外排水檐口、坡檐口等。

（1）自由落水檐口

当挑檐较短时，可将混凝土防水层直接悬挑出去形成挑檐口。当所需挑檐较长时，为了保证悬挑结构的强度，应采用与屋顶圈梁连为一体的悬臂板形成挑檐。在挑檐板与屋面板上做找平层和隔离层后，浇筑混凝土防水层，檐口处注意做好滴水。

（2）挑檐沟外排水檐口

挑檐口采用有组织排水方式时，常将檐部做成排水檐沟板的形式。檐沟板的断面为槽形并与屋面圈梁连成整体。沟内设纵向排水坡，防水层挑入沟内并做滴水，防止爬水。

（3）女儿墙外排水檐口

在跨度不大的平屋顶中，当采用女儿墙外排水时，常利用倾斜的屋面板与女儿墙间的夹角做成三角形断面天沟，其泛水做法与前述做法相同。天沟内也需设纵向排水坡。

（4）坡檐口

建筑设计中出于造型方面的考虑，常采用一种平顶坡檐的处理形式，意在使较为呆板的平顶建筑具有某种传统的韵味，形象更为丰富。

4.水落口构造

刚性防水屋面的水落口常见的做法有两种：一种是用于天沟或檐沟的水落口，另一种是用于女儿墙外排水的水落口。前者为直管式，后者为弯管式。

（1）直管式水落口

安装时为了防止雨水从水落口套管与檐沟底板间的接缝处渗漏，应在水落口的四周加铺宽度约200mm的附加卷材，卷材应铺入套管内壁中，天沟内的混凝土防水层应盖在卷材的上面，防水层与水落口的接缝用油膏嵌填密实。其他做法与卷材防水屋面相似。

（2）弯管式水落口

弯管式水落口多用于女儿墙外排水，水落口可用铸铁或塑料做弯头。

五、涂膜防水屋面

涂膜防水屋面是将防水材料涂刷在屋面基层上，利用涂料干燥或固化以后的不透水性来达到防水的目的。以前的涂膜防水屋面由于涂料的抗老化及抗变形能力较差，施工方法落后，多用在构件自防水屋面或小面积现浇钢筋混凝土屋面板上。随着材料和施工工艺的不断改进，现在的涂膜防水屋面具有防水、抗渗、黏结力强、耐腐蚀、耐老化、延伸率大、弹性好、不延燃、无毒、施工方便等诸多优点，已广泛用于建筑各部位的防水工程中。

涂膜防水主要适用于防水等级为III、IV级的屋面防水，也可用作I、II级屋面多道防水设防中的一道防水。

（一）涂膜防水屋面的材料

涂膜防水屋面的材料主要有各种涂料和胎体增强材料两大类。

1.涂料

防水涂料的种类很多，按其溶剂或稀释剂的类型可分为溶剂型、水溶性、乳液型等类，按施工时涂料液化方法的不同则可分为热熔型、常温型等类。

2.胎体增强材料

某些防水涂料（如氯丁胶乳沥青涂料）需要与胎体增强材料（即所谓的布）配合，以增强涂层的贴附覆盖能力和抗变形能力。目前，使用较多的胎体增强材料为0.1mm×6mm×4mm 或 0.1mm×7mm×7mm 的中性玻璃纤维网格布或中碱玻璃布、聚酯无纺布等。

（二）涂膜防水层面的构造及做法

1.氯丁胶乳沥青防水涂料屋面

氯丁胶乳沥青防水涂料以氯丁胶乳和石油沥青为主要原料，选用阳离子乳化剂和其他助剂，经软化和乳化而成，是一种水乳型涂料。其构造做法为：

（1）找平层

先在屋面板上用1：2.5～1：3的水泥砂浆做15～20mm厚的找平层并设分隔缝，分隔缝宽20mm，其间距不大于6m，缝内嵌填密封材料。找平层应平整、坚实、洁净、干燥方可作为涂料施工的基层。

（2）底涂层

将稀释涂料均匀涂布于找平层上作为底涂，干后再刷2～3度涂料。

（3）中涂层

中涂层为加胎体增强材料的涂层，要铺贴玻纤网格布，有干铺和湿铺两种施工方法。

（4）面层

面层根据需要可做细砂保护层或涂覆着色层。细砂保护层是在未干的中涂层上抛撒20目浅色细砂并滚压，使砂牢固地黏结于涂层上；着色层可使用防水涂料或耐老化的高分子乳液作胶黏剂，加上各种矿物颜料配制成成品着色剂，涂布于中涂层表面。

2.焦油聚氨酯防水涂料屋面

焦油聚氨酯防水涂料又名851涂膜防水胶，是以异氰酸酯为主剂和以煤焦油为填料的固化剂构成的双组分高分子涂膜防水材料，其甲、乙两液混合后经化学反应能在常温下形成一种耐久的橡胶弹性体，从而起到防水的作用。其防水屋面做法是：将找平以后的基层面吹扫干净并待其干燥后，用配制好的涂液（甲、乙二液的质量比为1：2）均匀涂刷在基层上。不上人屋面可待涂层干后在其表面刷银灰色保护涂料；上人屋面在最后一遍涂料未干时撒上绿豆砂，3d后在其上做水泥砂浆或浇混凝土贴地砖的保护层。

3.塑料油膏防水屋面

塑料油膏以废旧聚氯乙烯塑料、煤焦油、增塑剂、稀释剂、防老化剂及填充材料等配制而成。其防水屋面做法是：先用预制油膏条冷嵌于找平层的分隔缝中，在油膏条与基层的接触部位和油膏条相互搭接处刷冷黏剂1～2遍，然后按产品要求的温度将油膏热熔液化，按基层表面涂油膏、铺贴玻纤网格布、压实、表面再刷油膏、刮板收齐边缘的顺序进行，根据设计要求可做成一布二油或二布三油。

六、屋顶的保温和隔热

屋顶与外墙都同属房屋的外围护结构，不仅要能遮风避雨，还应具有保温和隔热的功能。

（一）屋顶保温

寒冷地区或装有空调设备的建筑，其屋顶应设计成保温屋面。保温屋面按稳定传热原理考虑其热工计算，墙体在稳定传热条件下防止室内热损失的主要措施是提高墙体的热阻，这一原则同样适用于屋面的保温，提高屋顶热阻的办法是在屋面设置保温层。

1. 保温材料

屋顶保温材料一般为轻质、疏松、多孔或纤维的材料，其重度不大于 $10kN/m^3$，导热系数不大于 $0.25W/（m·K）$。屋顶保温材料按其成分有无机材料和有机材料两种，按其形状可分为以下三种类型。

（1）松散保温材料

常用的松散材料有膨胀蛭石（粒径3～15mm）、膨胀珍珠岩、矿棉、岩棉、玻璃棉、炉渣（粒径5～40mm）等。

（2）整体保温材料

屋顶整体保温的做法通常是用水泥或沥青等胶结材料与松散保温材料拌和，整体浇筑在需保温的部位。所用整体保温材料有沥青膨胀珍珠岩、水泥膨胀珍珠岩、水泥膨胀蛭石、水泥炉渣等。

（3）板状保温材料

屋顶用板状保温材料有加气混凝土板、泡沫混凝土板、膨胀珍珠岩板、膨胀蛭石板、矿棉板、泡沫塑料板、岩棉板、木丝板、刨花板、甘蔗板等。有机纤维材的保温性能一般较无机板材为好，但耐久性较差，只有在通风条件良好、不易腐烂的情况下使用才较为适宜。

各类保温材料的选用应结合工程造价、铺设的具体部位、保温层是封闭还是敞露等因素加以考虑。

2. 平屋顶的保温构造

平屋顶的屋面坡度较缓，宜在屋面结构层上放置保温层。其保温层的位置有两种处理方式：

（1）将保温层放在结构层之上、防水层之下，成为封闭的保温层。这种方式通常叫作正置式保温，也叫内置式保温。

（2）将保温层放在防水层上，成为敞露的保温层。这种方式通常叫作倒置式保温，也叫外置式保温。

刚性防水屋面由于防水层易开裂渗漏，造成内置的保温层受潮失去保温作用，一般不宜设置保温层，故而保温层多设于卷材防水或涂膜防水屋面。

（二）屋顶隔热

在夏季太阳辐射和室外气温的综合作用下，从屋顶传入室内的热量要比从墙体传入室内的热量多得多。在低多层建筑中，顶层房间占有很大比例，屋顶的隔热问题应予以认真考虑。我国南方地区的建筑屋面隔热尤为重要，应采取适当的构造措施解决屋顶的降温和隔热问题。屋顶隔热降温的基本原理是：减少直接作用于屋顶表面的太阳辐射热量。所采用的主要构造做法是：屋顶间层通风隔热、屋顶蓄水隔热、屋顶种植隔热、屋顶反射阳光隔热等。

1.屋顶间层通风隔热

通风隔热就是在屋顶设置架空通风间层，使其上层表面遮挡阳光辐射，同时利用风压和热压作用将间层中的热空气不断带走，使通过屋面板传入室内的热量大为减少，从而达到隔热降温的目的。通风间层的设置通常有两种方式：一种是在屋面上做架空通风隔热间层，另一种是利用吊顶棚内的空间做通风间层。

（1）架空通风隔热间层

架空通风隔热间层设于屋面防水层上，架空层内的空气可以自由流通。其隔热原理是：一方面利用架空的面层遮挡直射阳光；另一方面架空层内被加热的空气与室外冷空气产生对流，将层内的热量源源不断地排走，从而达到降低室内温度的目的。架空通风层通常用砖、瓦、混凝土等材料及制品制作。

架空通风层的设计要点有：

1）架空层的净空高度应随屋面宽度和坡度的大小而变化：屋面宽度和坡度越大，净空越高，但不宜超过360mm，否则架空层内的风速反而变小，影响降温效果。架空层的净空高度一般以180～300mm为宜。屋面宽度大于10m时，应在屋脊处设置通风桥以改善通风 效果。

2）为保证架空层内的空气流通顺畅，其周边应留设一定数量的通风孔。如果在女儿墙上开孔有碍于建筑立面造型，也可以在离女儿墙至少250mm宽的范围内不铺架空板，让架空板周边开敞，以利空气对流。

3）隔热板的支承物可以做成砖垄墙式，也可做成砖墩式的。当架空层的通风口能正对当地夏季主导风向时，采用前者可以提高架空层的通风效果。但当通风孔不能朝向夏季主导风向时，采用砖垄墙式的反而不利于通风。这时最好采用砖墩支承架空板方式，这种方式与风向无关，但通风效果不如前者。这是因为：砖垄墙架空板通风是一种巷道式通风，只要正对主导风向，巷道内就易形成流速很快的对流风，散热效果好；而砖墩架空层内的对流风速要慢得多。

（2）顶棚通风隔热间层

利用顶棚与屋面间的空间做通风隔热层可以起到与架空通风层同样的作用。

顶棚通风隔热间层在设计中应注意满足下列要求：

1）必须设置一定数量的通风孔，使顶棚内的空气能迅速对流。平屋顶的通风孔通常开设在外墙上，孔口饰以混凝土花格或其他装饰性构件。坡屋顶的通风孔常设在挑檐顶棚处、檐口外墙处、山墙上部。屋顶跨度较大时还可以在屋顶上开设天窗作为出气孔，以加强顶棚层内的通风。进气孔可根据具体情况设在顶棚或外墙上。有的地方还利用空心屋面板的孔洞作为通风散热的通道，其进风孔设在檐口处，屋脊处设通风桥。有的地区则在屋顶安放双层屋面板而形成通风隔热层，其中上层屋面板用来铺设防水层，下层屋面板则用作通风顶棚，通风层的四周仍需设通风孔。

2）顶棚通风层应有足够的净空高度，其高度应根据各综合因素所需高度加以确定，如通风孔自身的必需高度，屋面梁、屋架等结构的高度，设备管道占用的空间高度及供检修用的空间高度等。仅作通风隔热用的空间净高一般为500mm左右。

3）通风孔须考虑防止雨水飘进，特别是无挑檐遮挡的外墙通风孔和天窗通风口应注意解决好飘雨问题。当通风孔较小（不大于300mm×300mm）时，只要将混凝土花格靠外墙的内边缘安装，利用较厚的外墙洞口即可挡住飘雨；当通风孔尺寸较大时，可以在洞口处设百叶窗片挡雨。

2.屋顶蓄水隔热

蓄水隔热屋面利用平屋顶所蓄积的水层来达到屋顶隔热的目的。其原理为：在太阳辐射和室外气温的综合作用下，水能吸收大量的热而由液体蒸发为气体，从而将热量散发到空气中，减少了屋顶吸收的热能，起到隔热的作用。水面还能反射阳光，减少阳光辐射对屋面的热作用。水层在冬季还有一定的保温作用。此外，水层长期将防水层淹没，使混凝土防水层处于水的养护下，可减少由于温度变化引起的开裂和防止混凝土的碳化，使诸如沥青和嵌缝胶泥之类的防水材料在水层的保护下推迟老化，延长使用年限。总的来说，蓄水屋面具有既能隔热又可保温，既能减少防水层的开裂又可延长其使用寿命等优点。在我国南方地区，蓄水屋面对于建筑的防暑降温和提高屋面的防水质量能起到很好的作用。如果在水层中养殖一些水浮莲之类的水生植物，利用植物吸收阳光进行光合作用和叶片遮蔽阳光的特点，其隔热降温的效果将会更加理想。

3.屋顶种植隔热

种植隔热的原理是：在平屋顶上种植植物，借助栽培介质隔热及植物吸收阳光进行光合作用和遮挡阳光的双重功效来达到降温隔热的目的。

种植隔热根据栽培介质层构造方式的不同可分为一般种植隔热和蓄水种植隔热两类。

（1）一般种植隔热屋面

一般种植隔热屋面是在屋面防水层上直接铺填种植介质，栽培各种植物。其构造要点为：

1）选择适宜的种植介质

为了不过多地增加屋面荷载，宜尽量选用轻质材料作栽培介质，常用的有谷壳、蛭石、陶粒、泥炭等，即所谓的无土栽培介质。近年来，还有以聚苯乙烯、尿甲醛、聚甲基甲酸酯等合成材料泡沫或岩棉、聚丙烯腈絮状纤维等作栽培介质的，其质量更轻，耐久性和保水性更好。

为了降低成本，也可以在发酵后的锯末中掺入约30％体积比的腐殖土作栽培介质，但其密度较大，需对屋面板进行结构验算，且容易污染环境。

2）种植床的做法

种植床又称苗床，可用砖或加气混凝土来砌筑床埂。床埂最好砌在下部的承重结构上，内外用1：3水泥砂浆抹面，高度宜大于种植层60mm左右。每个种植床应在其床埂的根部设不少于两个的泄水孔，以防种植床内积水过多造成植物烂根。为避免栽培介质的流失，泄水孔处需设滤水网，滤水网可用塑料网或塑料多孔板、环氧树脂涂覆的铁丝网等制作。

3）种植屋面的排水和给水

一般种植屋面应有一定的排水坡度（1%～3%），以便及时排除积水。通常在靠屋面低侧的种植床与女儿墙间留出300～400mm的距离，利用所形成的天沟组织排水。如采用含泥砂的栽培介质，屋面排水口处宜设挡水槛，以便沉积水中的泥砂，这种情况要求合理地设计屋种植层的厚度一般都不大，为了防止久晴天气苗床内干涸，宜在每一种植分区内设给水阀一个，以供人工浇水之用。

4）种植屋面的防水层

种植屋面可以采用一道或多道（复合）防水设防，但最上面一道应为刚性防水层，要特别注意防水层的防蚀处理。防水层上的裂缝可用一布四涂盖缝，分隔缝的嵌缝油膏应选用耐腐蚀性能好的；不宜种植根系发达、对防水层有较强侵蚀作用的植物，如松、柏、榕树等。

5）注意安全防护问题

种植屋面是一种上人屋面，需要经常进行人工管理（如浇水、施肥、栽种），因而屋顶四周应设女儿墙等作为护栏以利安全。护栏的净保护高度不宜小于1.05m。如屋顶栽有较高大的树木或设有藤架等设施，还应采取适当的紧固措施，以免被风刮倒伤人。

（2）蓄水种植隔热屋面

蓄水种植隔热屋面是将一般种植屋面与蓄水屋面结合起来，进一步完善其构造后所形成的一种新型隔热屋面，以下分别介绍其构造要点。

1）防水层

蓄水种植屋面由于有一蓄水层，故而防水层应采用设置涂膜防水层和配筋细石混凝土防水层的复合防水设防做法，以确保防水质量。应先做涂膜（或卷材）防水层，再做刚性防水层。各层做法与前述防水层做法相同。需要注意的是：由于刚性防水层的分隔缝施工质量往往不易保证，因此除女儿墙泛水处应严格按要求做好分隔缝外，屋面的其余部分可不设分隔缝。屋面刚性防水层最好一次全部浇捣完成，以免渗漏。

2）蓄水层

种植床内的水层靠轻质多孔粗骨料蓄积，粗骨料的粒径不应小于25mm，蓄水层（包括水和粗骨料）的深度不小于60mm。种植床以外的屋面也蓄水，深度与种植床内相同。

3）滤水层

考虑到保持蓄水层的畅通，不致被杂质堵塞，应在粗骨料的上面铺60～80mm厚的细骨料滤水层。细骨料按5～20mm粒径级配、下粗上细地铺填。

4）种植层

蓄水种植屋面的构造层次较多，为尽量减轻屋面板的荷载，栽培介质的堆积重度不宜大于10kN/m³。

5）种植床埂

蓄水种植屋面应根据屋顶绿化设计用床埂进行分区，每区面积不宜大于100㎡。床埂宜高于种植层60mm左右，床埂底部每隔1200～1500mm设一个溢水孔，孔下口与水层面相平。溢水孔处应铺设粗骨料或安设滤网以防止细骨料流失。

6）人行架空通道板

架空板设在蓄水层上、种植床之间，供人在屋面活动和操作管理之用，兼有给屋面非种植覆盖部分增加一隔热层的功效。架空通道板应满足上人屋面的荷载要求，通常可支承在两边的床埂上。其他构造要求与一般种植屋面相同。

蓄水种植屋面与一般种植屋面主要的区别是增加了一个连通整个屋面的蓄水层，从而弥补了一般种植屋面隔热不完整、对人工补水依赖较多等缺点，又兼具有蓄水屋面和一般种植屋面的优点，隔热效果更佳，但相对来说造价也较高。

种植屋面不但在降温隔热的效果方面优于所有其他隔热屋面，而且在净化空气、美化环境、改善城市生态、提高建筑综合利用效益等方面也具有极为重要的作用，是一种值得大力推广应用的屋面形式。

4.屋顶反射降温隔热

屋面受到太阳辐射后，一部分辐射热量被屋面材料吸收，另一部分被屋面反射出去。反射热量与入射热量之比称为屋面材料的反射率（用百分数表示）。该比值取决于屋顶表面材料的颜色和粗糙程度，色浅而光滑的表面比色深而粗糙的表面具有更大的反射率。

第五节　门和窗的构造

一、门窗的类型和设计要求

（一）门窗的作用

门在房屋建筑中的作用主要是交通联系，并兼采光和通风；窗的作用主要是采光、通风及眺望。在不同情况下，门和窗还有分隔、保温、隔声、防火、防辐射、防风沙等 要求。

门窗在建筑立面构图中的影响也较大，它们的尺度、比例、形状、组合、透光材料的类型等，都影响着建筑的艺术效果。

（二）门窗的分类

1.按门窗材质分

依据材质，门窗大致可以分为以下几类：木门窗、钢门窗、塑钢门窗、铝合金门窗、玻璃钢门窗、不锈钢门窗、铁花门窗等。我国自改革开放以来，人民生活水平不断提高，门窗及其衍生产品的种类不断增多，档次逐步上升，例如隔热断桥铝合门、木铝复合门、铝木复合门、实木门窗、阳光房、玻璃幕墙、木质幕墙等等。

2.按门窗功能分

门窗按功能分为防盗门、自动门、旋转门等。

3.按开启方式分

门窗按开启方式分为固定窗、上悬窗、中悬窗、下悬窗、立转窗、平开门窗、滑轮平开窗、滑轮窗、平开下悬门窗、推拉门窗、推拉平开窗、折叠门、地弹簧门、提升推拉门、推拉折叠门、内倒侧滑门等。

4.按性能分

门窗按性能分为隔声型门窗、保温型门窗、防火门窗、气密门窗等。

5.按应用部位分

门窗按应用部位分为内门窗、外门窗。

（三）门窗的设计要求

1.门窗的建筑立面分格设计

门窗是建筑的单元，是立面效果的装饰符号，最终体现出建筑的特点。尽管不同建筑对门窗的设计有不同的要求，门窗大样分格千变万化，但我们还是可以找寻出一些规律。

门窗立面分格要符合美学特点。分格设计时，要考虑如下因素：

（1）分格比例的协调性。

（2）门窗立面分格既要有一定的规律，又要体现变化，在变化中求规律，分格线条疏密有度。等距离等尺寸划分显示了严谨、庄重、严肃；不等距自由划分则显示韵律、活泼和动感。

（3）至少同一房间、同一墙面门窗的横向分格线条要尽量处于同一水平线上，竖向线条尽量对齐。

（4）门窗立面设计时要考虑建筑的整体效果要求，比如建筑的虚实对比、光影效果、对称性等。

2.门窗的通透性设计

门窗立面在主视部位的视线高度范围内（1.5～1.8m）最好不要设置横框和竖框，以免遮挡视线。

3.门窗玻璃安全设计

玻璃的选择：玻璃厚度经计算确定，并不宜小于5mm。建筑下列部位的门窗必须采用安全玻璃（钢化玻璃或夹层玻璃）：

（1）7层及7层以上建筑的外开窗。

（2）与水平面夹角小于75°倾斜屋顶上距室内地面大于3m的倾斜窗。

（四）平开门的构造

平开门一般由门框、门扇、亮子、五金零件及其附件组成。

门扇按其构造方式不同，有镶板门、夹板门、拼板门、玻璃门和纱门等类型。亮子又称腰头窗，在门上方，为辅助采光和通风之用，有平开、固定及上、中、下悬几种。门框是门扇、亮子与墙的联系构件。五金零件一般有铰链、插销、门锁、拉手、门碰头等。附件有贴脸板、筒子板等。

1.门框

门框一般由两根竖直的边框和上框组成。当门带有亮子时，还有中横框，多扇门则还有中竖框。

（1）门框断面

门框的断面形式与门的类型、层数有关，同时应利于门的安装，并应具有一定的密闭性。

（2）门框安装

门框的安装根据施工方式分后塞口和先立口两种。

（3）门框在墙中的位置

门框在墙中的位置，可在墙的中间或与墙的一边平齐，一般多与开启方向一侧平齐，尽可能使门扇开启时贴近墙面。

2.门扇

常用的木门门扇有镶板门（包括玻璃门、纱门）、夹板门和拼板门等。

（1）镶板门

镶板门是广泛使用的一种门，门扇由边梃、上冒头、中冒头（可作数根）和下冒头组成骨架，内装门芯板而构成。镶板门构造简单，加工制作方便，适于一般民用建筑作内门和外门。

（2）夹板门

夹板门门扇是用断面较小的方木做成骨架，两面粘贴面板而成。门扇面板可用胶合板、塑料面板和硬质纤维板，面板不再是骨架的负担，而是和骨架形成一个整体，共同抵抗变形。夹板门的形式可以是全夹板门、带玻璃或带百叶夹板门。

由于夹板门构造简单，可利用小料、短料，自重轻，外形简洁，便于工业化生产，故在一般民用建筑中应用广泛。

（3）拼板门

拼板门的门扇由骨架和条板组成。有骨架的拼板门称为拼板门，而无骨架的拼板门称为实拼门。有骨架的拼板门又分为单面直拼门、单面横拼门和双面保温拼板门三种。

（五）推拉门的构造

推拉门由门扇、门轨、地槽、滑轮及门框组成。门扇可采用钢木门、钢板门、空腹薄壁钢门等，每个门扇宽度不大于1.8m。推拉门的支承方式分为上挂式和下滑式两种，当门扇高度小于4m时，用上挂式，即门扇通过滑轮挂在门洞上方的导轨上。当门扇高度大于4m时，多用下滑式，在门洞上下均设导轨，门扇沿上下导轨推拉，下面的导轨承受门扇的重量。推拉门位于墙外时，门上方需设雨篷。

（六）平开窗的构造

1.窗框安装

窗框与门框一样，在构造上应有裁口及背槽处理，裁口亦有单裁口与双裁口之分。窗框的安装与门框一样，分后塞口与先立口两种。塞口时洞口的高、宽尺寸应比窗框尺寸大10~20mm。

2.窗框在墙中的位置

窗框在墙中的位置，一般是与墙内表面平，安装时窗框突出砖面20mm，以便墙面粉刷后与抹灰面平。框与抹灰面交接处，应用贴脸板搭盖，以阻止由于抹灰干缩形成缝隙后风透入室内，同时可增加美观度。贴脸板的形状及尺寸与门的贴脸板相同。

当窗框立于墙中时，应内设窗台板，外设窗台。窗框外平时，靠室内一面设窗台板。

二、门窗的形式与尺度

（一）门的形式

门按其开启方式通常有平开门、弹簧门、推拉门、折叠门、转门等。

（1）平开门：有内开和外开、单扇和双扇之分。其构造简单，开启灵活，密封性能好，制作和安装较方便，但开启时占用空间较大。

（2）弹簧门：多用于人流多的出入口，开启后可自动关闭，密封性能差。

（3）推拉门：分单扇和双扇，能左右推拉且不占空间，但密封性能较差，可手动和自动。自动推拉门多用于办公、商业等公共建筑，采用光控的较多。

（4）折叠门：用于尺寸较大的洞口。开启后门窗相互折叠，占用空间较少。

（5）旋转门：用四扇门相互垂直形成十字形，绕中竖轴旋转的门。其密封性能好、保温好、隔热好、卫生方便，多用于宾馆、饭店、公寓等大型公共建筑。

（6）卷帘门：有手动和自动、正卷和反卷之分，开启时不占用空间。

（7）翻板门：外表平整，不占空间，多用于仓库、车库。

（二）门的尺度

门的尺度通常是指门洞的高宽尺寸。门作为交通疏散通道，门洞口宽度和高度尺寸是由人体平均高度、搬运物体（如家具、设备）尺寸、人流数、人流量、建筑物的比例来决定的，并要符合现行的规定。

1.门的高度

门的高度一般以300mm为模数，特殊情况以100mm为模数。门的高度一般为2000mm、2 100mm、2 200mm、2400mm、2700mm、3000mm、3300mm等，当门高超过2200mm时，门上应设亮子。当门设有亮子时，亮子高度一般为300～600mm，则门洞高度为3000mm。公共建筑大门高度可视需要适当提高。

2.门的宽度

门的宽度一般以100mm为模数，当门宽大于1200mm时，以300mm为模数。单扇门宽一般为800～1000mm，双扇门为1200～1800mm。宽度在2100mm以上时，则做成三扇、四扇门或双扇带固定扇的门，因为门扇过宽易产生翘曲变形，同时也不利于开启。辅助房间（如浴厕、储藏室等）门的宽度可窄些，一般为700～800mm。

（三）窗的形式

窗的形式划分有两种，分别是以使用的材料划分和按窗的开启方式划分。

1.按使用材料划分

窗按所使用材料分为木窗、钢窗、铝合金窗、塑钢窗、玻璃钢窗等。

木窗是用松、杉木制作而成的，具有制作简单，经济，密封性能、保温性能好等优点，但相对透光面积小，防火性能差，耗用木材，耐久性能低，易变形、损坏等。

钢窗是由型钢经焊接而成的。钢窗与木窗相比较，具有坚固、不易变形、透光率大、防火性能高、便于拼接组合等优点，但钢窗密封性能差，保温性能低，耐久性差，易生锈，维修费高。

因此，目前木窗、钢窗应用很少，已被铝合金窗和塑钢窗等所替代。

铝合金窗是由铝合金型材用拼接件装配而成，具有轻质高强、美观耐久、耐腐蚀、刚度大、变形小、开启方便等优点。但铝合金窗不足之处在于弹性模量较小（约为钢的1/3）、热膨胀系数大、耐热性低等。目前铝合金窗应用较多。

塑钢窗是由塑钢型材拼接而成的，具有密闭性能好、节能、保温、隔热、隔声、易于加工、表面光洁美观、便于开启等优点，但焊接处易开裂。塑钢窗比其他窗在节能和改善室内热环境方面，有更为优越的技术特性。

玻璃钢窗－玻璃纤维增强塑料窗，具有轻质、高强、防腐、保温、密封隔音、结构精巧、坚固耐久、性能可靠、热膨胀系数小（同玻璃）、电绝缘等特点。因此，玻璃钢窗具有优良的物理、化学性能，其主要性能远优于钢铁、塑料、铝合金，是目前我国广泛推行的节能窗之一。

2.按开启方式划分

窗的开启方式主要取决于窗扇铰链安装的位置和转动方式。

（1）固定窗

无窗扇、不能开启的窗为固定窗。固定窗的玻璃直接嵌固在窗框上，可供采光和眺望之用。

（2）平开窗

平开窗的铰链安装在窗扇一侧，与窗框相连，可向外或向内水平开启。平开窗有单扇、双扇、多扇，有向内开与向外开之分。其构造简单、开启灵活、制作维修均方便，是民用建筑中采用最广泛的窗。

（3）悬窗

悬窗因铰链和转轴的位置不同，可分为上悬窗、中悬窗和下悬窗。为防雨水飘入室内，上悬窗必须向外开启；中悬窗上半部内开、下半部外开，有利通风，开启方便，适于高窗；

下悬窗一般内开，不防雨，不能用于外窗。

（4）立转窗

立转窗引导风进入室内效果较好，防雨及密封性较差，多用于单层厂房的低侧窗。因密闭性较差，立转窗不宜用于寒冷和多风沙的地区。

（5）推拉窗

推拉窗分垂直推拉窗和水平推拉窗两种。它们不多占使用空间，窗扇受力状态较好，适宜安装较大玻璃，但通风面积受到限制。

（6）百叶窗

百叶窗主要用于遮阳、防雨及通风，但采光差。百叶窗可用金属、木材、钢筋混凝土等制作，有固定式和活动式两种形式。

（四）窗的尺度

窗的尺度主要取决于房间的采光、通风、构造做法和建筑造型及模数等要求，并要符合现行的规定。一般先根据房屋的使用性质确定采光等级（分Ⅰ～Ⅴ级，Ⅰ级最高，Ⅴ级最低），再根据采光等级确定具体窗地比（采光面积与房间地面面积之比）。不同房间根据使用功能的要求，有不同的窗地比，如居住房间为1/8～1/10、教室为1/4～1/5、会议室为1/6～1/8、医院手术室为1/2、走廊和楼梯间等为1/10以下。窗的基本尺寸一般以300mm为模数，居住建筑可以100mm为模数。常见窗的宽度有600mm、1000mm、1200mm、1500mm、1800mm、2100mm、2 400mm、3 000mm、3300mm、3600mm等。常见窗的高度有600mm、900mm、1200mm、1500mm、1 800mm、2100mm、2400mm、2700mm等，一般窗的高度超过1500mm时，窗上部设亮子。对一般民用建筑用窗，各地均有通用图，各类窗的高度与宽度尺寸通常采用扩大模数3M数列作为洞口的标志尺寸，需要时只要按所需类型及尺度大小直接选用即可。

三、特殊门窗简介

(一) 特殊要求的门

1.防火门

防火门用于加工易燃品的车间或仓库。根据车间对防火门耐火等级的要求,门扇可以采用钢板、木板外贴石棉板再包以镀锌铁皮或木板外直接包镀锌铁皮等构造措施。考虑到木材受高温会碳化而放出大量气体,应在门扇上设泄气孔。防火门常采用自重下滑关闭门,它是将门上导轨做成5%~8%的坡度,火灾发生时,易熔合金片熔断后,重锤落地,门扇依靠自重下滑关闭。当洞口尺寸较大时,可做成两个门扇相对下滑的形式。

2.保温门、隔声门

保温门要求门扇具有一定热阻值和对门缝作密闭处理,故常在门扇两层面板间填以轻质、疏松的材料(如玻璃棉、矿棉等)。隔声门的隔声效果与门扇的材料及门缝的密闭有关。隔声门常采用多层复合结构,即在两层面板之间填吸声材料,如玻璃棉、玻璃纤维板等。一般保温门和隔声门的面板常采用整体板材(如五层胶合板、硬质木纤维板等),因为这种板材不易发生变形。门缝密闭处理对门的隔声、保温以及防尘有很大影响,通常采用的措施是在门缝内粘贴填缝材料,如橡胶管、海绵橡胶条、泡沫塑料条等。还应注意裁口形式,斜面裁口比较容易关闭紧密,可避免由于门扇胀缩而引起的缝隙不密合。

(二) 特殊窗

1.固定式通风高侧窗

在我国南方地区,结合气候特点,人们创造出了多种形式的通风高侧窗。它们的特点是:能采光,能防雨,能常年进行通风,不需设开关器,构造较简单,管理和维修方便,多在工业建筑中采用。

2.防火窗

防火窗必须采用钢窗或塑钢窗,镶嵌铅丝玻璃以免破裂后掉下,其作用是防止火焰蹿入室内或窗外。

3.保温窗、隔声窗

保温窗常采用双层窗及双层玻璃的单层窗两种。双层窗可内外开或内开。双层玻璃单层窗又分为:

(1)双层中空玻璃窗,双层玻璃之间的距离为5~15mm,窗扇的上下冒头应设透气孔。

(2)双层密闭玻璃窗,两层玻璃之间为封闭式空气间层,其厚度一般为4~12mm,充以干燥空气或惰性气体,玻璃四周密封。这样可增大热阻、减少空气渗透,避免空气间层内产生凝结水。

若采用双层窗隔声，应采用不同厚度的玻璃，以减少吻合效应的影响。厚玻璃应位于声源一侧，玻璃间的距离一般为80～100mm。

（四）遮阳设施

1.遮阳的简介及种类

在炎热地区，夏季阳光直射室内，会使房间过热，并产生眩光，严重影响人们的工作和生活。外墙窗户采取遮阳措施，可以避免阳光直射室内，降低室内温度，节省能耗，同时对丰富建筑立面造型也有很好的作用。

遮阳的种类很多，对于低层建筑，运用植物对建筑物进行遮阳是一种既有效又经济的措施，也可结合立面造型，运用钢筋混凝土构件作遮阳处理，通常采用水平式遮阳板、垂直式遮阳板、综合式遮阳板以及挡板式遮阳板。近年来在国内外大量运用的各种轻型遮阳，常用不锈钢、铝合金及塑料等材料制作。

对于标准较低的建筑或临时建筑，可用油毡、波形瓦、纺织物等做成活动性遮阳；对于标准较高的建筑，从其结构出发可设置永久性遮阳。永久性遮阳不仅能起到遮阳、隔热的作用，而且还可以挡雨、丰富美化建筑立面。

（1）水平遮阳

水平遮阳设于窗洞口上方或中部，能遮挡从窗口上方射来的、高度较大的阳光，适于南向或接近南向的建筑。

（2）垂直式遮阳板

垂直式遮阳板复制能够遮挡高度角较小的、从窗口两侧斜射来的阳光，适用于偏东、偏西的南或北向窗口。

（3）综合式遮阳板

水平式和垂直式的综合式遮阳板，能遮挡窗口上方和左右两侧射来的阳光，适用于南、东南、西南的窗口以及北回归线以南低纬度地区的北向窗口。

（4）挡板式遮阳板

挡板式遮阳板能够遮挡高度角较小的、正射窗口的阳光，适用于东西向窗口。根据以上形式，挡板式遮阳板可以演变成各种各样的其他形式。例如单层水平板遮阳其挑出长度过大时，可做成双层或多层水平板，挑出长度可缩小而具有相同的遮阳效果。又如综合式水平式遮阳，在窗口小、窗间墙宽时，以采用单个式为宜；若窗口大而窗间墙窄时则以采用连续式为宜。

（5）旋转式遮阳

由于建筑室内对阳光的需求是随时间、季节变化的，而太阳高度角也是随气候、时间不同而不同，因而采用便于拆卸的轻型遮阳和可调节角度的旋转式遮阳对于建筑节能和满足使用要求均很好。

2.轻型遮阳简介

轻型遮阳因材料构造不同类型很多，常用的有机翼形遮阳系统，按其安装方式的不同可分为固定安装系统和机动可调节系统。

固定安装系统是将叶片装在边框固定的位置上，叶片安装角度从0°～180°（以5°递增）变化。

机动可调安装系统中叶片通过可调节的传动杆连接到电动机上，以使叶片按需要在0°～120°之间任意调整。

第六章 建筑设计施工安全防护原理

第一节 建筑设计施工安全简述

美国著名学者马斯洛的需求层次理论把需求分成生理需求、安全需求、社交需求、尊重需求和自我实现需求五类，依次由较低层次到较高层次进行排列。即人类在满足生存需求的基础上，谋求安全的需要，这是人类要求保障自身安全、摆脱失业和丧失财产威胁、避免职业病的侵袭等方面的需要，可见"安全"对于人类来说非常重要。马斯洛认为，整个有机体是一个追求安全的机制，人的感受器官、效应器官、智能和其他能量主要是寻求安全的工具，甚至可以把科学和人生观都看成是满足安全需要的一部分。

一、建筑工程安全管理概述

（一）概述

1.安全

安全涉及的范围广阔，从军事战略到国家安全，到依靠警察维持的社会公众安全，再到交通安全、网络安全等，都属于安全问题。安全既包括有形实体安全，如国家安全、社会公众安全、人身安全等，也包括虚拟形态安全，如网络安全等。

顾名思义，安全就是"无危则安，无缺则全"。安全意味着不危险，这是人们长期以来在生产中总结出来的一种传统认识。安全工程观点认为，安全是指在生产过程中免遭不可承受的危险、伤害，包括两个方面含义，一是预知危险，二是消除危险，两者缺一不可。即安全是与危险相互对应的，是我们对生产、生活中免受人身伤害的综合认识。

2.安全管理

管理是指在某组织中的管理者，为了实现组织既定目标而进行的计划、组织、指挥、协调和控制的过程。

安全管理可以定义为管理者为实现安全生产目标对生产活动进行的计划、组织、指挥、协调和控制的一系列活动，以保护员工在生产过程中的安全与健康。其主要任务是：加强劳动保护工作，改善劳动条件，加强安全作业管理，搞好安全生产，保护职工的安全和健康。建筑工程安全管理是安全管理原理和方法在建筑领域的具体应用，所谓建筑工程安全管理，是指以国家的法律、法规、技术标准和施工企业的标准及制度为依据，采取各种手段，对建筑工程生产的安全状况实施有效制约的一切活动，是管理者对安全生产进行建章立制，进行计划、组织、指挥、协调和控制的一系列活动，是建筑工程管理的一个重要部分。目的是保护职工在生产过程中的安全与健康，保证人身、财产安全。它包括宏观安全管理和微观安全管理两个方面。

宏观安全管理主要是指国家安全生产管理机构以及建设行政主管部门从组织、法律法规、执法监察等方面对建设项目的安全生产进行管理。它是一种间接的管理，同时也是微观管理的行动指南。实施宏观安全管理的主体是各级政府机构。

微观安全管理主要是指直接参与对建设项目的安全管理，包括建筑企业、业主或业主委托的监理机构、中介组织等对建筑项目安全生产的计划、组织、实施、控制、协调、监督和管理。微观管理是直接的、具体的，它是安全管理思想、安全管理法律法规以及标准指南的体现。实施微观安全管理的主体主要是施工企业及其他相关企业。

宏观和微观的建筑安全管理对建筑安全生产都是必不可少的，它们是相辅相成的。为了保护建筑业从业人员的安全，保证生产的正常进行，就必须加强安全管理，消除各种危险因素，确保安全生产，只有抓好安全生产才能提高生产经营单位的安全程度。

3.安全管理在项目管理中的地位

建筑工程安全管理对国家发展、社会稳定、企业盈利、人民安居有着重大意义，是工程项目管理的内容之一。质量、成本、工期、安全是建筑工程项目管理的四大控制目标。

项目管理总目标由四个目标共同组成，安全是基础，因为：

（1）安全是质量的基础。只有良好的安全措施保证，作业人员才能较好地发挥技术水平，质量也就有了保障；

（2）安全是进度的前提。只有在安全工作完全落实的条件下，建筑企业在缩短工期时才不会出现严重的不安全事故；

（3）安全是成本的保证。安全事故的发生必会对建筑企业和业主带来巨大的经济损失，工程建设也无法顺利进行。

这四个目标互相作用，形成一个有机的整体，共同推动项目的实施。只有四大目标统一实现，项目管理的总目标才得以实现。

4.安全生产

安全生产是指在劳动过程中，努力改善劳动条件，克服不安全因素，防止伤亡事故的发生，使劳动生产在保证劳动者安全健康和国家财产以及人民生命财产安全的前提下顺利进行。

安全生产一直以来是我国的重要国策。安全与生产的关系可用"生产必须安全，安全促进生产"这句话来概括。二者是一个有机的整体，不能分割更不能对立。

对国家来说，安全生产关系到国家的稳定、国民经济健康持续的发展以及构建和谐社会目标的实现。

对社会来说，安全生产是社会进步与文明的标志。一个伤亡事故频发的社会不能称为文明的社会。社会的团结需要人民的安居乐业，身心健康。

对企业来说，安全生产是企业效益的前提，一旦发生安全生产事故，将会造成企业有形和无形的经济损失，甚至会给企业造成致命的打击。

对家庭来说，一次伤亡事故，可能造成一个家庭的支离破碎。这种打击往往会给家庭成员带来经济、心理、生理等多方面创伤。

对个人来说，最宝贵的便是生命和健康，而频发的安全生产事故使二者受到严重的威胁。

由此可见，安全生产的意义非常重大。"安全第一，预防为主"已成为了我国安全生产管理的基本方针。

（二）特征

建筑工程的特点，给安全管理工作带来了较大的困难和阻力，决定了建筑安全管理具有自身的特点，这在施工阶段尤为突出。

1.流动性

建筑产品依附于土地而存在，在同一个地方只能修建一个建筑物，建筑企业需要不断地从一个地方移动到另一个地方进行建筑产品生产。而建筑安全管理的对象是建筑企业和工程项目，也必然要不断地随企业的转移而转移，不断地跟踪建筑企业和工程项目的生产过程。流动性体现在以下三方面：

一是施工队伍的流动性。建筑工程项目具有固定性，这决定了建筑工程项目的生产是随项目的不同而流动的，施工队伍需要不断地从一个地方换到另一个地方进行施工，流动性大，生产周期长，作业环境复杂，可变因素多。

二是人员的流动。由于建筑企业超过80％的工人是农民工，人员流动性也较大。大部分农民工没有与企业形成固定的长期合同关系，往往在一个项目完工后即意味着原劳务合同的结束，需与新的项目签订新的合同，这样造成施工作业培训不足，使得违章操作的现象时有发生，这使不安全行为成为主要的事故发生隐患。三是施工过程的流动。建筑工程从基础、主体到装修各阶段，因分部分项工程、工序的不同，施工方法的不同，现场作业环境、状况和不安全因素都在变化，作业人员经常更换工作环境，特别是需要采取临时性措施，规则性往往较差。

安全教育与培训往往跟不上生产的流动和人员的大量流动，造成安全隐患大量存在，安全形势不容乐观，要求项目的组织管理对安全管理具有高度的适应性和灵活性。

2.动态性

在传统的建筑工程安全管理中，人们希望将计划做的很精确，但是从项目环境和项目资源的限制上看，过于精确的计划，往往会使其失去指导性，与实际产生冲突，造成实施中的管理混乱。

建筑工程的流水作业环境使得安全管理更富于变化。与其他行业不同，建筑业的工作场所和工作内容都是动态的、变化的。建筑工程安全生产的不确定因素较多，为适应施工现场环境变化，安全管理人员必须具有不断学习、开拓创新、系统而持续地整合内外资源以应对环境变化和安全隐患挑战的能力。因此，现代建筑工程安全管理更强调灵活性和有效性。

另外，由于建筑市场是在不断发展变化的，政府行政管理部门需要针对出现的新情况新问题做出反应，包括各种新的政策、措施以及法规的出台等。即需要保持相关法律法规及相关政策的稳定性，也需要根据不断变化的环境条件进行适当调整。

3.协作性

（1）多个建设主体的协作。建筑工程项目的参与主体涉及业主、勘察、设计、施工以及监理等多个单位，它们之间存在着较为复杂的关系，需要通过法律法规以及合同来进行规范。这使得建筑安全管理的难度增加，管理层次多，管理关系复杂。如果组织协调不好，极易出现安全问题。

（2）多个专业的协作。完成整个项目的过程中，涉及管理、经济、法律、建筑、结构、电气、给排水、暖通等相关专业。各专业的协调组织也对安全管理提出了更高的要求。

（3）各级建设行政管理部门在对建筑企业的安全管理过程中应合理确定权限，避免多头管理情形的发生。

4.密集性

首先是劳动密集。目前，我国建筑业工业化程度较低，需要大量人力资源的投入，是典型的劳动密集型行业。由于建筑业集中了大量的农民工，很多没有经过专业技能培训，给安全管理工作提出了挑战。因此，建筑安全生产管理的重点是对人的管理。

其次是资金密集。建筑项目的建设需以大量资金投入为前提，资金投入大决定了项目受制约的因素多，如施工资源的约束、社会经济波动的影响、社会政治的影响等。资金密集性也给安全管理工作带来了较大不确定性。

5.法规性

　　宏观的安全管理所面对的是整个建筑市场、众多的建筑企业，安全管理必须保持一定的稳定性，通过一套完善的法律法规体系来进行规范和监督，并通过法律的权威性来统一建筑生产的多样性。

　　作为经营个体的建筑企业可以在有关法律框架内自行管理，根据项目自身的特征灵活采取合适的安全管理方法和手段，但不得违背国家、行业和地方的相关政策和法规，以及行业的技术标准要求。

　　综上所述，以上特点决定了建筑工程安全管理的难度较大，表现为安全生产过程不可控，安全管理需要从系统的角度整合各方面的资源来有效地控制安全生产事故的发生。因此，对施工现场的人和环境系统的可靠性，必须进行经常性的检查、分析、判断、调整，强化动态中的安全管理活动。

（三）意义

　　建筑工程安全管理的意义有如下几点：

　　（1）作好安全管理是防止伤亡事故和职业危害的根本对策。

　　（2）作好安全管理是贯彻落实"安全第一、预防为主"方针的基本保证。

　　（3）有效的安全管理是促进安全技术和劳动卫生措施发挥应有作用的动力。

　　（4）安全管理是施工质量的保障。

　　（5）作好安全管理，有助于改进企业管理，全面推进企业各方面工作的进步，促进经济效益的提高。安全管理是企业管理的重要组成部分，与企业的其他管理密切联系、互相影响、互相促进。

二、建筑工程安全管理的原则与内容

（一）原则

　　根据现阶段建筑业安全生产现状及特点，要达到安全管理的目标，建筑工程安全管理应遵循以下六个原则：

　　1.以人为本的原则

　　建筑安全管理的目标是保护劳动者的安全与健康不因工作而受到损害，同时减少因建筑安全事故导致的全社会包括个人家庭、企业行业以及社会的损失。这个目标充分体现了以人为本的原则，坚持以人为本是施工现场安全管理的指导思想。

　　在生产经营活动中，在处理保证安全与实现施工进度、工程成本及其他各项目标的关系上，始终把从业人员和其他人员的人身安全放到首位，绝不能冒生命危险抢工期、抢进度，绝不能依靠减少安全投入达到增加效益、降低成本的目的。

　　2.安全第一的原则

　　我国建筑工程安全管理的方针是"安全第一，预防为主"。"安全第一"就是强调安全，突出安全，把保证安全放在一切工作的首要位置。当生产和安全工作发生矛盾时，安全是第一位的，各项工作要服从安全。安全第一是从保护生产的角度和高度，肯定安全在生产活动中的位置和重要性。

3. 预防为主的原则

进行安全管理不是处理事故，而是针对施工特点在施工活动中对人、物和环境采取管理措施，有效地控制不安全因素的发展与扩大，把可能发生的事故消灭在萌芽状态之中，以保证生产活动中人的安全健康。

贯彻"预防为主"原则应做到以下几点：一是要加强全员安全教育与培训，让所有员工切实明白"确保他人的安全是我的职责，确保自己的安全是我的义务"，从根本上消除习惯性违章现象，减少发生安全事故的概率；二是要制订和落实安全技术措施，消除现场的危险源，安全技术措施要有针对性、可行性，并要得到切实的落实；三是要加强防护用品的采购质量和安全检验，确保防护用品的防护效果；四是要加强现场的日常安全巡查与检查，及时辨识现场的危险源，并对危险源进行评价，制订有效措施予以控制。

4. 动态管理的原则

安全管理不是少数管理者和安全机构的事，而是一切与建筑生产有关的所有参与人共同的事。安全管理涉及生产活动的方方面面，涉及从开工到竣工交付的全部生产过程，涉及全部的生产时间，涉及一切变化着的生产因素。当然，这并非否定安全管理第一责任人和安全机构的作用。

因此，生产活动中必须坚持"四全"动态管理：全员、全过程、全方位、全天候的动态安全管理。

5. 发展性原则

安全管理是对变化着的建筑生产活动中的动态管理，其管理活动是不断发展变化的，以适应不断变化的生产活动，消除新的危险因素。这就需要我们不断地摸索新规律，总结新的安全管理办法与经验，指导新的变化后的管理，只有这样才能使安全管理不断地上升到新的高度，提高安全管理的艺术和水平，促进文明施工。

6. 强制性原则

严格遵守现行法律法规和技术规范是基本要求，同时强制执行和必要的惩罚必不可少。关于《建筑法》《安全生产法》《工程建设标准强制性条文》等一系列法律、法规的规定，都是在不断强调和规范安全生产，加强政府的监督管理，做到对各种生产违法行为的强制制裁有法可依。

安全是生产的法定条件，安全生产不能因领导人的看法和注意力的改变而改变。项目的安全机构设置、人员配备、安全投入、防护设施用品等都必须采取强制性措施予以落实，"三违"现象（违章指挥、违章操作、违反劳动纪律）必须采取强制性措施加以杜绝，一旦出现安全事故，首先追究项目经理的责任。

（二）内容

根据施工项目的实际情况和施工内容，识别风险和安全隐患，找出安全管理控制点。根据识别的重大危险源清单和相关法律法规，编制相应管理方案和应急预案。组织有关人员对方案和预案进行充分性、有效性、适宜性的评审，完善控制的组织措施和技术措施。

进行安全策划（脚手架工程、高处作业、机械作业、临时用电、动用明火、沉井、深挖基础、爆破作业、铺架施工、既有线施工、隧道施工、地下作业等要作出规定），编制安全规划和安全措施费的使用计划；制定施工现场安全、劳动保护、文明施工和作业环境保护措施，编制临时用电设计方案；按安全、文明、卫生、健康的要求布置生产（安全）、生活（卫生）设施；落实施工机械设备、安全设施及防护用品进场计划的验收；进行施工人员上岗安全培训、安全意识教育（三级安全教育）；对从事特种作业和危险作业人员、四新人员要进行专业安全技能培训，对从业资格进行检查；对洞口、临边、高处作业所采取的安全防护措施（"三宝"：安全帽、安全带、安全网；"四口"：楼梯口、电梯井口、预留洞口、通道口），指定专人负责搭设和验收；对施工现场的环境（废水、尘毒、噪声、振动、坠落物）进行有效控制，防止职业危害的发生；对现场的油库和炸药库等设施进行检查；编制施工安全技术措施等。

进行安全检查，按照分类方式的不同，安全检查可以分为定期和不定期检查；专业性和季节性检查；班组检查和交接检查。检查可通过"看""量""测""现场操作"等检查方法进行。检查内容包括：安全生产责任制、安全保证计划、安全组织机构、安全保证措施、安全技术交底、安全教育、安全持证上岗、安全设施、安全标识、操作行为、规范管理、安全记录等。安全检查的重点是违章指挥和违章作业、违反劳动纪律。还有就是安全技术措施的执行情况，这也是施工现场安全保障的前提。

针对检查中发现的问题，下达"隐患整改通知书"，按规定程序进行整改，同时制定相应的纠正措施，现场安全员组织员工进行原因分析总结，吸取其中的教训。并对纠正措施的实施过程和效果进行跟踪验证。针对已发生的事故，按照应急程序进行处置，使损失最小化。对事故是否按处理程序进行调查处理，应急准备和响应是否可行进行评价，并改进、完善方案。

三、安全生产的政府监督与管理

（一）安全生产监管的概念

建筑工程安全生产管理依据管理的对象和范围可以分为宏观层面的安全生产管理和微观层面的安全生产管理。本节主要针对宏观层面的建筑工程安全生产管理，即安全生产监督管理进行阐述。建筑工程安全生产监督管理是对建筑业的安全生产进行管理，指建设行政主管部门以及国家安全生产监督管理机构遵循一定的组织原则，分工合作，依照有关安全法律、法规、规章对建筑企业的安全生产进行监督、检查，督促和引导建筑企业改善和提高安全生产效果的过程。具体包括政府职能部门的行业监督以及建设工程安全监督机构的执法监督两方面。

建筑安全生产管理的实施，必须借助科学的建筑安全生产管理体系，在这个体系内，安全生产监督管理部门和建设行政主管部门之间的关系顺畅，对建筑企业的监督管理分工明确，职责分明，最终的效果是共同监督建筑安全法律法规的实施，有效引导建筑企业自主重视安全生产。

目前，我国建筑业实行的是政府监督下的三方管理体制，如图1-2所示。在这种体制下三方对建筑施工安全共同负有责任，政府作为三方的主管单位使这三方的关系达到协调作用，所以政府的监督管理是非常重要的。建筑安全生产管理的关键是监督，如何适应社会经济的变化，有效化解建筑安全的风险，这是对建筑安全监督提出的具有挑战性的课题。只有不断更新安全监督思路，改进安全监督的理念，才能真正发挥安全监督应有的作用。

（二）安全生产监管的主要内容

1.对监理单位的安全生产监督管理

建设行政主管部门对工程监理单位安全生产监督检查的主要内容是：

（1）将安全生产管理内容纳入监理规划的情况，以及在监理规划和中型以上工程的监理细则中制定对施工单位安全技术措施的检查方面的情况；

（2）审查施工企业资质和安全生产许可证、三类人员及特种作业人员取得考核合格证书和操作资格证书情况；

（3）审核施工企业安全生产保证体系、安全生产责任制、各项规章制度和安全监管机构建立及人员配备情况；

（4）审核施工企业应急救援预案和安全防护、文明施工措施费用使用计划情况；

（5）审核施工现场安全防护是否符合投标时的承诺和《建筑施工现场环境与卫生标准》等标准要求情况；

（6）复查施工单位施工机械和各种设施的安全许可验收手续情况；

（7）审查施工组织设计中的安全技术措施或专项施工方案是否符合建设强制性标准；

（8）定期巡视检查危险性较大的工程作业；

（9）下达隐患整改通知单，要求施工单位整改事故隐患或暂时停工，对隐患整改结果是否复查。

2.对建设单位的安全生产监督管理

建设行政主管部门对建设单位安全生产监督检查的主要内容是：

（1）申领施工许可证时，提供建筑工程有关安全施工措施资料的情况；按规定办理工程质量和安全监督手续的情况；

（2）按照国家有关规定和合同约定向施工单位拨付建筑工程安全防护、文明施工措施费用的情况；

（3）向施工单位提供施工现场及毗邻区域内地下管线资料、气象和水文观测资料，相邻建筑物和构筑物、地下工程等有关资料的情况；

有无明示或暗示施工单位购买、租赁、使用不符合安全施工要求的安全防护用具、机械设备、施工机具及配件、消防设施和器材的行为。

3.对施工单位的安全生产监督管理

建设行政主管部门对施工单位安全生产监督管理的方式主要有两种：一是日常监管；二是安全生产许可证动态监管。监管的主要内容是：

（1）《安全生产许可证》办理情况；

（2）建筑工程安全防护、文明施工措施费用的使用情况；

（3）设置安全生产管理机构和配备专职安全管理人员情况；

（4）三类人员经主管部门安全生产考核情况；

（5）特种作业人员持证上岗情况；

（6）安全生产教育培训计划制定和实施情况；

（7）施工现场作业人员意外伤害保险办理情况；

（8）职业危害防治措施制定情况，安全防护用具和安全防护服装的提供及使用管理情况；

（9）施工组织设计和专项施工方案编制、审批及实施情况；

（10）生产安全事故应急救援预案的建立与落实情况；

（11）企业内部安全生产检查开展和事故隐患整改情况；

（12）重大危险源的登记、公示与监控情况；

（13）生产安全事故的统计、报告和调查处理情况。

4.对施工现场的安全生产监督管理

建设行政主管部门对工程项目开工前的安全生产条件审查包括：

（1）在颁发项目施工许可证前，建设单位或建设单位委托的监理单位，应当审查施工企业和现场各项安全生产条件是否符合开工要求，并将审查结果报送工程所在地建设行政主管部门。审查的主要内容是：施工企业和工程项目安全生产责任体系、制度、机构建立情况，安全监管人员配备情况，各项安全施工措施与项目施工特点结合情况，现场文明施工、安全防护和临时设施等情况；

（2）建设行政主管部门对审查结果进行复查。必要时，到工程项目施工现场进行抽查。

建设行政主管部门对工程项目开工后的安全生产监管包括：

（1）工程项目各项基本建设手续办理情况，有关责任主体和人员的资质和执业资格情况；

（2）施工、监理单位等各方主体按相关要求履行安全生产监管职责情况；

（3）施工现场实体防护情况，施工单位执行安全生产法律、法规和标准规范情况；

（4）施工现场文明施工情况。

5.对勘察设计单位的安全生产监督管理

建设行政主管部门对勘察、设计单位安全生产监督检查的主要内容是：

（1）勘察单位按照工程建设强制性标准进行勘察情况；提供真实、准确的勘察文件情况；采取措施保证各类管线、设施和周边建筑物、构筑物安全的情况。

（2）设计单位按照工程建设强制性标准进行设计情况；在设计文件中注明施工安全重点部位、环节以及提出指导意见的情况；采用新结构、新材料、新工艺或特殊结构的建筑工程，提出保障施工作业人员安全和预防生产安全事故措施建议的情况。

6.对其他有关单位的安全生产监督管理

建设行政主管部门对其他有关单位安全生产监督检查的主要内容是：

（1）机械设备、施工机具及配件的出租单位提供相关制造许可证、产品合格证、检测合格证明的情况；

（2）施工起重机械和整体提升脚手架、模板等自升式架设设施安装单位的资质、安全施工措施及验收调试等情况；

（3）施工起重机械和整体提升脚手架、模板等自升式架设设施的检验检测单位资质和出具安全合格证明文件情况。

（三）安全生产监管机构及主要监管职能

1.安全生产监管机构

（1）安全生产监督管理部门

《建设工程安全生产管理条例》第三十九条规定：国务院负责安全生产监督管理的部门对全国建设工程安全生产工作实施综合监督管理；县级以上地方人民政府负责安全生产监督管理的部门对本行政区域内建设工程安全生产工作实施综合监督管理。

《安全生产许可证条例》第十二条规定：国务院安全生产监督管理部门和省、自治区、直辖市人民政府安全生产监督管理部门对施工企业、民用爆破器材生产企业、煤矿企业取得安全生产许可证的情况进行监督。

（2）建设行政主管部门

《中华人民共和国建筑法》第六条规定：国务院建设行政主管部门对全国的建筑活动实施统一监督管理。

《建设工程安全生产管理条例》第四十条规定：国务院建设行政主管部门对全国的建设工程安全生产实施监督管理；县级以上地方人民政府建设行政主管部门对本行政区域内的建设工程安全生产实施监督管理；国务院铁路、交通、水利等有关部门按照国务院规定的职责分工，负责有关专业建设工程安全生产的监督管理；县级以上地方人民政府交通、水利等有关部门在各自的职责范围内，负责本行政区域内的专业建设工程安全生产的监督管理。同时第四十四条还规定：建设行政主管部门或者其他有关部门可以将施工现场的监督检查委托给建设工程安全监督机构具体实施。

2.安全生产监管机构主要监管职能

安全生产监督管理部门的主要职能如下：

（1）安全监督：对安全生产工作实施综合监督管理；依法对安全生产事项审查批准（包括批准、核准、许可、注册、认证、颁发证照等）或者验收；对生产经营单位执行法律法规和标准情况进行监督检查。

（2）安全生产许可证的监督和管理：国务院安全生产监督管理部门和省、自治区、直辖市人民政府安全生产监督管理部门对施工企业、民用爆破器材生产企业、煤矿企业取得安全生产许可证的情况进行监督。

（3）事故预防、调查：建立事故举报制度，按照规定程序进行事故上报；组织事故救援；建立值班制度，受理事故报告和举报；监督检查事故发生单位落实防范和整改措施的情况。

建设行政主管部门的主要职能如下：

（1）安全监督：依照《中华人民共和国安全生产法》的规定，对建设工程安全生产工作实施综合监督管理；负有建设工程安全生产监督管理职责的部门在各自的职责范围内履行安全监督检查职责时，有权采取下列措施：

1）要求被检查单位提供有关建设工程安全生产的文件和资料；

2）进入被检查单位施工现场进行检查；

3）纠正施工中违反安全生产要求的行为；

4）对检查中发现的安全事故隐患，责令立即排除；重大安全事故隐患排除前或者排除过程中无法保证安全的，责令从危险区域内撤出作业人员或者暂时停止施工。

（2）安全生产许可证的监督和管理：负责施工企业安全生产许可证的颁发和管理；建立许可证档案管理制度；向同级安监部门通报许可证颁发和管理情况；对取得许可证的企业进行监督检查。

（3）行政审批：依法进行行政审批；对取得批准的单位进行监督检查，对不具备安全条件的，撤销原批准；未依法取得批准，擅自从事有关活动的，发现或接到举报后，应立即查封、取缔，并给予行政处罚。审核发放施工许可证时，对安全施工措施进行审查；将建设单位申请施工许可证和拆除工程的材料抄送同级安监部门。

（4）事故预防、调查：受理建设工程生产安全事故及事故隐患的检举、控告和投诉；制定建设工程特大生产安全事故应急救援预案；制定严重危及施工安全的工艺、设备和材料淘汰目录。

3.安全生产监管机构组织关系

我国政府对建设工程安全生产的监督管理采用综合管理和行业管理相结合的机制，组织关系为：国家安全生产监督管理局作为国务院负责安全生产监督管理的部门，对全国的安全生产工作实施综合管理、全面负责，并从综合管理全国安全生产的角度，指导、协调和监督各行业或领域的安全生产监督管理工作；国务院建设行政主管部门对全国的建设工程安全生产实施统一的监督管理和国务院铁路、交通、水利等有关部门按照国务院的职责分工，分别对专业建筑工程安全生产实施监督管理；县级以上地方人民政府建设行政主管部门和各有关部门则分别对本行政区内的建设工程和专业建设工程的安全生产工作，按各自的职责范围实施监督管理，并依法接受本行政区内安全生产监督管理部门和劳动行政主管部门对建设工程安全生产监督管理工作的指导和监督；建设工程安全监督机构接受县级以上地方人民政府建设行政主管部门的委托，行使建设工程安全监督的行政职能。

（四）安全生产监管的手段

安全监督管理手段可以从法律、经济、行政、文化四个方面入手：

1.法律手段

政府通过法律来规范建筑安全管理活动，体现政府的意志，保证建筑安全管理目标的实现，就是法律手段。包括法律和制度的制定、执行和遵守，要做到"有法可依，有法必依，执法必严，违法必究"。

2.行政手段

行政手段包括行政许可、行政干预等。

建设行政主管部门的行政许可是指在法律规定的权限范围内，行政主体根据行政相对人的申请，通过颁发许可证或执照等形式，依法赋予特定的行政相对人从事某种活动或实施某种行为的权利或资格的行政行为。行政许可是对法律一般禁止的解除，通过许可制度控制准入以确保符合一定标准或条件的行政相对人获得某种权利或资格，达到某种行政管理目标。比如建设行政主管部门负责施工企业施工许可证和安全生产许可证的颁发和管理。

3.文化手段

预防事故的核心在于提高企业从业人员的安全意识、安全素质，而文化手段是实现这一目标的根本途径。文化手段是能够直接引起安全文化进步的各种有效措施的总称，而安全文化是指对安全的理解和态度或处理与风险相关的问题的模式和规则。因此，利用文化手段加强建筑安全管理是明智之举。一般文化手段包括以下几个方面：

（1）安全培训；

（2）开展安全生产月活动；

（3）定期安全检查；

（4）建设安全生产文明工地。

4.经济手段

安全仅依靠法律制度硬性压制的效果是非常有限的，必须借助市场经济杠杆的巨大调节作用，充分调动各方的主动性自发地追求良好的安全业绩，这也充分体现了市场经济的作用。

经济手段是指政府根据建筑安全的经济属性和经济规律，运用价格、信贷、税费等经济杠杆来达到和促进建筑安全目标的各种具体方式的总称。是各类责任主体通过各类保险和担保为自己编织一个安全网，维护自身利益，同时运用经济杠杆使质量好、信誉高的企业得到经济利益，是预防事故的最好方法。

四、安全管理中的不安全因素识别

（一）我国建筑行业事故成因分析

1.思想认识不到位企业重生产、轻安全的思想仍普遍存在

企业作为安全生产的主体，缺乏完善的自我约束机制，在一切以经济效益为中心的生产经营活动中，或多或少出现了放松安全管理的行为。企业主要侧重于市场开发和投标方面的经营业务，对安全问题不够重视，在安全方面的资源投入明显不足，没有处理好质量安全、效益、发展之间的关系，没有把质量安全工作真正摆在首要的位置来抓，只顾眼前利益，而忽视了企业可持续发展能力的培养。

2.行业的高风险性

建筑业属事故多发性行业之一，其露天作业、高空作业较多。据统计，一般工程施工中露天作业约占整个工作量的70%以上，高处作业约占90%以上；施工环境容易受到地质、气候、卫生、周围及社会等条件的影响，具有较强的不确定性。

所以，建筑产品的生产和交易方式的特殊性以及政策敏感性等决定了建筑业是一个高风险产业，面临着经营风险、行业风险、市场风险、政策风险、环境风险等多种风险因素。以上特点容易转化为建筑生产过程中的不安全状态、不安全行为，也造成发生事故的起因物、致害物较多，伤害方式多种多样。

3.安全管理水平低下

主要体现在以下5个方面

（1）企业安全生产责任制未全面落实。大部分企业都制定了安全生产规章制度和责任制度，但部分企业对机构建设、专业人员配备、安全经费投入、职工培训等方面的责任未能真正落实到实际工作中；机构与专职安全管理人员形同虚设，施工现场违章作业、违章指挥的"二违"现象时有发生；企业安全管理粗放，基础工作薄弱，涉及安全生产的规定、技术标准和规范得不到认真执行，安全检查流于形式，事故隐患得不到及时整改，违规处罚不严。

（2）企业安全生产管理模式落后，治标不治本。部分企业没有从"经验型"和"事后型"的管理方法中摆脱出来，"安全第一，预防为主，综合治理"的安全生产方针未真正落实，对从根本上、源头上深入研究事故发生的突发性和规律性重视不够，安全管理工作松松紧紧、抓抓停停，难以有效预防各类事故的发生。

（3）安全投入不足，设备老化情况严重。长期以来，我国建筑企业在安全生产工作中人力、物力、财力的投入严重不足。加之当前建筑市场竞争激烈而又不规范，压价和拖欠工程款现象严重，企业的平均赢利越来越薄，安全生产的投入就更加难以保

证。许多使用多年的陈旧设备得不到及时维护、更新、改造，设备带"病"运行现象频频出现，不能满足安全生产的要求，这样就为建筑安全事故的发生埋下了隐患。

（4）企业内部安全教育培训不到位。建筑业一线作业人员以农民工为主，其安全意识较淡薄、自我保护能力较差、基本操作技能水平较低。据统计，经济发达国家高级技工占到从业工人的35%以上，而我国仅占7%左右。建筑业的从业人员75%以上属农民工，大都没有经过系统的教育培训，高级技工所占的比例就更少。目前事故伤害者大多发生在这部分人员当中。

（5）监理单位未有效履行安全监理职责。《建设工程安全生产条例》及住房和城乡建设部《关于落实建设工程安全生产监理责任的若干意见》中明确规定，监理单位负有安全生产监理职责。但目前监理单位大多对安全监理的责任认识不足，工作被动，并且监理人员普遍缺乏安全生产知识。主要原因在于监理费中没有包含安全监理费或者取费标准较低，只增加了监理单位的工作量，未增加相应报酬；安全监理责任的规定，可操作性较差；对监理单位和监理人员缺乏必要的制约手段。

4.市场秩序不够规范

从建筑市场运行的角度看，有市场交易、市场秩序不公平、不公正、不规范的问题。

5.政府主管部门监管不到位

（1）在机构设置、工作体制机制建设方面还不能适应当前建筑工程质量安全工作的需要。监督人员素质偏低的问题，很大程度上影响和制约着安全监督工作的开展和工作水平的提高。

（2）安全事故调查不按规定程序执行，违法违纪问题不能得到及时严厉的惩处，执法不严现象较为普遍。

（3）部分地区建设主管部门和质量安全监督机构对本地区质量安全管理薄弱环节和存在的主要问题把握不够，一些地方政府主管部门的质量安全监管责任不落实，监管力度不够。

（4）建筑安全监督机构缺乏有序协调。建筑企业同时面临来自住房和城乡建设部、国家安全生产监督管理总局、人力资源和社会保障部、卫生部和消防部门等各个系统的监督管理，但其中一些部门的职权划分尚不清楚，管理范围交叉重复，难免在实际管理中出现多头管理、政出多门、各行其是的现象，使得政府安全管理整体效能相对减弱，企业无所适从，负担加重。

（5）很多地方领导在思想上出于对地方政绩的考虑，对于安全事故存在大事化小、小事化了的思想，安全事故记录与管理缺乏权威性和真实性，建筑安全事故瞒报、漏报、不报现象时有发生。同时，在政府和部门工作人员中，也不排除存在腐败因素。

（6）安全检查的方式还是主要以事先告知型的检查为主，不是随机抽查及巡查，许多地方流于形式。对查出的隐患和发现的问题缺乏认真细致的研究分析，缺乏有效的、针对性强的措施与对策，致使安全监管工作实效性差，同类型安全问题大量重复出现。

（二）安全事故致因理论

为了对建筑工程安全事故采取最有效的措施，必须深入了解和识别事故发生的主要原因。最初，人们关注事故是因为事故导致了人员伤亡和财产损失，而且事故的表现形式是多种多样的，如高处坠落、机械伤害、触电、物体打击等，由此认为安全事故纯粹是由某些偶然的甚至无法解释的因素造成的。但是，现在人们对事物的认识已经随着科学技术的进步大大提高，可以说每一起事故的发生，尽管或多或少存在偶然性，但却无一例外都有着各种各样的必然原因，事故的发生有其自身的发展规律和特点。因此，预防和避免事故的关键，就在于找出事故发生的规律，识别、发现并消除导致事故的必然原因，控制和减少偶然原因，使发生事故的可能性降到最小，保证建设工程系统处于安全状态，而事故致因理论是掌握事故发生规律的基础。事故致因理论就是对形形色色的事故以及人、物和环境等要素之间的无穷变化进行研究，从中找到防止事故发生的方法和对策的理论。

1.综合因素论

综合因素论认为，在分析事故原因、研究事故发生机理时，必须充分了解构成事故的基本要素。研究的方法是从导致事故的直接原因入手，找出事故发生的间接原因，并分清其主次地位。

直接原因是最接近事故发生的时刻、直接导致事故发生的原因，包括不安全状态（条件）和不安全行为（动作）。这些物质的、环境的以及人的原因构成了生产中的危险因素（或称为事故隐患）。所谓间接原因，是指管理缺陷、管理因素和管理责任，它使直接原因得以产生和存在。造成间接原因的因素称为基础原因，包括经济、文化、学校教育、民族习惯、社会历史、法律等社会因素。

管理缺陷与不安全状态的结合，就构成了事故隐患。当事故隐患形成并偶然被人的不安全行为触发时，就必然发生事故。通过对大量事故的剖析，可以发现事故发生的一些规律。据此可以得出综合因素论，如图1-4所示。即生产作业过程中，由社会因素产生管理缺陷，进一步导致物的不安全状态或物的不安全行为，进而发生伤亡和损失。调查分析事故的过程正好相反：通过事故现象查询事故经过，进而了解物和人的原因等直接造成事故的原因；依此追查管理责任（间接原因）和社会因素（基础原因）。

很显然，这个理论综合地考虑了各种事故现象和因素，因而比较正确，有利于各种事故的分析、预防和处理，是当今世界上最为流行的理论。美国、日本和我国都主张按这种模式分析事故。

2.因果连锁论

海因里希最初提出的事故因果连锁过程包括以下五个因素：

（1）人的不安全行为或物的不安全状态：所谓人的不安全行为或物的不安全状态是指那些曾经引起过事故，或可能引起事故的行为，或机械、物质的状态，它们是造成事故的直接原因。例如，在起重机的吊物下停留，不发信号就启动机器，工作时间打闹或拆除安全防护装置等，都属于人的不安全行为；没有防护的传动齿论，裸露的带电体或照明不良等，都属于物的不安全状态。

（2）遗传及社会环境：遗传因素及社会环境是造成人的性格缺陷的主要原因。遗传因素可能造成鲁莽、固执等不良性格；社会环境可能妨碍教育、助长性格上的缺陷。

（3）事故：事故是由于物体、物质、人或放射线的作用或反作用，使人员受到伤害或可能受到伤害的，出乎意外的、失去控制的事件。

（4）人的缺点：人的缺点是使人产生不安全行为或造成机械、物质不安全状态的原因，包括鲁莽、固执、过激、神经质、轻率等性格的先天的缺点以及缺乏安全生产知识和技能等后天的缺点。

（5）伤害：由于事故而造成的人身伤害。

人们用多米诺骨牌来形象地描述这种事故因果连锁关系。在多米诺骨牌系列中，一颗骨牌被碰倒了，则将发生连锁反应，其余的几颗骨牌相继被碰倒。如果移去连锁中的一颗骨牌，则连锁被破坏，事故过程终止。海因里希认为，企业事故预防工作的中心就是防止人的不安全行为，消除机械的或物质的不安全状态，即抽取第三张骨牌就有可能避免第四、第五张骨牌的倒下，中断事故连锁的进程而避免事故的发生。这一理论从产生伊始就被广泛地应用于安全生产工作中，被奉为安全生产的经典理论，对后来的安全生产产生了巨大而深远的影响。施工现场要求每天工作开始前必须认真检查施工机具和施工材料，并且保证施工人员处于稳定的工作状态，正是这一理论在工程建设安全管理中的应用和体现。

（三）不安全因素

由于具体的不安全对象不同或受安全管理活动限制等原因，不安全因素在作业过程中处于变化的状态。由于事故与原因之间的关系是复杂的，不安全因素的表现形式也是多种多样的。根据前述事故致因理论以及对我国安全事故发生的主要原因进行分析，可以得到不安全因素主要包括人（Man）、物（Matter）、管理（Management）和环境（Medium）四个方面（即"4M"要素）。

1.人的因素

所谓人，包括操作人员、管理人员、事故现场的在场人员和其他人员等。人的因素是指由人的不安全行为或失误导致生产过程中发生的各类安全事故，是事故产生的最直接因素。各种安全生产事故，其原因不管是直接的还是间接的，都可以说是由人的不安全行为或失误引起的，可能导致物的不安全状态，导致不安全的环境因素被忽略，也可能出现管理上的漏洞和缺陷，还可能造成事故隐患并触发事故的发生。

人的因素主要体现为人的不安全行为和失误两个方面。

人的不安全行为是由人的违章指挥、违规操作等引起的不安全因素，如进入施工现场没有佩戴安全帽，必须使用防护用品时未使用，需要持证上岗的岗位由其他人员替代，未按技术标准操作，物体的摆放不安全，冒险进入危险场所，在起吊物下停留作业，机器运转时进行加油和修理作业，工作时说笑打闹，带电作业等。

人的失误是人的行为结果偏离了预定的标准。人的失误有两种类型，即随机失误和系统失误。随机失误是由人的行为、动作的随机性引起的，与人的心理、生理原因有关，它往往是不可预测，也不重复出现的。系统失误是由系统设计不足，或人的不正常状态引发的，与工作条件有关，类似的条件可能引发失误重复发生。造成人失误的原因是多方面的，施工过程中常见的失误原因包括如下：

（1）感知过程与人为失误。施工人员的失误涉及感知错误、判断错误、动作错误等，是造成建筑安全事故的直接原因。感知错误的原因主要是心理准备不足、情绪过度紧张或麻痹、知觉水平低、反应迟钝、注意力分散和记忆力差等。感知错误、经验缺乏和应变能力差，往往导致判断错误，从而导致操作失误。错综复杂的施工环境会使施工人员产生紧张和焦虑情绪，当应急情况出现时，施工人员的精神进入应急状态，容易出现不应有的失误现象，甚至出现冲动性动作等，为建筑安全事故的发生埋下了极大的隐患。

（2）动机与人为失误。动机是决定施工人员是否追求安全目标的动力源泉。有时，安全动机与其他动机产生冲突，而动机的冲突是造成人际失调和配合不当的内在动因。出于某种动机，施工班组成员可能产生畏惧心理、逆反心理或依赖心理。畏惧心理表现在施工班组成员缺乏自信，胆怯怕事，遇到紧急情况手足无措。逆反心理是由于自我表现动机、嫉妒心导致的抵触心态或行为方式对立。依赖心理是由于对施工班组其他成员的期望值过高而产生的。这些心理障碍影响施工班组成员之间的配合极易造成人为失误。

（3）社会心理品质与人为失误。社会心理品质涉及价值观、社会态度、道德感、责任感等，直接影响工人的行为表现，与建筑施工安全密切相关。在建筑项目施工过程中，个别班组成员的社会心理品质不良、缺乏社会责任感、漠视施工安全操作规程、以自我为中心处理与班组其他成员的关系、行为轻率，容易出现人为失误。

（4）个性心理特征与人为失误。施工人员的个性心理特征主要包括气质、性格和能力。个性心理特征对人为失误有明显的影响。比如，多血质型的施工人员如果从事单调乏味的工作时容易情绪不稳定；胆汁质型的施工人员固执己见、脾气暴躁，情绪冲动时难以克制；黏液质型的施工人员遇到特殊情况时反应慢，反应能力差。现在的施工单位在招聘劳务时，很少进行考核，更不用说进行心理方面的测试了，所以对施工人员的个性心理特征也就无从了解，分配施工任务时也就随意安排了。

（5）情绪与人为失误。情绪是人对客观事物是否满足自身需要的态度的体验。在不良的心境下，施工人员可能情绪低落，容易产生操作行为失误，最终导致建筑安全事故。过分自信、骄傲自大是安全事故的陷阱。施工人员的麻痹情绪、情绪上的长期压和适应障碍，会使心理疲劳频繁出现而诱发失误。

（6）生理状况与人为失误。疲劳是产生建筑安全事故的重大隐患。疲劳的主要原因是缺乏睡眠和昼夜节奏紊乱。如果施工人员服用一些治疗失眠的药物，也可能为建筑安全事故的发生埋下隐患。因此，经常进行教育、训练，合理安排工作，消除心理紧张因素，有效控制心理紧张的外部原因，使人保持最优的心理紧张度，对消除人为失误现象是很重要的。

人的因素中，人的不安全行为可控，并可以完全消除。而人的失误可控性较小，不能完全消除，只能通过各种措施降低失误的概率。

2.物的因素

对建筑行业来说，物是指生产过程中发挥一定作用的设备、材料、半成品、燃料、施工机械、生产对象以及其他生产要素。物的因素主要指物的故障原因而导致物处于一种不安全状态。故障是指物不能执行所要求功能的一种状态，物的不安全状态可以看作是一种故障状态。

物的故障状态主要有以下几种情况：机械设备、工器具存在缺陷或缺乏保养；存在危险物和有害物；安全防护装置失灵；缺乏防护用品或其有缺陷；钢材、脚手架及其构件等原材料的堆放和储存不当；高空作业缺乏必要的保护措施等。

物的不安全状态是生产中的隐患和危险源，在一定条件下，就会转化为事故。物的不安全状态往往又是由人的不安全行为导致的。

3.管理因素

大量的安全事故表明，人的不安全行为、物的不安全状态以及恶劣的环境状态，往往只是事故直接和表面的原因，深入分析可以发现发生事故的根源在于管理的缺陷。国际上很多知名学者都支持这一说法，其中最具有代表性的就是美国学者Petersen的观点，他认为造成安全事故的原因是多方面的，根本原因在于管理系统，包括管理的规章制度、管理的程序、监督的有效性以及员工训练等方面的缺陷等，是因管理失效造成了安全事故。英国健康与安全执行局（Health and Safety Executive，HSE）的统计表明，工作场所70%的致命事故是由于管理失控造成的；根据上海市历年重大伤亡事故抽样分析，92%的事故是由于管理混乱或管理不善引起的。

常见的管理缺陷有制度不健全、责任不分明、有法不依、违章指挥、安全教育不够、处罚不严、安全技术措施不全面、安全检查不够等。

人的不安全行为和物的不安全状态是可以通过适当的管理控制，予以消除或把影响程度降到最低。环境因素的影响是不可避免的，但是，通过适当的管理行为，选择适当的措施也可以把影响程度减到最低。人的不安全行为可以通过安全教育、安全生产责任制以及安全奖罚机制等管理措施减少甚至杜绝。物的不安全状态可以通过提高安全生产的科技含量、建立完善的设备保养制度、推行文明施工和安全达标等管理活动予以控制。对作业现场加强安全检查，就可以发现并制止人的不安全行为和物的不安全状态，从而避免事故的发生。

4.环境因素

事故的发生都是由人的不安全行为和物的不安全状态直接引起的。但不考虑客观的情况而一概指责施工人员的"粗心大意""疏忽"却是片面的，有时甚至是错误的。还应当进一步研究造成人的过失的背景条件，即不安全环境。环境因素主要指施工作业过程所在的环境，包括温度、湿度、照明、噪声和振动等物理环境，以及企业和社会的人文环境。不良的生产环境会影响人的行为，同时对机械设备也产生不良的作用。不良的物理环境会引起物的故障和人的失误，物理环境又可分为自然环境和生产环境。如施工现场到处是施工材料、机具乱摆放、生产及生活用电私拉乱扯，不但给正常生产生活带来不便，而且会引起人的烦躁情绪，从而增加事故发生概率；温度和湿度会影响设备的正常运转，引起故障，噪声、照明影响人的动作准确性，造成失误；冬天的寒冷，往往造成施工人员动作迟缓或僵硬；夏天的炎热往往造成施工人员的体力透支，注意力不集中；还有下雨、刮风、扬沙等天气，都会影响到人的行为和机械设备的正常使用。

人文环境会影响人的心理、情绪等，引起人的失误。如果一个企业从领导到职工，人人讲安全、重视安全，逐渐形成安全氛围，更深层次地讲，就是形成了企业安全文化，在这样一种环境下的安全生产是有保障的。

第二节　建筑设计安全文明施工

文明施工是指保持施工场地整洁、卫生，施工组织科学，施工程序合理的一种施工活动。工程项目达到了文明施工的要求，也就成为文明工地。

工程项目文明施工建设对企业改变经营管理状况，树立企业良好的形象，求得企业长远发展具有十分重要的意义和巨大的推动作用。

一、安全文明施工一般项目

为做到建筑工程的文明施工，施工企业在综合治理、公示标牌、社区服务、生活设施等一般项目的管理上也要给予重视。

（一）综合治理

施工现场应在生活区内适当设置工人业余学习和娱乐的场所，以使劳动后的员工也能有合理的休息方式。施工现场应建立治安保卫制度、治安防范措施，并将责任分解落实到人，杜绝发生盗窃事件，并有专人负责检查落实情况。

为促进综合治理基础工作的规范化管理，保证综合治理各项工作措施落实到位，项目部由安全负责人挂帅，成立由管理人员、工地门卫以及工人代表参加的治安保卫工作领导小组，对工地的治安保卫工作全面负责。

及时对进场职工进行登记造册，主动到公安外来人口管理部门申请领取暂住证，门卫值班人员必须坚持日夜巡逻，积极配合公安部门做好本工地的治安联防工作。

集体宿舍做到定人定位，不得男女混居，杜绝聚众斗殴、赌博、嫖娼等违法事件发生，不准留宿身份不明的人员，来客留宿工地的，必须经工地负责人同意并登记备案，以保证集体宿舍的安全。做好防火防盗等安全保卫工作，资金、危险品、贵重物品等必须妥善保管。经常性对职工进行法律法制知识及道德教育，使广大职工知法、懂法，从而减少或消除违法案件的发生。

严肃各项纪律制度，加强社会治安、综合治理工作，健全门卫制度和各项综合管理制度，增强门卫的责任心。门卫必须坚持对外来人员进行询问登记，身份不明者不准进入工地。夜间值班人员必须流动巡查，发现可疑情况，立即报告项目部进行处理。当班门卫一定要坚守岗位，不得在班中睡觉或做其他事情。发现违法乱纪行为，应及时予以劝阻和制止，对严重违法犯罪分子，应将其扭送或报告公安部门处理。夜间值班人员要做好夜间火情防范工作，一旦发现火情，立即发出警报，火情严重的要及时报警。搞好警民联系，共同协作搞好社会治安工作。及时调解职工之间的矛盾和纠纷，防止矛盾激化，对严重违反治安管理制度的人员进行严肃处理，确保全工程无刑事案件、无群体斗殴、无集体上访事件发生，以求一方平安，保证工程施工正常进行。

公司综合治理领导小组每季度召开一次会议，特殊情况下可随时召开。各基层单位综合治理领导小组每月召开一次会议，并有会议记录。公司综合治理领导小组每季度向上级汇报公司综合治理工作情况，项目部每月向公司综合治理领导小组书面汇报本单位综合治理工作情况，特殊情况应随时向公司汇报。

1.综合治理检查

综合治理检查包括以下几个方面。

（1）治安、消防安全检查。公司对各生活区、施工现场、重点部位（场所）采用平时检查（不定期地下基层、工地）与集中检查（节假日、重大活动等）相结合的办法实施检查、督促。项目部对所属重点部位至少每月检查一次，对施工现场的检查，特别是消防安全检查，每月不少于两次，节假日、重大活动的治安、消防检查应有领导带队。

（2）夜间巡逻检查。有专职夜间巡逻的单位要坚持每天进行巡逻检查，并灵活安排巡逻时间和路线；无专职夜间巡逻队的单位要教育门卫、值班人员加强巡逻和检查，保卫部门应适时组织夜间突击检查，每月不少于一次。

（3）分包单位管理。分包单位在签订《生产合同》的同时必须签订《治安、防火安全协议》，并在一周内提供分包单位施工人员花名册和身份证复印件，按规定办理暂住证，缴纳城市建设费。分包单位治安负责人要经常对本单位宿舍、工具间、办公室的安全防范工作进行检查，并落实防范措施。分包单位治安负责人联谊会每月召开一次。治安、消防责任制的检查，参照本单位治安保卫责任制进行。

2.法制宣传教育和岗位培训

加强职工思想道德教育和法制宣传教育，倡导"爱祖国、爱人民、爱劳动、爱科学、爱社会主义"的社会风尚，努力培养"有理想、有道德、有文化、守纪律"的社会主义劳动者。

积极宣传和表彰社会治安综合治理工作的先进典型以及为维护社会治安做出突出贡献的先进集体和先进个人，在工地范围内创造良好的社会舆论环境。

定期召开职工法制宣传教育培训班（可每月举办一次），并组织法制知识竞赛和考试，对优胜者给予表扬和奖励。

清除工地内部各种诱发违法犯罪的文化环境，杜绝职工看黄色录像、打架斗殴等现象发生。

加强对特殊工种人员的培训，充分保证各工种人员持证上岗。

积极配合公安部门开展法制宣传教育，共同做好刑满释放、解除劳教人员和失足青年的帮助教育工作。

3.住处管理报告

公司综合治理领导小组每月召开一次各项目部治安责任人会议，收集工地内部违法、违章事件。每月和当地派出所、街道综合治理办公室开碰头会，及时反映社会治安方面存在的问题。工地内部发生紧急情况时，应立即报告分公司综合治理领导小组，并会同公安部门进行处理、解决。

4.社区共建

项目部综合治理领导小组每月与驻地街道综合治理部门召开一次会议，讨论、研究工地文明施工、环境卫生、门前三包等措施。各项目部严格遵守市建委颁布的不准夜间施工规定，大型混凝土浇灌等项目尽量与居民取得联系，充分取得居民的谅解，搞好邻里关系。认真做好竣工工程的回访工作，对在建工程加强质量管理。

5.值班巡逻

值班巡逻的护卫队员、警卫人员，必须按时到岗，严守岗位，不得迟到、早退和擅离职守。

当班的管理人员应会同护、警卫人员加强警戒范围内巡逻检查，并尽职尽责。专职值勤巡逻的护、警卫人员要勤巡逻，勤检查，每晚不少于5次，要害、重点部位要重点察看。巡查中，发现可疑情况，要及时查明。发现报警要及时处理，查出不安全因素要及时反馈，发现罪犯要奋力擒拿、及时报告。

6.门卫制度

外来人员一律凭证件（介绍信或工作证、身份证）并有正确的理由，经登记后方可进出。外部人员不得借内部道路通行。

机动车辆进出应主动停车接受查验，因公外来车辆，应按指定部位停靠，自行车进出一律下车推行。

物资、器材出门，一律凭出门证（调拨单）并核对无误后方可出门。

外单位来料加工（包括材料、机具、模具等）必须经门卫登记。出门时有主管部门出具的证明，经查验无误注销后方可放行。物、货出门凡出门证的，门卫有权扣押并报主管部门处理。

严禁无关人员在门卫室长时间逗留、看报纸杂志、吃饭和闲聊，更不得寻衅闹事。

门卫人员应严守岗位职责，发现异常情况及时向主管部门报告。

7.集体宿舍治安保卫管理

集体宿舍应按单位指定楼层、房间和床号相应集中居住，任何人不得私自调整楼层、房间或床号。

住宿人员必须持有住宿证、工作证（身份证）、暂住证，三证齐全。凡无住宿证的依违章住宿处罚。每个宿舍有舍长，有宿舍制度、值日制度，严禁男女混宿和脏、乱、差的现象发生。住宿人员应严格遵守住宿制度，职工家属探亲（半月为限），需到项目部办理登记手续，经有关部门同意后安排住宿。严禁私带外来人员住宿和闲杂人员入内。

住宿人员严格遵守宿舍管理制度，宿舍内严禁使用电炉、煤炉、煤油炉和超过60W的灯泡，严禁存放易燃、易爆、剧毒、放射性物品。

注意公共卫生，严禁随地大小便和向楼下泼剩饭、剩菜、瓜皮果壳和污水等。住宿人员严格遵守公司现金和贵重物品管理制度，宿舍内严禁存放现金和贵重物品。

爱护宿舍内一切公物（门、窗、锁、台、凳、床等）和设施，损坏者照价赔偿。宿舍内严禁赌博，起哄闹事，酗酒滋事，大声喧哗和打架斗殴。严禁私拉乱接电线等行为。

8.物资仓库消防治安保卫管理

物资仓库为重点部位。要求仓库管理人员岗位责任制明确，严禁脱岗、漏岗、串岗和擅离职守，严禁无关人员入库。

各类入库材料、物资，一律凭进料入库单经核验无误后入库，发现短缺、损坏、物单不符等一律不准入库。

各类材料、物资应按品种、规格和性能堆放整齐。易燃、易爆和剧毒物品应专库存放，不得混存。

发料一律凭领料单。严禁先发料后补单，仓库料具无主管部门审批一律不准外借。退库的物资材料，必须事先分清规格，鉴定新旧程度，列出清单后再办理退库手续，报废材料亦应分门别类放置统一处理。

仓库人员严格执行各类物资、材料的收、发、领、退等核验制度，做到日清月结、账、卡、物三者相符，定期检查，发现差错应及时查明原因，分清责任，报部门处理。

仓库严禁火种、火源。禁火标志明显，消防器材完好，并熟悉和掌握其性能及使用方法。

仓库人员应提高安全防范意识，定期检查门窗和库内电器线路，发现不安全因素及时整改。离库和下班后应关锁好门窗，切断电源，确保安全。

9.财务现金出纳室治安保卫管理

财务科属重点部位，无关人员严禁进出。

门窗有加固防范措施，技术防范报警装置完好。

严格执行财务现金管理规定，现金账目日结日清，库存过夜现金不得超过规定金额，并要存放于保险箱内。

严格支票领用审批和结算制度，空白支票与印章分人管理，过夜存放保险箱。不准向外单位提供银行账号和转借支票。保险箱钥匙专人保管，随身携带，不得放在办公室抽屉内过夜。

财务账册应妥善保管，做到不失散、不涂改、不随意销毁，并有防霉烂、虫蛀等措施。下班离开时，应检查保险箱是否关锁，门窗关锁是否完好，以防意外。

10.浴室治安保卫管理

浴室专职专管人员应严格履行岗位职责，按规定时间开放、关闭浴室。

就浴人员应自觉遵守浴室管理制度，服从浴室专职人员的管理。就浴中严禁在浴池内洗衣、洗物，对患有传染病者不得安排就浴。

自觉维护浴室公共秩序。严禁撬门、爬窗，更不得起哄打架，损坏公物一律照价赔偿。

11.班组治安保卫

治安承包责任落实到人，保证全年无偷窃、打架斗殴、赌博、流氓等行为。组织职工每季度不少于一次学法，提高职工的法制意识，自觉遵守公司内部治安管理的各项规章制度和社会公德，同违法乱纪行为做斗争。

做好班组治安防范。"四防"工作逢会必讲，形成制度。工具间（更衣室）门、窗关闭牢固，实行一把锁一把钥匙，专人保管。班后关闭门窗，切断电源，责任到人。严格遵守公司"现金和贵重物品"的管理制度。工具箱、工作台不得存放现金和贵重物品。

严格对有色金属（包括各类电导线、电动工具等）的管理，执行谁领用、谁负责保管的制度。班后或用后一律入箱入库集中保管，因不负责任丢失或失盗的，由责任人按价赔偿。

严格执行公司有关用火、防火、禁烟制度。无人在禁火区域吸烟（木工间木花必须日做日清），无人在工棚、宿舍、工具间内违章使用电炉、煤炉和私接乱接电源，确保全年无火警、火灾事故。

12.治安、值班

门卫保安人员负责守护工地内一切财物。值班应注意服装仪容的整洁。值班时间内保持大门及其周围环境整洁。闲杂人员、推销员一律不得进入工地。所有人员进入工地必须戴好安全帽。外来人员到工地联系工作必须在门卫处等候，门卫联系有关管理人员确认后，由门卫登记好后，戴好安全帽方可进入工地。如外来人员未携带安全帽，则必须在门卫处借安全帽，借安全帽时可抵押适当物品并在离开时赎回。

门卫保安人员对所负责保护的财物，不得转送变卖、破坏及侵占。否则，除按照物品财务价值的双倍处罚外，情节严重的直接予以开除处理。上班时不得擅离职守，值班时严禁喝酒、赌博、睡觉或做勤务以外的事。

对进入工地的车辆，应询问清楚并登记。严格执行物品、材料、设备、工具携出的检查。夜间值班时要特别注意工地内安全，同时须注意自身安全。门卫保安人员应将值班中所发生的人、事、物明确记载于值班日记中，列入移交，接班者必须了解前班交代的各项事宜，必须严格执行交接班手续，下一班人员未到岗前不得擅自下岗。

车辆或个人携物外出，均需在保管室开具的出门证，没有出门证一律不许外出。物品携出时，警卫人员应按照物品携出核对物品是否符合，如有数量超出或品名不符者，应予扣留查报或促其补办手续。凡运出、入工地的材料，值班人员必须写好值班记录，如有出入则取消当日出勤。

加强值班责任心，发现可疑行动，应及时采取措施。晚上按照工地实际情况及时关闭大门。非经特许，工地内禁止摄影，照相机也禁止携入。发现偷盗应视情节轻重，轻者予以教育训诫，重者报警，合理运用《治安管理处罚条例》，严禁使用私刑。

（二）公示标牌

施工现场必须设置明显的公示标牌，标明工程项目名称、建设单位、设计单位、施工单位、项目经理和施工现场总代表人的姓名、开工和竣工日期、施工许可证批准文号等。施工单位负责施工现场标牌的保护工作，施工现场的主要管理人员在施工现场应当佩戴证明其身份的证卡。

施工现场的进口处应有整齐明显的"五牌一图"，即工程概况牌、工地管理人员名单牌、消防保卫牌、安全生产牌、文明施工牌、施工现场平面图。图牌应设置稳固，规格统一，位置合理，字迹端正，线条清晰，表示明确。

标牌是施工现场重要标志的一项内容，不但内容应有针对性，同时标牌制作、悬挂也应规范整齐，字体工整，为企业树立形象、创建文明工地打好基础。

为进一步对职工做好安全宣传工作，要求施工现场在明显处，应有必要的安全宣传图牌，主要施工部位、作业点和危险区域以及主要通道口都应设有合适的安全警告牌和操作规程牌。

施工现场应该设置读报栏、黑板报等宣传园地，丰富学习内容，表扬好人好事。在施工现场明显处悬挂"安全生产，文明施工"宣传标。

项目部每月出一期黑板报，全体由项目部安全员负责实施；黑板报的内容要有一定的时效性、针对性、可读性和教育意义；黑板报的取材可以有关质量、安全生产、文明施工的报纸、杂志、文件、标准，与建筑工程有关的法律法规、环境保护及职业健康方面的内容；黑板报的主要内容，必须切合实际，结合当前工作的现状及工程的需要；初稿形成必须经项目部分管负责人审批后再出刊；在黑板报出刊时，必须在落款部位注明第几期，并附有照片。

（三）社区服务

加强施工现场环保工作的组织领导，成立以项目经理为首，由技术、生产、物资、机械等部门组成的环保工作领导小组，设立专职环保员一名。建立环境管理体系，明确职责、权限。建立环保信息网络，加强与当地环保局的联系。

积极全面地开展环保工作，建立项目部环境管理体系，成立环保领导小组，定期或不定期进行环境监测监控。加强环保宣传工作，提高全员环保意识。现场采取图片、表扬、评优、奖励等多种形式进行环保宣传，将环保知识的普及工作落实到每位施工人员身上。对上岗的施工人员实行环保达标上岗考试制度，做到凡是上岗人员均须通过环保考试。现场建立环保义务监督岗制度，保证及时反馈信息，对环保做得不周之处及时提出整改方案，积极改进并完善环保措施。每月进行三次环保噪声检查，发现问题及时解决。严格按照施工组织设计中环保措施开展环保工作，其针对性和可操作性要强。

施工单位应当遵守国家有关环境保护的法律规定，采取措施控制施工现场的各种粉尘、废气、废水、固体废物以及噪声、振动对环境的污染和危害。

应当采取下列防止环境污染的措施。

（1）妥善处理泥浆水，未经处理不得直接排入城市排水设施和河流。

（2）除附设有符合规定的装置外，不得在施工现场熔融沥青或焚烧油毡、油漆及其他会产生有毒有害烟尘和恶臭气体的物质。

（3）使用密封式的圈筒或者采取其他措施处理高空废弃物。

（4）采取有效措施控制施工过程中的扬尘。

（5）禁止将有毒有害废弃物用作土方回填。

（6）对产生噪声、振动的施工机械，应采取有效控制措施，减轻噪声扰民。

施工由于受技术、经济条件限制，对环境的污染不能控制在规定范围内的，建设单位应当会同施工单位事先报请当地人民政府建设行政主管部门和环境行政主管部门批准。必须进行夜间施工时，要进行审批，批准后按批复意见施工，并注意影响，尽量做到不扰民；与当地派出所、居委会取得联系，做好治安保卫工作，严格执行门卫制度，防止工地出现偷盗、打架、职工外出惹事等意外事情发生，防止出现扰民现象（特别是高考期间）。认真学习和贯彻国家、环境法律法规和遵守本公司环境方针、目标、指标及相关文件要求。

严格控制废水、污水排放，不许将废水、污水排到居民区或街道。防止粉尘污染环境，施工现场设明排水沟及暗沟，直接接通污水道，防止施工用水、雨水、生活用水排出工地。混凝土搅拌车、货车等车辆出工地时，轮胎要进行清扫，防止轮胎污物被带出工地。施工现场设垃圾箱，禁止乱丢乱放。

施工建筑物采用密目网封闭施工，防止靠近居民区出现其他安全隐患及不可预见性事故，确保安全可靠。采用高品混凝土，防止现场搅拌噪声扰民及水泥粉尘污染。用木屑除尘器除尘时，在每台加工机械尘源上方或侧向安装吸尘罩，通过风机作用，将粉尘吸入输送管道，送到普料仓。使用机械如电锯、砂轮、混凝土振捣器等噪声较大的设备时，应尽量避开人们休息的时间，禁止夜间使用，防止噪声扰民。

（四）生活设施

认真贯彻执行《环境卫生保护条例》。生活设应纳入现场管理总体规划，工地必须要有环境卫生及文明施工的各项管理制度、措施要求，并落实责任到人。有卫生专职管理人员和保洁人员，并落实卫生包干区和宿舍卫生责任制度，生活区应设置醒目的环境卫生宣传标语、宣传栏、各分片区的责任人牌，在施工区内设置饮水处、吸烟室、生活区内种花草，美化环境。

生活区应有除"四害"措施，物品摆放整齐，清洁，无积水，防止蚊、蝇滋生。生活区的生活设施（如水龙头、垃圾桶等）有专人管理，生活垃圾一日至少要早、晚清倒两次，禁止乱扔杂物，生活污水应集中排放。

生活区应设置符合卫生要求的宿舍、男女浴室或清洗设备、更衣室、男女水冲式厕所，工地有男女厕所，保持清洁。高层建筑施工时，可隔几层设置移动式的简单厕所，以切实解决施工人员的实际问题。施工现场应按作业人员的数量设置足够使用的沐浴设施，沐浴室在寒冷季节应有暖气、热水，且应有管理制度和专人管理。

食堂卫生符合《食品卫生法》的要求。炊事员必须持有健康证，着白色工作服工作。保持整齐清洁，杜绝交叉污染。食堂管理制度上墙，加强卫生教育，不食不洁食物，预防食物中毒，食堂有防蝇装置。

工地要有临时保健室或巡回医疗点，开展定期医疗保健服务，关心职工健康。高温季节施工要做好防暑降温工作。施工现场无积水，污水、废水不准乱排放。生活垃圾必须随时处理或集中加以遮挡，集中装入容器运送，不能与施工垃圾混放，并设专人管理。落实消灭蚊蝇滋生的承包措施，与各班组达成检查监督约定，以保证措施落实。保持场容整洁，做好施工人员有效防护工作，防止各种职业病的发生。施工现场作业人员饮水应符合卫生要求，有固定的盛水容器，并有专人管理。现场应有合格的可供食用的水源（如自来水），不准把集水井作为饮用水，也不准直接饮用河水。茶水棚（亭）的茶水桶做到加盖加锁，并配备茶具和消毒设备，保证茶水供应，严禁食用生水。夏季要确保施工现场的凉开水或清凉开水或清凉饮料供应，暑伏天可增加绿豆汤，防止中暑、脱水现象发生。积极开展除"四害"运动，消灭病毒传染体。现场落实消灭蚊蝇滋生的承包措施，与承包单位签订检查约定，确保措施落实。

二、安全文明施工保证项目

为做到建筑工程的文明施工，施工企业必须在现场围挡、封闭管理、施工现场、材料管理、现场办公与住宿、现场防火等保证项目上加强管理。

（一）围挡现场

工地四周应设置连续、密闭的围挡，其高度与材质应满足如下要求。

（1）市区主要路段的工地周围设置的围挡高度不低于2.5m；一般路段的工地周围设置的围挡高度不低于1.8m。市政工地可按工程进度分段设置围挡或按规定使用统一的、连续的安全防护设施。

（2）围挡材料应选用砌体，砌筑60cm高的底脚并抹光，禁止使用彩条布、竹笆、安全网等易变形的材料，做到坚固、平稳、整洁、美观。

（3）围挡的设置必须沿工地四周连续进行，不能有缺口。

（4）围挡外不得堆放建筑材料、垃圾和工程渣土、金属板材等硬质材料。

（二）封闭管理

施工现场实施封闭式管理。施工现场进出口应设置大门，门头要设置企业标志，企业标志是标明集团、企业的规范简称；设有门卫室，制定值班制度。设警卫人员，制定警卫管理制度，切实起到门卫作用；为加强对出入现场人员的管理，规定进入施工现场的人员都必须佩戴工作卡，且工作卡应佩戴整齐；在场内悬挂企业标志旗。

未经有关部门批准，施工范围外不准堆放任何材料、机械，以免影响秩序，污染市容，损坏行道树和绿化设施。夜间施工要经有关部门批准，并将噪声控制到最低限度。

工地、生活区应有卫生包干平面图，根据要求落实专人负责，做到定岗、定人，做好公共场所、厕所、宿舍卫生打扫、茶水供应等生活服务工作。工地、生活区内道路平整，无积水，要有水源、水斗、灭害措施、存放生活垃圾的设施，要做到勤清运，确保场地整洁。

宣传企业材料的标语应字迹端正、内容健康、颜色规范，工地周围不随意堆放建筑材料。围挡周围整洁卫生、不非法占地，建设工程施工应当在批准的施工场地内组织进行，需要临时征用施工场地或者临时占用道路的，应当依法办理有关批准手续。建设工程施工需要架设临时电网、移动电缆等，施工单位应当向有关主管部门报批，并事先通告受影响的单位和居民。

施工单位进行地下工程或者基础工程施工时发现文物、古化石、爆炸物、电缆等应当暂停施工，保护好现场，并及时向有关部门报告，按有关规定处理后，方可继续施工。

施工场地道路平整畅通，材料机具分类并按平面布置图堆放整齐、标志清晰。

工地四周不乱倒垃圾、淤泥，不乱扔废弃物；排水设施流畅，工地无积水；及时清理淤泥；运送建筑材料、淤泥、垃圾，沿途不漏撒；沾有泥沙及浆状物的车辆不驶出工地，工地门前无场地内带出的淤泥与垃圾；搭设的临时厕所、浴室有措施保证粪便、污水不外流。

单项工程竣工验收合格后，施工单位可以将该单项工程移交建设单位管理。全部工程验收合格后，施工单位方可解除施工现场的全部管理责任。

设门卫值班室，值班人员要佩戴执勤标志；门卫认真执行本项目门卫管理制度，并实行凭胸卡出入制度，非施工人员不得随便进入施工现场，确需进入施工现场的，警卫必须毙聆明证件，登记后方可进入工地；进入工地的材料，门卫必须进行登记，注明材料规格、品种、数量、车的种类和车牌号；外运材料必须有单位工程负责人签字，方可放行；加强对劳务队的管理，掌握人员底数，签订治安协议；非施工人员不得住在更衣室、财会室及职工宿舍等易发案位置，由专人管理，制定防范措施，防止发生盗窃案件；严禁赌博、酗酒、传播淫秽物品和打架斗殴，贵重、剧毒、易燃易爆等物品设专库专管，执行存放、保管、领用、回收制度，做到账物相符；职工携物出现场，要开出门证，做好成品保卫工作，制定具体措施，严防被盗、破坏和治安灾害事故的发生。

（三）施工场地

遵守国家有关环境保护的法律规定，应有效控制现场各种粉尘、废水、固体废弃物，以及噪声、振动对环境的污染和危害。

工地地面要做硬化处理，做到平整、不积水、无散落物。道路要畅通，并设排水系统、汽车冲洗台、三级沉淀池，有防泥浆、污水、废水措施。建筑材料、垃圾和泥土、泵车等运输车辆在驶出现场之前，必须冲洗干净。工地应严格按防汛要求，设置连续、通畅的排水设施，防止泥浆、污水、废水外流或堵塞下水道和排水河道。

工地道路要平坦、畅通、整洁、不乱堆乱放；建筑物四周浇捣散水坡施工场地应有循环干道且保持畅通，不堆放构件、材料；道路应平整坚实，施工场地应有良好的排水设施，保证畅通排水。项目部应按照施工现场平面图设置各项临时设施，并随施工不同阶段进行调整，合理布置。

现场要有安全生产宣传栏、读报栏、黑板报，主要施工部位作业点和危险区域，以及主要道路口要都设有醒目的安全宣传标语或合适的安全警告牌。主要道路两侧用钢管做扶栏，高度为1.2m，两道横杆间距0.6m，立杆间距不超过2m，40cm间隔刷黄黑漆作色标。工程施工的废水、泥浆应经流水槽或管道流到工地集水池，统一沉淀处理，不得随意排放和污染施工区域以外的河道、路面。施工现场的管道不得有跑、冒、滴、漏或大面积积水现象。施工现场禁止吸烟,按照工程情况设置固定的吸烟室或吸烟处,吸烟室应远离危险区并设必要的灭火器材。工地应尽量做到绿化,尤其是在市区主要路段的工地更应该做到这点。

保持场容场貌的整洁,随时清理建筑垃圾。在施工作业时,应有防止尘土飞扬、泥浆洒漏、污水外流、车辆带泥土运行等措施。进出工地的运输车辆应采取措施,以防止建筑材料、垃圾和工程渣土飞扬撒落或流溢。施工中泥浆、污水、废水禁止随地排放,选合理位置设沉淀池,经沉淀后方可排入市政污水管道或河道。作业区严禁吸烟,施工现场道路要硬化畅通,并设专人定期打扫道路。

(四) 材料管理

1.材料堆放

施工现场场容规范化。需要在现场堆放的材料、半成品、成品、器具和设备,必须按已审批过的总平面图指定的位置进行堆放。应当贯彻文明施工的要求,推行现代管理方法,科学组织施工,做好施工现场的各项管理工作。施工应当按照施工总平面布置图规定的位置和线路设置,建设工程实行总包和分包的,分包单位确需进行改变施工总平面布置图活动的,应当先向总包单位提出申请,不得任意侵占场内道路,并应当按照施工总平面布置图设置各项临时设施现场堆放材料。

各种物料堆放必须整齐,高度不能超过1.6m,砖成垛,砂、石等材料成方,钢管、钢筋、构件、钢模板应堆放整齐,用木方垫起,作业区及建筑物楼层内,应做到工完料清。除去现浇筑混凝土的施工层外,下部各楼层凡达到强度的拆模要及时清理运走,不能马上运走的必须码放整齐。各楼层内清理的垃圾不得长期堆放在楼层内,应及时运走,施工现场的垃圾应分类集中堆放。

所有建筑材料、预制构件、施工工具、构件等均应按施工平面布置图规定的地点分类堆放,并整齐稳固。必须按品种、分规格堆放,并设置明显标志牌(签),标明产地、规格等,各类材料堆放不得超过规定高度,严禁靠近场地围护栅栏及其他建筑物墙壁堆置,且其间距应在50cm以上,两头空间应予封闭,防止有人入内,发生意外伤害事故。油漆及其稀释剂和其他对职工健康有害的物质,应该存放在通风良好、严禁烟火的仓库。

库房搭设要符合要求,有防盗、防火措施,有收、发、存管理制度,有专人管理,账、物、卡三相符,各类物品堆放整齐,分类插挂标牌,安全物质必须有厂家的资质证明、安全生产许可证、产品合格证及原始发票复印件,保管员和安全员共同验收、签字。

易燃易爆物品不能混放,必须设置危险品仓库,分类存放,专人保管,班组使用的零散的各种易燃易爆物品,必须按有关规定存放。

工地水泥库搭设应符合要求,库内不进水、不渗水、有门有锁。各品种水泥按规定标号分别堆放整齐,专人管理,账、牌、物三相符,遵守先进先用、后进后用的原则。工具间整洁,各类物品堆放整齐,有专人管理,有收、发、存管理制度。

2.库房安全管理

库房安全管理包括以下内容。

(1)严格遵守物资入库验收制度,对入库的物资要按名称、规格、数量、质量认真检查。加强对库存物资的防火、防盗、防汛、防潮、防腐烂、防变质等管理工作,使库存物资布局合理,存放整齐。

(2)严格执行物资保管制度,对库存物资做到布局合理,存放整齐,并做到标记明确、对号入座、摆设分层码跺、整洁美观,对易燃、易爆、易潮、易腐烂及剧毒危险物品应存放专用仓库或隔离存放,定期检查,做到勤检查、勤整理、勤清点、勤保养。

(3)存放爆炸物品的仓库不得同时存放性质相抵触的爆炸物品和其他物品,并不得超过规定的储存数量。存放爆炸物品的仓库必须建立严格的安全管理制度,禁止使用油灯、蜡烛和其他明火照明,不准把火种、易燃物品等容易引起爆炸的物品和铁器带入仓库,严禁在仓库内住宿、开会或加工火药,并禁止无关人员进入仓库。收存和发放爆炸物品必须建立严格的收发登记制度。

(4)在仓库内存放危险化学品应遵守以下规定:仓库与四周建筑物必须保持相应的安全距离,不准堆放任何可燃材料;仓库内严禁烟火,并禁止携带火种和引起火花的行为;明显的地点应有警告标志;加强货物入库验收和平时的检查制度,卸载、搬运易燃易爆化学物品时应轻拿轻放,防止剧烈振动、撞击和重压,确保危险化学品的储存安全。

(五)现场办公与住宿

施工现场必须将施工作业区与生活区、办公区严格分开,不能混用,应有明显划分,有隔离和安全防护措施,防止发生事故。在建工程内不得兼作宿舍,因为在施工区内住宿会带来各种危险,如落物伤人、触电或洞口和临边防护不严而造成事故,又如两班作业时,施工噪声影响工人的休息现场住宿。

寒冷地区,冬季住宿应有保暖措施和防煤气中毒的措施。炉火应统一设置,有专人管理并有岗位责任。炎热季节,宿舍应有消暑和防蚊虫叮咬措施,保证施工人员有充足睡眠。宿舍内床铺及各种生活用品放置整齐,室内应限定人数,不允许男女混睡,有安全通道,宿舍门向外开,被褥叠放整齐、干净,室内无异味。宿舍外围环境卫生好,不乱泼乱倒,应设污物桶、污水池,房屋周围道路平整。室内照明灯具高度不低于2.5m。宿舍、更衣室应明亮通风,门窗齐全、牢固,室内整洁,无违章用电、用火及违反治安条例现象。

职工宿舍要有卫生值日制度,实行室长负责,规定一周内每天卫生值日名单并张贴上墙,做到天天有人打扫,保持室内窗明地净,通风良好。宿舍内各类物品应堆放整齐,不到处乱放,应整齐美观。

宿舍内不允许私拉乱接电源.不允许烧电饭煲、电水壶、热得快等大功率电器.不允许做饭烧煤气，不允许用碘钨灯取暖、烘烤衣服。生活废水应集中排放，二楼以上也要有水源及水池，卫生区内无污水、无污物，废水不得乱倒乱流。

项目经理部根据场所许可和临设的发展变化，应尽最大努力为广大职工提供家属区域，使全体职工感受企业的温暖。为了为全员职工服务，职工家属一次性来队不得超过10天，逾期项目部不予安排住宿。职工家属子女来队探亲必须先到项目部登记，签订安全守则后，由项目部指定宿舍区号入室，不得任意居住，违者不予安排住宿。来队家属及子女不得随意寄住和往返施工现场，如任意游留施工现场，发生意外，一切后果由本人自负，项目部概不负责。家属宿舍内严禁使用煤炉、电炉、电炒锅、电饭煲，加工饭菜，一律到伙房，违者按规章严加处罚。家属宿舍除本人居住外，不得任意留宿他人或转让他人使用，居住到期将钥匙交项目部，由项目部另作安排，如有违者按规定处罚。

（六）现场防火

1.防火安全理论与技术

（1）火灾的定义及分类

1）火灾是指在时间和空间上失去控制的燃烧所造成的灾害。

2）火灾分为A、B、C、D、E五类。

A类火灾—固体物质火灾。如木材、棉、毛、麻、纸等燃烧引起的火灾。

B类火灾—液体火灾和可熔化的固体物质火灾。液体和可熔化的固体物质，如汽油、煤油、原油、甲醇、乙醇、沥青、石蜡等。

C类火灾—气体火灾。如煤气、天然气、甲烷、乙烷、丙烷、氢等引起的火灾。

D类火灾—金属火灾。如钾、钠、镁、钛、锆、锂、铝、镁合金等引起的火灾。

E类火灾—带电燃烧而导致的火灾。

（2）燃烧中的几个常用概念

1）闪燃：在液体（固体）表面上能产生足够的可燃蒸气，遇火产生一闪即灭的火焰的燃烧现象称为闪燃。

2）爆燃：以亚音速传播的爆炸称为爆燃。

3）阴燃：没有火焰的缓慢燃烧现象称为阴燃。

4）自燃：可燃物质在没有外部明火等火源的作用下，因受热或自身发热并蓄热所产生的自行燃烧现象称为自燃。亦即物质在无外界引火源条件下，由于其本身内部所进行的生物、物理、化学过程而产生热量，使温度上升，最后自行燃烧起来的现象。

5）燃烧的必要条件：可燃物、氧化剂和温度（引火源）。只有这三个条件同时具备，才可能旨发生燃烧现象，无论缺少哪一个条件，燃烧都不能发生。但是，并不是上述三个条件同时存在，就一定会发生燃烧现象，还必须这三个因素相互作用才能发生燃烧。

6）燃烧的充分条件：一定的可燃物浓度，一定的氧气含量，一定的点火能量。

（3）灭火器的选择

根据不同类别的火灾有不同的选择。

1）A类火灾可选用清水灭火器、泡沫灭火器、磷酸铵盐干粉灭火器（ABC干粉灭火器）。

2）B类火灾可选用干粉灭火器（ABC干粉灭火器）、二氧化碳灭火器、泡沫灭火器（且泡沫灭火器只适用于油类火灾，而不适用于极性溶剂火灾）。

3）C类火灾可选用干粉灭火器（ABC干粉灭火器）、二氧化碳灭火器。

易发生上述三类火灾的部位一般配备ABC干粉灭火器，配备数量可根据部位面积而定。一般危险性场所按每75m²一具计算，每具重量为4kg。四具为一组，并配有一个器材架。危险性地区或轻危险性地区可适量增减。

4）D类火灾目前尚无有效灭火器，一般可用沙土。

5）E类火灾可选用干粉灭火器（ABC干粉灭火器）、二氧化碳灭火器。

（4）灭火的基本原理

通过窒息、冷却、隔离和化学抑制的灭火原理分别如下。

1）窒息灭火法 使燃烧物质断绝氧气的助燃而熄灭。

2）隔离灭火法－将燃烧物体附近的可燃烧物质隔离或疏散，使燃烧停止。

3）冷却灭火法－使可燃烧物质的温度降低到燃点以下而终止燃烧。

4）抑制灭火法 使灭火剂参与到燃烧反应过程中，使燃烧中产生的游离基消失。

（5）火灾火源的分类

火灾火源可分为直接火源和间接火源两大类。

1）直接火源主要有明火、电火花和雷电火三种。

①明火。如生产和生活用的炉火、灯火、焊接火、火柴、打火机的火焰，香烟头火，烟囱火星，撞击、摩擦产生的火星，烧红的电热丝、铁块，以及各种家用电热器、燃气的取暖器等产生的火。

②电火花。如电器开关、电动机、变压器等电器设备产生的电火花，还有静电火花，这些火花能使易燃气体和质地疏松、纤细的可燃物起火。

③雷电火。瞬时间的高压放电，能引起任何可燃物质的燃烧。

2）间接火源主要有加热自燃起火和本身自燃起火两种。

（6）火灾报警

1）一般情况下，发生火灾后应一边组织灭火一边及时报警。

2）当现场只有一个人时，应一边呼救，一边处理，必须尽快报警，边跑边呼叫，以便取得他人的帮助。

3）报警时应注意的问题如下。

发现火灾迅速拨打火警电话119。报警时沉着冷静，要讲清详细地址、起火部位、着火物质、火势大小、报警人姓名及电话号码，并派人到路口迎候消防车。

4）灭火时应注意的问题如下。

①首先要弄清起火的物质，再决定采用何种灭火器材。

②运用一切能灭火的工具，就地取材灭火。

③灭火器应对着火焰的根部喷射。

④人员应站在上风口。

⑤应注意周围的环境，防止塌陷和爆炸。

（7）火灾救人

发生火灾时有以下7种救人的方法。

1）缓和救人法。在被火围困的人员较多时，可先将人员疏散到本楼相对较安全的地方，再设法转移到地面。

2）转移救人法。引导被困人员从屋顶到另一单元的楼梯，再转移到地面。

3）绳管救人法。利用建筑物室外的各种管道或室内可利用的绳索实施滑降。

4）控制救人法。用消防水枪控制防火楼梯的火势，将人员从防火楼梯疏散下来。

5）架梯救人法。利用各种架梯和登高工具抢救被困人员。

6）拉网救人法。发生有人欲纵身跳楼时，可用大衣、被褥、帆布等拉成一个"救生网"抢救人员。

7）缓降救人法。利用专用的缓降器将被困人员抢救至地面。

（8）火灾逃生

1）当你处于烟火中，首先要想办法逃走。如烟不浓可俯身行走；如烟太浓，须俯地爬行，并用湿毛巾蒙着口鼻，以减少烟毒危害。

2）不要朝下风方向跑，最好是迂回绕过燃烧区，并向上风方向跑。

3）当楼房发生火灾时，如火势不大，可用湿棉被、毯子等披在身上，从火中冲过去；如楼梯已被火封堵，应立即通过屋顶由另一单元的楼梯脱险；如其他方法无效，可将绳子或撕开的被单连接起来，顺着往下滑；如时间来不及应先往地上抛一些棉被、沙发垫等物，以增加缓冲（适用于低层建筑）。

（9）火警时人员疏散

1）开启火灾应急广播，说明起火部位、疏散路线。

2）组织处于着火层等受火灾威胁的楼层人员，沿火灾蔓延的相反方向，向疏散走道、安全出口部位有序疏散。

3）疏散过程中，应开启自然排烟窗，启动防排烟设施，保护疏散人员的安全；若没有排烟设施，则要提醒被疏散人员用湿毛巾捂住口鼻，靠近地面有秩序地往安全出口前行。

4）情况危急时，可利用逃生器材疏散人员。

（10）火场防爆

1）应首先查明燃烧区内有无发生爆炸的可能性。

2）扑救密闭室内火灾时，应先用手摸门的金属把手，如把手很热，绝不能贸然开门或站在门的正面灭火，以防爆炸。

3）扑救储存有易燃易爆物质的容器时，应及时关闭阀门或用水冷却容器。

4）装有油品的油桶如膨胀至椭圆形时，可能很快就会爆燃，救火人员不能站在油桶接口处和正面，且应加强对油桶的冷却保护。

5）竖立的液化气石油气瓶发生泄漏燃烧时，如火焰从橘红变成银白，声音从"吼"声变为"嗞"声，那就很快爆炸，应及时采取有力的应急措施并撤离在场人员。

（11）几种常见初起火灾的扑救方法

1）油锅起火。这时千万不能用水浇，因为水遇到热油会形成"炸锅"，使油火到处飞溅。扑救的一种方法是迅速将切好的冷菜沿边倒入锅内，火就会自动熄灭。另一种方法是用锅盖或能遮住油锅的大块湿布遮盖到起火的油锅上，使燃烧的油火接触不到空气，从而缺氧窒息。

2）电器起火。电器发生火灾时，首先要切断电源。在无法断电的情况下千万不能用水和泡沫灭火器扑救，因为水和泡沫都能导电，应选用二氧化碳灭火器、1211灭火器、干粉灭火器或者干沙土进行扑救，而且要与电器设备和电线保持2m以上的距离，高压设备还应防止跨步电压伤人。

3）燃气罐着火。这时要用浸湿的被褥、衣物等捂盖火，并迅速关闭阀门。

（12）干粉灭火器的适用火灾和使用方法

磷酸铵盐（ABC）干粉灭火器适用于固体类物质，易燃、可燃液体和气体，以及带电设备的初起火灾，但它不能扑救金属燃烧火灾。

灭火时，手提灭火器快速奔赴火场，操作者边跑边将开启把上的保险销拔下，然后一手握住喷射软管前端喷嘴部，站在上风方向，另一只手将开启压把压下，打开灭火器对准火焰根部左右扫射进行灭火，应始终压下压把，不能放开，否则会中断喷射。

（13）电器火灾发生的原因

常见有电路老化、超负荷、潮湿、环境欠佳（主要指粉尘太大）等引起的电路短路、过载而发热起火。常见起火地方有电制开关、导线的接驳位置、保险、照明灯具、电热器具。

2.施工现场防火

施工单位应当严格依照《中华人民共和国消防条例》的规定，在施工现场建立和执行防火管理制度，设置符合消防要求的消防设施，并保持完好的备用状态，在容易发生火灾的地区施工或者储存、使用易燃易爆器材时，施工单位应当采取特殊的消防安全措施。施工现场要有明显的防火宣传标志，每月对施工人员进行一次防火教育，定期组织防火检查，建立防火工作档案。现场设置消防车道，其宽度不得小于3.5m，消防车道不能是环行的，应在适当地点修建车辆回转场地。

现场要配备足够的消防器材，并做到布局合理.经常维护、保养。采取足够的防冻保温措施，保证消防器材灵敏有效。现场进水干管直径不小于100mm，消火栓处要设有明显的标志，配备足够的水龙带，消火栓周围3m内，不准存放任何物品。高层建筑（指30m以上的建筑物）要随层做消防水源管道，用2寸立管，设加压泵，每层留有消防水源接口。

电工、焊工从事电气设备安装和电、气焊切割作业，要有操作证和动火证。动火前要清除附近易燃物，配备看火人员和灭火用具；动火地点变换，要重新办理动火证手续。

因施工需要搭设临时建筑，应符合防火要求，不得使用易燃材料。施工材料的存放、保管，应符合防火安全要求，库房应用非燃材料支搭。库管员要熟悉库存材料的性质。易燃易爆物品，应专库储存，分类单独存放，保持通风。用电应符合防火规定，不准在建筑物内、库房内调配油漆、稀料。

建筑物内不准作为仓库使用，不准存放易燃、可燃材料。因施工需要进入工程内的可燃材料，要根据工程计划限量进入并应采取可靠的防火措施。建筑物内不准住人，施工现场严禁吸烟，现场应设有防火措施的吸烟室。施工现场和生活区，未经保卫部门批准不得使用电热器具。冬季用火炉取暖时，要办动火证，有专人负责用火安全。坚持防火安全交底制度，特别在进行电气焊、油漆粉刷或从事防火等危险作业时，要有具体的防火要求。

第七章　经济视角下的现代建筑设计

建筑经济问题是一个综合性的课题，场地选择、建筑总体规划、建筑空间组合、施工组织，到建筑维修管理等一系列过程中都包含着经济因素。建筑师不仅要在建筑设计方面拥有足够的技能，而且要对建筑的经济问题给予足够重视。考虑经济问题不是要降低建筑质量，而是要在保证必要的质量标准的前提下，不浪费一分钱，使有限的投资获得最大的经济效益，但又要防止因片面追求节约而影响建筑的功能，降低建筑的质量标准，增加建筑的维修费用等。建筑设计中除了要满足功能使用要求外，还要注意建筑的经济性，缺少任何一面建筑都不能被称为优秀建筑。

第一节　建筑设计中的经济评价指标与指标评价

一、建筑的经济性评价

（一）建筑的平方米造价及主要材料的消耗量

建筑的平方米造价是衡量建筑经济性的一个指标。影响该指标的因素是比较复杂的，要精确计算也是比较麻烦的。在初步设计阶段人们主要通过概算来控制建筑的经济性，只有在施工图完成之后才能进行预算，得出平方米造价。由于地区之间存在各类差价，因此平方米造价只有在相同的地区才有可比性。通常情况下，我们会将平均每平方米建筑面积所用到的主要建筑材料（比如钢材、水泥、木材、砖等）的消耗量作为一项经济指标，目的就是为了使不同设计具有可比性。由于影响造价的基本因素当中，既包括了耗材量，又包括了耗工量，因此造价指标在很大程度上取决于材料和工日的消耗量。耗材量和耗工量还可以反映新材料、新结构、新工艺的使用程度，同时也可以反映施工工业化的水平。目前，我国将平方米造价和主要材料的消耗量作为衡量建筑经济性的重要指标之一。

（二）长期经济效益

建筑在使用过程中的长期经济效益是用来衡量建筑经济性的一个重要因素，因此应合理进行建筑质量标准选择。它的选择直接影响了建筑的使用年限和在使用过程中的维修费用的高低。片面降低质量标准，不仅会影响使用水平，而且会增加维修费用，这实质上是一种极大的浪费。由于建筑的使用年限比较长，在使用期间的各种维修费用通常要比建设时的投资多很多，因此以建筑的长期经济效益来衡量建筑的经济性是十分必要的。

（三）结构形式及建筑材料

建筑之所以能够存在，最重要的一个物质基础就是结构，同时它也是房屋的骨架，建筑空间和建筑形象也会随着建筑结构形式不同而有所区别。我国古代建筑由于承重体系是木构架，因此拥有优美的曲线屋顶、图案式的斗拱。如今，随着钢结构和钢筋混凝土结构不断发展，大跨度建筑和高层建筑不断出现，这对建筑造型和建筑艺术的影响极为明显，因此建筑与结构密切相关。

对于建筑师来说，各种结构形式的特点和适用范围都应该熟记于心，只有熟练掌握了这些知识，才能在创作建筑空间时选择适宜的结构体系，并使结构充分发挥力学性能，以达到应有的经济效益。这是评价建筑的经济性时不可忽视的一个因素。

在一般的民用建筑中，基础、楼板、屋盖的造价占建筑造价的30%以上，这说明合理选择结构形式非常重要。而结构的合理性首先表现在组成这个结构的材料的性能能不能充分发挥作用。因此，我们在选择建筑的解构形式时，首先要考虑的就是是否能使材料的性能得到充分发挥，接下来就是选择最为适合的结构材料，做到扬长避短。

（四）建筑工业化

若想衡量建筑的经济性，需要考虑的因素还有很多，比如是否可以缩短施工工期；是否能够提高劳动生产率；是否广泛使用了工业化产品；是否采用了机械化安装方式等。在进行建筑平面空间组合时，建筑师应考虑使装配构件的类型最少，且尺寸应尽可能统一。因此，设计上要求实现建筑体系化，即进行工业化建筑体系的建筑设计。

建筑师应根据各地区的自然资源、经济条件、技术力量等的不同情况，对建筑的结构形式、采用的材料、施工工艺和生产方式等进行全面考虑，把建筑生产纳入工业化的进程，这就要求设计时建筑师应对同类建筑进行全面研究和分析，并对建筑中存在的共性问题进行提炼和概括，这样才能使设计既有高度的统一性，又有一定程度的灵活性，从而为实现工业化生产创造有利条件。对于纳入建筑体系设计对象的建筑，要采用合理的模数网，并选择合理的层高，这些对节约用地、节约原材料、降低造价都有显著作用。

当然，建筑体系设计并不排斥行之有效的、各种类型的标准设计和定型设计，相反它们之间存在着密切的内在联系。标准设计本身就是实现建筑工业化的途径之一，而且许多标准设计在一定程度上也体现了同类建筑中共性与个性相结合的特点，因此推广采用标准设计不但可以加速建筑工业化进程，而且在标准设计的基础上还可以逐步提高，向更高的工业化要求迈进。

在设计时建筑师应做到以下几点。对于大量、多次、重复建造的房屋采用标准设计或定型设计；当不能将整个建筑物定型化时，应将其中重复出现的部分，如建筑单元加以定型化；具有广泛使用性的结构和构造节点，应使之标准化；房屋的柱网、层高及其他建筑参数，应使之统一化；建筑的构件和配件，应力求使其统一化，并具有通用互换的可能性。在住宅、学校等大量性的民用建筑中，采用工业化方法设计既要求标准化，又要求多样化。例如，在住宅平面空间组合中，可以采用各种方法进行组合，采用定型单元的组合方法，即以一种或几种定型单元组成多种标准与户型的组合体；采用构件定型的方法，进行多种平面组合；采用大空间定型单元，增加房间分隔的灵活性。

在建筑设计中，工业化程度越高，采用的标准设计和定型设计就越广，对加快施工就越有利，从而可以降低建设投资。

（五）技术、适用、美观和经济的统一

在建筑设计中，由于可以采用各种各样的结构形式、建筑材料、平面组合及空间形体，这也就使得即使类型和标准都相同的建筑，也会出现多个不同的投资方案。为了选择最优的方案，建筑师不仅要对上述有关经济问题进行分析比较，还要处理好以下四种关系，即技术、适用、美观和经济之间的关系。在建筑发展中，技术和经济存在着一种辩证关系，可以说，它们是并存的两个方面，既相互促进，又相互制约。一项新的建筑技术要想具有强大的生命力，必须要具备以下两点。第一，先进的技术；第二，良好的经济效益。

"安全、适用、经济、美观"作为一项重要方针指导着我国的建筑创作。"适用"是技术经济评价中的主导因素。如果一栋建筑不适用，那么它的建成就是一种浪费，即使投入使用也很难会获得较好的经济效益。如果过分强调经济性，而对适用性不够重视，则难免会造成巨大浪费。由此可见，若想追求经济性，则建筑应先满足适用性，做到适用和经济统一。

建筑不仅要满足功能使用要求，还要取得某种建筑艺术效果，但这并不意味着以投资多少来决定其艺术价值。经济和美观应辩证的统一。因此，在一切设计工作中，建筑师都要力求在节约的基础上达到适用的目的，在可能的物质基础上努力创新，设计出经济、适用、美观、大方的建筑。

二、建筑技术经济指标

（一）建筑面积

建筑物勒脚以上各个楼层外墙外围的水平面积之和统称为建筑面积。国家往往会通过建筑面积这一指标来对建筑规模进行控制，并且国家基本建设主管部门对建筑面积的计算也做了详细规定。

（二）平方米造价

每平方米建筑面积的造价即为平方米造价。在质量标准一定的情况下，平方米造价往往会受到以下因素的影响。第一，材料供应；第二，运输条件；第三，施工水平等。国家在制订建设计划时，除了要考虑建筑面积指标外，还会根据不同建筑的性质和质量标准，对平方米造价指标进行充分考虑。此外，设计工作者还应对建筑规模和投资进行严格控制。

平方米造价的内容涉及多个方面，比如房屋土建工程、室内给排水卫生设备及室内照明用电工程等。在对建筑的平方米造价进行确定时，建筑师要分清哪些费用属于建筑的平方米造价，哪些项目应另外计算。

（三）建筑系数

1.面积系数

（1）结构面积

使用面积的大小在很大程度上取决于结构面积的多少，因此建筑师设计时应尽量选用较为先进的形式和结构材料，从而有效降低结构面积，确保结构选型的合理性。

（2）房间面积

房间面积的大小会直接影响面积系数。在建筑面积相同的情况下，房间面积大，房间数量少，结构面积必然小；相反，房间面积小，房间数量多，结构面积必然大，从而影响面积系数的大小。在不影响使用的前提下，适当增大房间面积，既可以提高面积系数，又具有经济意义。

（3）交通面积

交通面积的变化是很大的。在设计中，应从实际出发，合理选择交通面积，在条件允许的情况下最大限度地提高面积系数。居住建筑中，楼梯服务户数应在2~5户，一旦楼梯布置不当，将会直接影响到面积系数和经济效果。

2.体积系数

除了对面积系数进行控制以外，设计时还应对体积系数进行适当的控制，只有这样建筑师才能对建筑经济问题进行很好的分析，才能有效降低造价。可以说，选择适宜的建筑层高，控制建筑体积，不失为一种既经济又有效的措施。在建筑设计过程中，为了避免片面追求各项系数，在进行经济分析时，建筑师应始终持有较为全面的观点。

总的来说，建筑经济问题在建筑设计中一直都是一个十分复杂的问题，因此我们必须加以重视，这就要求设计者具备必要的经济观念。如果说民用建筑设计的目的是满足物质与精神要求，建筑空间的构成手段是建筑技术的话，那么实现建筑设计的一个最基本条件就是建筑经济。

三、经济分析必须遵循的基本原则

（一）技术方案必须满足宏观经济政策的要求

国家的宏观经济政策是根据国民经济发展的具体情况科学地制定出来的。一经制定，将引导未来国民经济发展的实践，对未来各种技术的采用也起着指导和制约作用。因此，在比较、分析技术方案时，必须考虑其是否符合国家的宏观经济政策，凡不符合政策要求的方案均不能采用。

1.技术方案必须符合国家产业政策

宏观产业政策是政府干预各产业发展的一系列措施、手段的总和，是政府干预、调节市场机制，从而影响产业结构运行和调控的主要手段。产业政策是依据国民经济未来发展目标、世界性技术进步方向、国内外市场需求拥有资源状况等因素制定的，它规划和指导着产业结构的发展方向，并通过对各产业的发展以及产业间关系的协调来达到这一目的。产业政策的核心是确定整个产业结构的发展方向和选择及扶持相应的重点产业。因此，技术方案应当符合产业政策的要求，既立足于我国现实基础，又满足产业结构合理化的需要。

2.技术方案必须符合国家区域发展政策

我国地域辽阔，地区间的自然环境、资源状况经济发展水平等都有很大差异。为此，国家根据各地区的资源状况、经济发展基础、比较优势等制定了宏观的区域发展政策，以利于各地区充分发挥优势，扬长避短，最终实现各地区经济的均衡发展。如我国的西部大开发、振兴东北老工业基地、促进中部地区崛起、国家统筹城乡综合配套改革试验区等。因此，技术方案必须符合国家区域发展政策促进各区域经济的协调发展。

3.技术方案必须符合可持续发展政策

健康的经济发展应该建立在生态可持续发展能力、社会公正和人民积极参与自身发展决策的基础上。它是指依靠技术进步，提高劳动生产率，保持生态平衡，实现经济长期持续稳定增长的有关经济政策。因此，技术方案必须有利于经济增长质量的提高和经济的可持续发展，有利于资源的合理配置与充分利用，有利于生态平衡和环境质量的提高。

（二）必须充分论证技术方案的经济合理性

技术方案的经济合理性包括技术上的先进性和适用性与经济上的必要性和可

行性。

1.技术方案必须具备技术上的先进性和适用性

要使国民经济以较高的速度持续稳定地发展，就必须不断地用现代科学技术装备国民经济各个部门，以形成尽可能高的劳动生产率。不仅新建项目亟待实施的技术方案应尽可能采用先进技术，现有企业也应不断地用先进技术加以改造和更新。先进技术可以带来较高的生产效率，可以减少资源的耗费，节约原材料、能源和工时消耗，提高产品质量和产量。技术方案的技术先进性，不仅能提高企业的劳动生产率，降低生产成本，使企业获得良好的经济效果，而且还可以改善人们的生活环境，提高生活质量，进而提高社会文明程度，获得良好的社会效果。

先进技术的应用，必须具备相应的条件。先进技术要形成现实生产力，必须要有相应的现有技术和设备设施与之配套，还必须要有相应的工程技术人员和技术工人去掌握、使用以及管理和维护；否则，先进的技术不仅不能达到应有的效果，反而会因为操作水平低以及管理落后而导致更大的经济损失。因此，先进技术的选用，要与国家的现有技术水平、对先进技术的学习消化能力、劳动者受教育程度及其掌握先进技术的能力、先进技术形成现实生产力所必须具备的相应配套技术和配套设施等相适应。因此，一项技术方案在选择技术时，不能过分强调选用的技术越先进越好，尤其是在选用国外先进技术时，更应注意选用技术的实用性。

2.技术方案必须具备经济上的必要性和可行性

我国经济建设的目的是在先进技术的基础上，不断发展生产力，用有限的资源尽可能满足人民日益增长的物质文化生活的需要。因此，选用的技术方案必须考虑能否直接或间接为这一目的服务。技术方案的实施不仅要有利于经济增长和生态和谐，有利于人民生活状况的改善和人口素质的提高，同时，还要避免投资和生产的盲目性，以及重复投资、重复建设。只有符合社会经济发展需要的技术方案才有可能为社会提供需要的使用价值，也才能获得预期的经济效果。

（三）参加备选方案必须具有可比性

在技术经济分析中，方案的比较是极其重要的内容，而进行方案比较的基础，就是看参选方案是否具有可比性，如果具备可比性，才可以进行方案的比较选择；否则，需要经过处理以后才能进行比较。技术经济分析的可比性主要表现在以下几个方面。

1.满足需要可比

即参加比选的各方案都能同等程度地满足需要。如制作屋架，可用钢结构、木结构、钢筋混凝土结构，即使用同一材料，结构也可以有不同形式，只有它们都能满足特定的承载能力要求，能够互相替代，才能比较各方案的经济效果。再比如，不同建筑体系的住宅建筑可以互相比较，因为它们的功能或使用价值是等同的，但相同建筑体系的住宅和厂房之间就不具备可比性，因为它们在满足需要方面是不同的。如果参与比较的各备选方案在满足需要方面出现程度不同的差异，则应当采取补救措施，使之变为可比。如某地区由于经济的发展需要建设100万千瓦的发电机组，有甲、乙两个厂址可供选择，甲地可建设100万千瓦的火电厂，乙地受条件限制，只能建设80万千瓦的火电厂。可见两厂因规模不同而缺乏可比性，为了能够比较，必须对乙地建厂方案进行补偿，即在另外的两地建设20万千瓦的火电厂，由乙和丙组成一个联合方案再与甲方案比较。

2.消耗费用可比

对技术方案进行经济效果比较，还应具备直接体现经济效果大小的劳动消耗的可比性。这里的劳动消耗可比性，主要是指各种消耗费用的计算范围、计算基础的一致性，以及计算原则和方法的统一性。

消耗费用的计算范围和计算基础的一致性表现为：一是应从整个社会总的全部消耗观点来综合考虑，不仅要计算实现技术方案本身直接消耗的费用，还应计算与现实方案密切相关的相关部门的投资或费用。例如，计算混凝土构件厂方案的消耗费用，不仅计算构件厂的投资费用，还应包括与之密切相关的原材料采集、加工、运输、成品储存运输等有关项目或设施所消耗的费用。二是用系统的方法计算方案全过程的全部费用。以楼板结构的施工为例，如采用现浇方案，其费用包括：采购砂、石、水泥等材料费，从供应地到现场的运输费和场内二次搬运费，模板制作和安装费，钢筋制作绑扎费，混凝土的备料、搅拌、水平和垂直运输费，浇注、振捣、养护和模板拆除等费用。若采用预制安装方案，其费用包括构配件的出厂价格、从工厂到工地的运输费场内运输和吊装费、节点的处理费等。只有计算出全部环节的总费用，才能使两种方案具有可比性。

计算原则和方法的统一性，主要是指采用统一的计算方法，即各项费用（如投资、生产成本等）的估算应采用相同的计算公式，采用统一的定额和取费标准等。

3.价格的可比性

价格的可比性要求所使用的价格必须满足价格性质相当及价格的时期相当两个方面的要求。价格性质相当是指技术方案计算收入或支出时使用的价格应当真实反映价格和供求关系。如在计算方案消耗时，主要自然资源及人力资源应当采用受市场调节可真实反映其价值的市场价格或国家统一拟定的影子价格（影子价格是投资项目经济评价的重要参数，它是指社会处于某种最优状态下，能够反映社会劳动消耗、资源稀缺程度和最终产品需求状况的价格。影子价格是社会对货物真实价值的度量，只有在完善的市场条件下才会出现。然而这种完善的市场条件是不存在的，因此，现成的影子价格也是不存在的，只有通过对现行价格的调整才能求得它的近似值），而不应当使用国家计划调节下的、受政策因素影响的规定价格；在计算方案收益时，生产的供销售的产品也应当采用市场价格或影子价格；在国民经济评价时，各方案应一律采用影子价格。价格的时期相当是指各方案在计算经济效益时，应采用同一时期的价格。

由于技术的进步和劳动生产率的提高，以及通货膨胀的影响，不同时期的价格标准是不一样的，各备选方案应当在相同时期的价格标准基础上，按方案的使用期适当换算，这样才能使经济效益值具有可比性。

4.时间的可比性

时间的可比性包括两个方面的内容。首先，要求各备选方案应具有统一的计算期。计算期不同于方案的使用寿命或服务期，它是根据经济评价要求，在考虑了方案的服务年限、国民经济需要和技术进步的影响，以及经济资料的有效期等因素后综合分析得出的时期。如果备选方案的计算期不同，必须经过适当换算，使计算期相同后再相互比较。其次，必须考虑投入的时间先后与效益发挥的早晚对经济效果的影响。各种技术方案在投入的人力、物力和资源以及发挥效益的时间上，一般是不尽相同的。如有的技术方案建设年限短，有的长、有的方案投入运行的时间早，有的晚，有的方案服务年限长，有的短。众所周知，相同数量的产品和产值或相同数量的人力、物力和财力，早生产就能早发挥效益，创造更多的财富；反之，迟生产就迟发挥效益，少创造财富。因此，对不同技术方案进行比较时，除了考虑投入与产出的数量大小外，还应考虑这些投入与产出所发生的时间和延续的时间。

（四）技术方案必须满足整体效果最佳

整体效果最佳是指国民经济整体效果最佳，而不是只寻求部门或地区经济效果最佳，更不是只寻求单个企业经济效果最佳。在进行技术经济分析中，应当正确处理局部与整体的关系。有的方案从局部看是可行的，但从全局看却是不可行的，具体在经济评价中表现为财务评价可行，国民经济评价不可行，在这种情况下，应当局部利益服从全局利益。如某工业项目，其产品具有巨大的国际市场前景和良好的企业财务效益，但是，该项目生产过程对环境污染严重，治理难度很大。因此，从国民经济整体效果最佳考虑，该项目仍为不可行方案。

强调整体效果最佳，就是要在技术经济分析中加强宏观经济分析，并以宏观经济分析结果为主，以微观经济分析为辅。如技术方案对国家宏观经济政策的满足程度、对发展地区经济和部门经济的影响、对国民经济其他部门的影响、对合理配置及充分利用资源的影响、对经济可持续发展的影响、对环境保护及生态平衡的影响、对科技进步的影响、对增加就业机会的影响等。

（五）必须对技术方案进行不确定性分析

不确定性分析包括盈亏平衡分析、敏感性分析和风险分析。因为技术经济分析具有未来性和预见性，所以，在对技术方案进行评价时和技术方案实施后的情况可能会有变化。受价格、利率、工期、成本等各种不确定因素的影响，工程项目或技术方案在具体实施中将会遇到较大的风险。为了避免决策的失误，必须在对项目进行财务评价和国民经济评价的基础上，模拟项目在未来实施过程中受各种不确定因素的影响，进行敏感性分析和风险性分析。

四、经济分析的基本原理

(一) 经济效果的概念

人类所从事的任何社会经济活动都有一定的目的性，而且都可以获取一定的效果，这些效果称为该项活动的劳动成果，如各种产品劳务等。但是要取得这些劳动产品，必然要付出一定的代价，即必须投入一定数量的物化劳动和活劳动，付出的代价通常称为劳动消耗。

工程技术经济所研究的经济效果问题，主要是研究工程建设领域内各种活动的劳动成果与劳动消耗的关系。因此，经济效果的概念可以表述为：人们在工程建设领域中的劳动成果与劳动消耗的比较。

1.效率、效果与效益的关系

效率通常是指单位时间内完成的工作量，为能力的量度。所谓效率高是指在同样的时间内完成更多的工作。

效果是指某种活动产生的结果，称为凝固的效率。

效益是指有益的效果，即社会需要或为社会所接受的成果。

三者的关系如下。

[效率→与劳动资料结合效果→有效的经营管理效益]

2.经济效果与经济效益的区别

经济效果反映劳动消耗转化为劳动成果的程度，实际上是人们从事经济活动的一种必然结果。这种结果可能符合社会需要，也可能不符合社会需要。

经济效益反映劳动消耗转化为有用或有效的劳动成果的程度。

经济效益=有用的劳动成果/劳动消耗

所以，经济效果与经济效益是两个既有联系又有区别的不同概念，不应将其等同起来。但由于技术经济评价的预测性，这二者在许多场合往往是通用的。如在评价某项拟建工程项目的经济效益时，是假定它的产品适销对路，其全部劳动成果都是有效的。在这样的情况下，经济效益与经济效果便没有区别。以后若无特别说明，我们就认为这两个术语可以通用。

(二) 经济效果的评价原则

1.宏观经济效果与微观经济效果相结合

宏观经济效果是指从国家整体利益出发考察技术方案的经济效果，微观经济效果则是从项目或企业本身的角度出发考察技术方案的经济效果。在大多数情况下，二者是统一的，因为，局部利益是全局利益的基础，全局包含局部。但有时也有矛盾，这时必须先考虑宏观经济效果，因为必须首先从国民经济和全社会的角度出发考虑国家的整体利益，不能为追求局部利益而损害全局利益。

2.近期经济效果与长远经济效果相结合

工程建设是百年大计，不仅要注意近期经济效果，而且要重视将来的发展前途。不仅要计算建设期间的劳动耗费，而且要计算生产服务期限内的经济因素，把拟建工程从投资开始到使用期终结这一周期作为完整系统来计算和评价。要把当前经济效果与长远经济效果很好地协调起来，当两者出现矛盾时，则应当"近期"服从"长远"。

3.直接经济效果与间接经济效果相结合

直接经济效果是指方案本身的经济效果。间接经济效果也称外部经济效果，是指方案实施对国民经济其他部门带来的经济效果。如果技术方案的直接经济效果与间接经济效果相一致，就很容易决定其好坏，但二者经常是不一致的。如化工企业在追求本企业经济效果的同时，对周边环境造成了污染。此时，必须根据具体问题具体分析，不能简单地以直接经济效果好或者间接经济效果好作为判断标准。

4.经济效果与社会效果相结合

经济效果是可以定量计算其价值量大小的经济活动后果，而社会效果是指经济活动对于人口素质、伦理道德、生活质量、社会安全等方面带来的后果，一般难以计算。因此，对方案进行评价时，既要考虑其经济效果也要考虑其社会效果。如果方案的经济效果与社会效果一致，则方案的好坏容易判断；若二者不一致，情况就比较复杂。从当前看，应当在尽量不危害社会的前提下，依据经济效果进行评价；从长远看，则应当在可能提高经济效果的同时，以社会效果的好坏决定取舍。

（三）经济效果的评价方法

经济效果是劳动成果与劳动消耗的比较，而这种比较可用"比率法"和"差值法"两种方法表示。

1.比率法

用比率法表示经济效果，就是用比值的大小来反映经济效果的高低，其数学表达式如下。

$$E = B/C$$

式中，E——经济效果。

B——劳动成果。

C——劳动消耗。

公式表示了单位投入所获得的产出，其比值越大越好。现实中主要有四种类型。

（1）劳动成果和劳动消耗均以价值形态表示。这时经济效果的单位为"价值/价值"，如劳动成果可以用国民生产总值、国内生产总值、销售收入、利润总额等指标表示；劳动消耗则可用固定资产投资、总成本、工资总额等指标表示。

（2）劳动成果以价值形态表示，劳动消耗以实物形态表示。这时经济效果的单位为"价值/实物"。劳动消耗根据具体情况可以分别用"kg""m"等指标表示，如每千克煤提供的产值"元/千克"表示能源的利用效率。

（3）劳动成果与劳动消耗均以实物形态表示。这时经济效果的单位为"实物/实物"，如每千克钢材提供的成品材料"kg/kg"表示钢材成材率。

（4）劳动成果以实物表示，劳动消耗以价值表示。这时经济效果的单位为"实物/价值"，如用每百元固定资产占用提供的实物产品量"kg/100"表示固定资产的利用效率。

2.差值法

差值法是以减法的形式表示经济效果的大小，其数学表达式如下。

$$E = B - C$$

在差值法中，无论是劳动成果还是劳动消耗，都必须用价值的形式表示。劳动成果用财政收入、销售收入等价值形态表示，劳动消耗用财政支出、成本支出等价值形态表示。计算出来的收支差额用纯收入、利润等价值形态表示，要求E≥0，而且差额越大越好。

除比率法和差值法两种表示方法外，表示经济效果还可以用差值比率法。

$$E = B - C/C$$

该式反映单位消耗所创造的净收益，如每百元固定资产创造的利润等。这种表示方法综合了比率法和差值法的优点，其应用也非常广泛。

3.常用的评价指标

在上述公式中，一般要求B和C都能用价值指标表示。但由于实际应用中遇到的费用与效益的多样化，许多因素难以用统一的价值指标来表示，因而难以直接应用上述公式进行评价。这样就派生出了多种评价指标，这些评价指标分为劳动占用指标、劳动消耗指标、时间资源指标、劳动成果指标和经济效果指标等。

（1）劳动占用指标

该指标反映技术方案的实现和运行过程中所占用的资金和其他资源的情况，如每百元产值占用的固定资产原值、每百元产值占用的流动资金、土地占用等。

（2）劳动消耗指标

该指标反映技术方案实现和运行过程中消耗的活劳动和物化劳动，如建设过程投入的劳动量；生产过程的劳动生产率，即劳动者在一定时间内生产某种产品的数量；物料投入，即技术方案实现和使用过程的材料、燃料、能源设备等的消耗量；成本，即获得某种使用价值或生产某种产品所支出的全部费用的总和，有年总成本和单位成本等。

（3）时间资源指标

如工期、建设周期和投资回收期等。

（4）劳动成果指标

如年产量年产值和年利润等。

（5）经济效果指标

常见的指标如下。

1）成本利润率

成本利润率是指工程项目或技术方案的利润总额与成本费用总额的比率，它反映项目的投入与产出的比例关系。其计算公式如下。

$$成本利润率=利润总额/成本费用总额×100\%$$

2）投资利润率

投资利润率是项目达到设计生产能力后的一个正常生产年份的年利润总额或年平均利润总额与项目总投资的比率。

$$投资利润率=年利润总额或年平均利润总额/项目总投资×100\%$$

3）投资利税率

投资利税率是项目达到设计生产能力后一个正常年份的年利税总额或年平均利税总额与项目总投资的比率。

$$投资利税率=年利税总额或年平均利税总额/项目总投资×100\%$$

第二节　建筑设计中的经济性问题分析

一、建筑平面形状

建筑平面形状对建筑经济具有一定的影响，主要反映在用地经济性和墙体工程量两个方面。

通常情况下，单位建筑面积的造价与建筑平面形状有着直接联系，即越简单的建筑平面，单位造价也就越低。因此，在建筑设计的过程中，建筑师应在满足建筑功能的前提下，最大限度确保建筑平面形状设计的简洁，以便起到降低工程造价的作用。

除此之外，建筑平面形状与占地面积也有很大的关系，主要反映在建筑面积的空缺率上。平面形状规整简单的建筑可以少占土地，其建筑面积空缺率就小；平面形状较复杂的建筑物则需要占用较多的土地，因此其建筑面积空缺率就大。

因此，在建筑面积相同的情况下，应尽量降低空缺率，采用简单、方正的平面形状，以提高用地的经济性。

建筑物墙体工程量的大小也与建筑平面形状有关。建筑面积相同的建筑，如果平面形状不同，则墙体工程量也不同，从而使外墙装饰面积、外墙基础、外墙内保温等工程量也相应增大，就整幢建筑来说，单位面积造价也增加了许多。由此可见，在满足建筑功能的前提下，建筑师要充分注意建筑平面形状设计，所选设计方案中的外墙周长系数应尽可能小，从而有效降低工程造价。

二、建筑物的面阔、进深及其长度

建筑物的面阔和进深不同，对建筑经济也有一定的影响。除了对用地的经济有影响外，这里主要指每平方米建筑物的砌体工程量变化。砌体用量增大，不仅会增大结构面积、减少使用面积，而且也将增加基础工程量和建筑费用。因此，若想加大建筑物的进深，则应满足以下条件。

一是不影响功能使用。

二是对楼盖及屋盖结构尺寸加大不产生影响或影响较小。

三是能很好地满足采光和通风要求。

这样在做节约砌体工程量的同时，又有效降低了造价。

在面阔不变化的情况下，适当加大进深，不仅能够起到节约墙体工程量的作用，同时还对建筑物的单方造价有着较为直接的影响。虽然在建筑面积和进深都相同时，由于平面布置不同，实际上墙体仍可能不一样，但加大建筑物进深一般来讲是有经济意义的。

除此之外，建筑物的长度不同，对经济性也有不同的影响。在进深相同的情况下，建筑物的组合体越长，山墙间隔的数量就越少，从而也减少了侧墙的工程量。建筑物的长度对每平方米的外墙工程量将随着长度的增加逐渐减少，从而能够相应降低建筑物的总造价。在建筑物具有不同长度、不同进深的情况下。

三、建筑的层高与层数

在设计建筑的过程中，对建筑造价有影响的一个因素就是建筑物的层高。不管是什么建筑物，都应在确保空间使用合理的基础上，选择最为经济的层高。如果仅仅是一味地增加层高，除了会使墙体工程量增加以外，还会使使用期间的能源消耗增加，从而造成浪费。

建筑物层数的增减在一定程度上也影响着经济变化。建筑师若想较为精准地对这些变化进行掌握，需要做到以下两点。第一，对各部分造价在总造价中所占比重有一定的了解；第二，对建筑物层数的增减所引起的经济效益的变化有一定的了解。例如，对居住建筑进行经济分析时，人们一般从以下几个部分着手。

第一，基础工程，包括基本的土石方挖运、回填及建筑物所有的不同材料的基础总工程量。

第二，地坪，包括地坪层的垫层、面层。

第三，墙体，包括建筑物的承重墙及非承重墙。

第四，门窗，包括各种不同的门窗、门窗油漆。

第五，楼盖，包括各层楼盖结构层，如梁、板及各种不同的面层。

第六，屋盖，包括建筑物的全部屋盖系统。

第七，粉饰，包括内外墙的全部粉刷。

第八，其他，以上各部分均不能包括的零星工程，如阳台、壁橱、厕所蹲位等。

以上八个部分的造价随着建筑层数的增减其分部造价也不断变化，但是这种变化基本上是有规律的，大致可以分为以下三种情况。

第一种是随着层数增加其分部造价降低，如地坪、基础、屋盖等。

第二种是随着层数增加其分部造价随之提高，如楼盖。

第三种是随着层数增加其分部造价基本保持不变，如墙身、门窗、粉刷等。其中墙身分部属于不稳定值。由于可能出现隔墙增减、承重墙截面变化等情况，墙体分部造价就会出现不同的经济值。

四、门窗与经济

在建筑物中，建筑师往往会根据房间组合关系的需要来设置门，窗则是根据建筑物性质不同所需采光系数的大小来确定的。建筑物中所设置门窗的多少，对造价也有一定影响。因此，在设计中建筑师应根据不同工程性质合理安排门窗，注意门窗设计在不同墙体厚度中与造价的关系，以得到合理的经济效果。

门窗的安排，除了注意其对单方造价的影响外，更重要的是注意对国民经济起重要意义的木材和钢材的节约价值。

同时门窗的数量对房屋长期使用中的能源耗损也具有一定的意义。建筑的采暖和空调会消耗大量的能源，据美国的一项统计，住宅的能源消耗约占能源消耗总量的20%以上。因此，建筑师在设计中不仅要考虑对工程的一次投资，还应尽量节省建筑的长期消耗费用。

五、砖混结构中纵横墙承重方案的经济性

在砖混结构中纵墙承重建筑物的开间布置比较灵活，但对建筑物的进深有一定限制，与横墙承重方案比较，其最大的优点是降低了墙体的平方米长度值，并相应减少了基础的工程量。根据统计资料反映，在居住建筑中，以纵墙承重的方案，每平方米承重墙长在0.5~0.6m，它比横墙承重要少20%~25%的砖墙工程量，结构面积大大减少，对提高平面系数有利，并相应减少了基础工程量。在基础埋置深度较大的情况下，纵墙承重方案经济意义更大，其不利因素是由于要保证居室使用面积，进深往往较大，这样可能影响楼盖和屋盖的构件增大，同时建筑物层数越多，房屋的刚度越不如横墙承重，因此建筑师在考虑承重方案时应对这两种方案的经济性进行全面比较。

六、增量成本的测算

（一）增量成本的定义

根据经济学视角上的分析研究来说，增量成本是因为生产数额的增多，从而使生产要素的使用量的增多，最终导致的投入总费用即总成本的增加；这里所说的增加量，是新方案与旧方案对比产生的；根据绿色建筑的特点可以知道，绿色建筑与传统的一般建筑相比，新增设了许多的绿色施工技术和绿色环保材料，所以来更好地走一条生态文明、保护环境的可持续发展道路；所谓的传统一般建筑，有时也称其为基准

建筑，是指在建设项目的整个策划及设计、施工过程中，建设项目的一切标准都符合并满足了国家以及建设项目所在地的强制性准则。

绿色住宅的增量成本涉及在许多项目技术策划的制定过程中，由于这些技术带来的成本量的增加；但是产出量具有不一致的时间阶段，所以往往很难以其产出量入手进行分析研究；所以，一般需要在不考虑人的因素下，来分析绿色住宅项目的增量成本，即为了实现满足某种绿色建筑标准给出的要求的绿色住宅建筑，所以与传统的一般建筑在技术方面存在着不同点，进而影响建设项目在策划、设计、建造安装和运营使用上所投入成本的变化，这部分变化的成本既包含了绿色住宅建筑相对于传统的一般建筑而多投入的成本，也包含了由于技术因素而节约投入的成本。

（二）增量成本的计算规则

1.增量成本起算点的合理确定

在确定绿色住宅建筑的增量成本起算点的时候，通常要选用那些规范可行的标准，对于一些建筑项目，虽然在某些方面局部使用了绿色施工技术和绿色建筑材料，但是依然够不到国家所规定的强制性节能准则或者是地方的，有些甚至是超过了一般项与控制项规定的要求，但都不能将以上这些作为绿色住宅建筑增量成本的组成成分；总而言之，要制定好建设项目的增量成本，制定科学合理的起算点标准是一个大前提。

2.基于合理的技术方案

尽管增量成本的计算受绿色住宅建筑技术方案的影响不大，但是增量成本的真实性却深受绿色住宅建筑技术方案的影响。由于我国绿色住宅建筑推广力度还不是很大，所以为了能够保证研究的有效性，绿色住宅建筑的项目技术性方案应该取得每一个领域专家的有效建议，只有确定了建设项目方案技术的合理性，才能进行绿色住宅建筑的增量成本。

3.根据当地颁布的最新建筑定额进行增量成本的计算

当明确了绿色住宅建筑项目的技术经济方案和其增量成本的起算位置后，在每一项成本的计算过程中需要下查看绿色住宅建筑项目当地出版的最新建筑定额来进行计算，但是由于一些先进的绿色施工技术和绿色环保材料在绿色住宅建筑项目中的使用，使得这些绿色施工技术和绿色环保材料在定额中很难被发现，在这里采取了由不少于一家的相关生产商家进行报价，并将建设项目当地的市场价格考虑在其中来综合制定这些新工艺、新材料的价格。

4.依据具体情况将实验住宅计入增量成本

以达到没有能源消耗的建筑以及高效循环利用资源并且建造智能化的高品质住宅小区为目的而进行决策设计和施工建造的实验住宅楼，是否将其纳入增量成本的组成部分应该视情况而定；如果实验住宅楼的作用仅仅是作为非销售为目的的发展区使用，以推进绿色住宅项目的一个要范、推广和宣传，那么是可以计入增量成本的组成部分；而如果实验楼仅仅是为了销售盈利那么就不能将其纳入增量成本的组成部分。

5.将资金的时间价值考虑在内

建造时期长是建筑项目的一个重要特点，往往要经历多个财务年度，从建筑项目整个生命周期的角度去考虑，使用运营与维修护理时期往往占据了很大比重，所以在进行建设项目增量成本的计算时应将资金的时间价值所产生的影响考虑在内，需要将过去或将来的现金流量折算到现在，从而得到净现值，从而进行评价指标结果的对比分析。

6.确定增量成本测算的计算范围

依照我国绿色建筑相关准则，节约土地和室外环境质量水平与能源利用、节约能源与能源利用、节约水资源与利用水资源、室内环境质量水平与运营管理，以及节约与利用材料资源这六个方面的评价指标组成了绿色建筑评价指标体系；所以说凡是绿色住宅建筑的绿色施工技术和绿色环保材料等其他啊方面涉及以上这六个方面的评价指标，进而带来的成本的增加都应该将其作为绿色住宅建筑增量成本的组成部分，凡不涉及以上这六个方面的评价指标中内容的施工技术或材料工艺的使用，不该将其作为绿色住宅建筑增量成本的组成部分。

7.考虑绿色建筑前期增量成本

在分析绿色住宅建筑项目在整个生命周期内的增量成本时，对其前期的决策和设计时期发生的因为绿色建筑节能设计而带来的高于一般的传统建筑的前期决策和设计成本，应当将这部分增加的设计费用作为增量成本的组成部分。

8.考虑绿色建筑认证

当建筑物被认定或者认可为绿色住宅建筑时，需要根据国家相关准则进行检测并实行认证，只有建筑物经过检测并通过认证，才可以名副其实被称为是绿色住宅建筑，但是在这一时期，发生了多于传统的一般建筑的增量成本。

（三）增量成本的测算内容

1.投资者的增量成本

（1）前期准备阶段的增量成本

绿色住宅建筑与传统的一般建筑相比，在项目建设的前期投资者就投入了更多的成本费用和设计研发费用。为了实现绿色建筑评价标准中要求的节约土地、节约能源、节约水源和室内环境的改善等等标准，投入了更多的前期可行性分析研发费用和设计策划费用是必然的结果。当建筑物被认定或者认可为绿色住宅建筑时，需要根据国家相关准则进行检测并实行认证，只有建筑物经过检测并通过认证，才可以名副其实被称为是绿色住宅建筑，但是在这一时期，发生了多于传统的一般建筑的增量成本。

（2）项目实施阶段的增量成本

在建设项目的建造实施时期，要按照建设项目的设计标准，在节约土地、节约能源、节约水源和室内环境的改善等措施方面都产生了成本的增加，与此同时，在建造实施时期还需要支付较于一般的传统建造更多的管理成本。

2.消费者的增量成本

绿色住宅建筑消费者成本的增加，主要表现在消费者在购买房子的过程中房费的增加和消费者在后期使用过程中增加的投入，由于绿色住宅建筑消费者成本的增加很大一部分体现在房费的增加上面，主要成本的增加表现在房屋价格的增加和物业管理费用的增加两个方面。

（1）绿色住宅建筑较传统住宅房价的增加

在分析绿色住宅建筑房价的增加量时，最主要的一些是选取类似的传统住宅楼盘，这样比较才有可比性。第一点是区位状况的可比性，周围的商业、学校、交通以及医院等情况要相似；另外一点是绿色住宅建筑与传统住宅的建设单位和施工单位综合实力应相当，为了实现数据的可靠有效性，可以选择若干传统住宅，并求其房价的平均值即平均价格作为传统住宅的房价，那么绿色住宅建筑房价的增加值就是该绿色住宅建筑的房价减去传统住宅价格的平均数。

（2）物业管理费用和其他费用的增加

采用绿色住宅建筑所在地的平均物业管理费来计算所增加的物业管理费，即用该绿色住宅建筑的物业管理费用减去所在地评价物业管理费用，即为增加量。

3.社会成本

这里主要考虑国家为推动绿色建筑的发展给予投资者和消费者的财政补贴、优惠政策和其他扶持形式的国家资金的流出。

第三节　绿色节能建筑设计

一、绿色建筑的概念

（一）绿色建筑的几个相关概念

1.生态建筑

生态建筑受生态生物链、生态共生思想影响，对过分人工化、设备化的环境提出了质疑，生态建筑强调使用当地自然建材，尽量不使用电气设备，而多采用太阳能热水、雨水回收利用、人工污水处理等方式。生态建筑的目标主要体现在以下两方面。第一，生态建筑提供有益人们健康的建筑环境，并为使用者提供高质量的生活环境；第二，减少建筑的能源与资源消耗，保护环境，尊重自然，使建筑成为自然生态的一个因子。

2.可持续建筑

以可持续发展观规划的建筑内容包括建筑材料、建筑物、城市区域规模大小等，还有与这些有关的功能性、经济性、社会文化和生态因素。可持续发展可以说是一种从生态系统环境与自然资源角度提出的关于人类长期发展的战略和模式。

重视设计地段的地方性、地域性，延续地方场所的文化脉络。

增强运用技术的公众意识，结合建筑功能的要求，采用简单合适的技术。

树立建筑材料循环使用的意识，在最大范围内使用可再生的地方性建筑材料，避免使用破坏环境、产生废物及带有放射性的材料，争取重新利用旧的建筑材料及构件。

针对当地的气候条件采用被动式能源策略，尽量利用可再生能源。

完善建筑空间的使用灵活性，减少建筑体量，将建设所需资源降至最少。

减少建造过程中对环境的损害，避免破坏环境、浪费资源及浪费建材。

3.绿色建筑和节能建筑

绿色建筑和节能建筑两者有本质区别，二者从内容、形式到评价指标均不一样。具体来说，节能建筑是符合建筑节能设计标准这一单项要求即可，节能建筑执行节能标准是强制性的，如果违反则就会面对相应的处罚。绿色建筑涉及六大方面，涵盖节能、节地、节水、节材、室内环境和物业管理。绿色建筑目前在国内是引导性质，政府鼓励开发商和业主在达到节能标准的前提下做诸如室内环境、中水回收等项目。

（二）绿色建筑的内涵

绿色建筑的内涵主要包括以下三个方面。

1.绿色建筑的目标是建筑、自然及使用建筑的人三方的和谐。

2.绿色建筑注重节约资源和保护环境。

3.绿色建筑涉及建筑全生命周期，包括物料生成、施工、运行和拆除四个阶段，但重点是运行阶段。

绿色建筑概念的提出，意味着绿色建筑发展开始，它属于一个较为复杂的系统工程，如果想要在实践当中进行推广，则必须设置一套较为完整的评价体系。从项目开始立项到建筑的最长使用寿命，这段时间即为绿色建筑的全寿命周期，而设计和施工则是建筑耗能高低的一个重要决定因素。因此，人们便开始运用绿色的观念和方式来进行建筑规划、设计、开发、使用和管理，"绿色设计"和"绿色施工"也就由此产生。绿色建筑就是在不与节约资源发生冲突的前提下，为人们提供一个即健康又舒适的办公和生活场所。需要特别注意的是，这里所说的节约资源指的是提高能源利用效率，对资源进行高效利用，而不是以牺牲人们的舒适度为代价来节约资源。

绿色建筑涉及建筑材料生产、建筑设计，施工、使用等过程，可以说是一个全面的概念。全面推广绿色建筑，主要有以下三方面好处。第一，有助于人们更好应对环境和经济带来的挑战；第二，在一定程度上减少温室气体排放；第三，缩小建筑物全寿命周期的碳足迹。可以说，建筑行业未来的发展方向就是绿色建筑，它所具有的潜力和前景是不可估量的。

二、绿色建筑节能措施与设计因素技术

（一）绿色建筑节能技术措施

1.合理布置建筑布局

绿色建筑节能技术是建筑设计和设备节能技术的综合，初期的建筑设计为用能设备奠定了良好的基础，对减少建筑能耗负荷有着重要影响。当建筑周围的物理环境确定后，建筑设计节能就主要依赖建筑布局来减少建筑能耗。建筑外形朝向等对该建筑的能耗有着很大的影响，比如建筑体形系数就是一个很重要的影响因素，合适的建筑体形系数会大大减小建筑能耗负荷，减少用能设备使用时间。不同功能的建筑设计对体形系数的要求也是不一样的，住宅建筑更偏向于选取较小的体形系数，而公共建筑则更偏向于选择较大的体形系数。

2.有效控制室内环境

维持室内环境稳定的能耗占了建筑能耗的很大一部分。绿色建筑通常采用自然通风、自然采光等被动式设计，整体化、系统化地优化室内用能系统来维持室内环境的稳定性和舒适性。从科学的角度出发，将用能设备的使用技能有机结合和完善，降低建筑的能量消耗。如优化暖通空调，让暖通空调系统自动根据室内环境控制系统运转，目前为止，节能效率最高的是集散式控制的绿色建筑系统，最高能够降低能耗30%。又如昼光照明技术，普通建筑照明也占建筑能耗的较大比例，据统计，商场每年照明用电就能占建筑总能耗电量的30%以上，同时照明发光制热可能会加大空调制冷设备的能耗。昼光照明可以通过一定方式将太阳光引入室内，进行合理分配，实验研究数据表明，昼光照明能够改变光照的强度、均匀度、饱和度及视觉感受等，有利于提高室内光环境的舒适性，适合广泛应用于绿色建筑中。

3.利用可再生能源，提高能效

可再生能源为绿色建筑发展提供了重要支持，我国太阳能资源较为充足，全国有2/3的地区年日照时间超过2500h，为我国的太阳能能源利用奠定了很好的基础。目前为止，太阳能空调、太阳能热水器、太阳能发电等被广泛应用于太阳能建筑、光伏一体化建筑中。

同时，作为人均淡水量仅为世界平均水平的贫水国家，充分利用水资源是建筑必须考虑的问题，绿色建筑可对雨水进行回收处理，用于冲洗等，对建筑节能有着重要意义。

4.利用植物调节气候

立体绿化的建筑，其外表皮温度会比街道处环境温度低5℃以上，冬季时候热损失则可降低30%。建筑南向种植落叶植物，夏天时密集的树荫能遮挡住太阳直射，秋季落叶后的冬季，便于建筑物被动式的太阳能利用。室内靠窗部分的光照强度还会因为室外树木的存在而降低。种植的树木、草皮、灌木等可以减少地面反射，同时起到

改善建筑周围微观气候的作用。此外，高层建筑设计中还可采用屋顶花园或屋顶水池帮助建筑节能。

（二）相关建筑节能设计因素

建筑的耗热量主要与以下七个因素有关：体形系数、围护结构的传热系数、窗墙面积比、楼梯间开敞与否、换气次数、朝向、建筑物入口处是否设置门斗或采取其他避风措施。

1.建筑体型设计

建筑体形系数反映了建筑空间的复杂程度和建筑外围护结构的面积情况。体型越复杂，传热面积越大，建筑的能耗也就越大。因此，建筑的体形系数是建筑耗热量评价的一个重要影响因素。同时，建筑间距、建筑朝向、建筑布局等对于建筑体形系数也有着重要的影响。

对于节能效果，建筑的体形系数并不是越小越好，而是存在一个最佳节能体形系数。矩形建筑的此项系数与建筑物的层高、体量无关，与天气、建筑热工特性和建筑平面长宽比有关。

2.围护结构设计

外墙是围护结构的主体，为了在达到隔热、保温效果的同时减轻荷载，一般建筑中会使用轻质高效的保温材料。在寒冷地区，有以下几种常用的墙体做法。第一，黏土实心砖和空心砖复合墙体；第二，黏土空心砖和实心砖岩棉夹心复合墙体；第三，页岩陶粒混凝土空心砌块等。不过，这些做法问题很多，节能效果往往达不到标准的要求。围护结构的材料可以布置在内侧或外侧，即使在寒冷地区同一气候条件下，由相异材料布置的墙体的保温效果也会不同。保温层更推荐设置在外侧，可以防止墙体内冷凝水产生。

混凝土空心砌块在国外被普遍推广用于高层建筑图护结构的保温层，美欧一些国家有许多前沿经验，如波兰研制的咬合式保温砌块，美国的TB型保温隔热复合砌块，二者可组合成320mm厚墙体，将高效保温材料填入空心砌块。在一些欧美国家里，一半左右的建筑都采用多种形式的混凝土空气砌块，其有一定的强度，保温效果好，使轻质复合材料墙体的一些弊端得以避免。屋面作为外围护结构的一部分，其隔热保温的作用也需被考虑。现在一般使用的屋面是倒置式的屋面，即颠倒传统屋面构造，将防水层放在保温层下面来提高屋面的隔热保温性能，这样可以在夏季提高屋面抵挡室外热作用的能力，从而大大降低空调能量消耗。近些年，南方很多城市对建筑实行屋面绿化以降低建筑能量消耗。

3.门窗的保温隔热

我国的建筑保温隔热性能相对世界各发达国家来说还是比较偏低的，对于幕墙结构等建筑而言，建筑能耗最大的往往是建筑的外窗。如果我国的建筑保温技术要想有大发展就必须在建筑的外墙、外窗、屋面和地面等外围护结构上采取一定的节能措施。

在建筑结构中，门窗的保温隔热能力比墙体和屋顶的保温隔热能力差。通常外门窗的渗透耗热量在全部耗热量中所占比例达到50%。由此可见，保温的薄弱环节是外门窗，它同时也是节能的重点部位。为提高门窗的保温隔热性能。我们可以采取提高门窗的气密性、采用适当的墙窗面积比、增加窗玻璃层数、采用百叶窗帘和窗板等措施。

4.建筑位置及朝向设计

阳光对建筑物节能也有着极其重要的意义。日照原理可以应用于寒冷地区的城市规划中，通过合理地安排建筑位置和朝向，使建筑物尽可能多地接收太阳辐射热能，因此建筑物位置与朝向和节能息息相关。建筑物所获得太阳辐射的热量和热损失根据朝向与季节的不同而不同，特别是冬至前后，太阳高度角小，从而房间会接收到比夏季大得多的太阳光线面积。环境情况在建筑师确定建筑物方位的时候应首先考虑，根据太阳高度角做出影像图从而获得冬季每日的日照时间，建筑南向开窗面积应尽可能大，在满足采光的条件下，东向和北向的窗要尽可能小，这样可减少热损失，获得更多太阳光线，维持一个舒适的室内温度环境。

5.建筑自然通风

建筑物理想的外部风环境是大立面面向夏季主导风向，小立面面向冬季主导风向，在建筑物表面形成足够的压力差。在进行总体规划时，建筑师还能通过设计景观、附属结构和道路等将风向引导至主要建筑，来降低温度，或使建筑物通过避风方式来减少热量损失。

三、绿色建筑的节能设计的技术应用方法

在绿色建筑中，最困难的是建筑节能。其原因在于，建筑运行能耗高低，与建筑物所在地域气候和太阳辐射、建筑物的类型、平面布局、空间组织和构造选材、建筑用能系统效率设备选型等均有密切关系。对于建筑师来说，完成一个绿色建筑的设计，既要有节能、节地、节水、节材、减少污染物排放的理念和意识，又要逐步练就节能设计的技巧，并将其贯穿建筑设计全过程。

（一）太阳能技术应用

我国现有的绿色建筑设计中建筑节能的主要途径如下所示。

建筑设备负荷和运行时间决定了能耗多寡，因此缩短建筑采暖与空调设备的运行时间是节能的一个有效途径。

现代建筑应向地域传统建筑学习。酷冷气候区的传统建筑多利用太阳能升温、提高炉子的气密性、避开冷风面、加厚墙体等方式保温。炎热气候区的建筑多利用窗遮阳、立面遮阳、受太阳照射的外墙和屋顶遮阳等设计手段保证建筑水平方向和竖向方向气流通畅，尽可能使建筑物长时间处于自然通风运行状态，达到使空调能耗为零的

目的。

太阳能技术是我国目前应用最广泛的节能技术，太阳能技术也是世界关注的焦点。由于全世界的太阳能资源较为丰富，且分布较为广泛，因此太阳能技术发展十分迅速。目前太阳能技术已经较为成熟，且技术成果已经广泛应用于市场中。在很多的建筑项目中太阳能已经成为一种稳定的供应能源。然而在太阳能综合技术的推广应用中，由于经济和技术原因，目前其发展还是较为缓慢。特别是在既有建筑中，太阳能建筑一体化技术应用更为局限。

按照太阳能技术在建筑的利用形式划分，建筑可分为被动式太阳能建筑和主动式太阳能建筑。从太阳能建筑的历史发展中我们可以看出，被动太阳能建筑的概念是伴随着主动太阳能建筑的概念而产生的。

主动式建筑和被动式建筑在供能方式上，区别主要体现在建筑运营过程中能量的来源不同。而在技术的体现方式上，主动式和被动式的区别主要体现在技术的复杂程度。被动式建筑不依赖机械设备，主要是通过建筑设计上的方法来达到室内环境要求的目的，而主动式建筑主要是通过太阳能替换过去制冷供暖空调的方式。

在耗能方面，被动式建筑更加倾向于改进建筑的冷热负荷，而主动式建筑主要是供应建筑的冷热负荷，因此被动式建筑基本上改变了建筑室内供暖、采光、制冷等方面的能量供应方式。而主动式建筑主要是通过额外的太阳能系统来供应建筑所需的能量。

太阳能分为主动式和被动式两种，太阳能建筑的被动式技术主要是指被动采暖和被动制冷两种方式。太阳能建筑的主动式系统涵盖太阳能供热系统、太阳能光电系统（PV）、太阳能空调系统等。主动式建筑中安装了太阳能转化设备用于光热与光电转化，其中太阳能光热系统主要包括集热器、循环管道、储热系统及控制器，不同的光热转化系统又具有一些不同的特点。太阳能建筑的被动式供暖方式分为直接获热和间接得热两类，而间接得热又涵盖阳光间、温差环流、蓄热墙等三个类型。

1.直接获热

冬季太阳南向照射大面积的玻璃窗，室内的地面、家具和墙壁上面吸收大部分太阳能热量，导致温度上升，极少的阳光被反射到其他室内物体表面（包括窗户），然后继续进行阳光的吸收作用、反射作用（或通过窗户表面透出室外）。围护结构室内表面吸收的太阳能辐射热，一部分以辐射和对流的方式在内部空间传输，另一部分进入蓄热体内，最后慢慢释放出热量，使室内晚上和阴天温度都能稳定在一定数值。白天外围护结构表面材料吸收热量，夜间当室外和室内温度开始降低时，蓄热体中所储存的热量就会释放出来，使室内的温度保持稳定。

住宅冬日太阳辐射实验显示，对比有无日光照射的两个房间，两者室内温度相差值最大为3.77℃，这数值对于冬季时的建筑来说是很大的，对于提高冬季房间室内热舒适度和节约采暖能耗都具有明显的作用。因此，直接依赖太阳能辐射获热是最简单又最常用的被动太阳能采暖策略。

2.间接得热

太阳房是直接获热和集热墙技术的混合产物。其基本结构是将阳光间附建在房子南侧,中间用一堵墙把房子与阳光间隔开。实际上一天时间里,室外温度均低于附加的阳光间的室内温度。因此,阳光间一方面给房间提供太阳热能,另一方面是一个降低房间能量损失的缓冲区,使建筑物与阳光间相邻的部分获得一个温和的环境。由于阳光间直接得到太阳的照射和加热,所以它本身就起着直接受益系统的作用。冬季白天当阳光间内温度大于相邻的房间温度时,人们可以通过开门(或窗、墙上的通风孔)将阳光间的热量通过对流传入相邻的房间内。

集热蓄热墙体是太阳能热量间接利用方式的一种。这种形式的被动式太阳房是由透光玻璃罩和蓄热墙体构成的,中间留有空气层,墙体上下部位设有通向室内的风口。它在日间利用南向集热蓄热墙体吸收穿过玻璃罩的阳光,墙体会吸收并传入一定的热量,同时夹层内空气受热后成为热空气通过风口进入室内;夜间集热蓄热墙体的热量会逐渐传入室内。集热蓄热墙体的外表面往往涂成黑色或某种深色,以便有效吸收阳光。为防止夜间热量散失,玻璃外侧应设置保温窗帘和保温板。

温差环流壁与前几种被动采暖方式不同的是这种采暖系统的集热和蓄热装置是与建筑物分开独立设置的。它的集热器低于房屋地面,储热器设在集热器上面,形成高差,利用流体的对流循环作用集蓄热量。白天,太阳集热器中的空气(或水)被加热后,借助温差产生的热虹吸作用通过风道(用水时为水管)上升到上部的岩石储热层,空气(或水)被岩石堆吸热后变冷,再流回集热器的底部,进行下一次循环。夜间,岩石储热器或者通过送风口向采暖房间以对流方式供暖,或者通过辐射方式向室内散热。该类型太阳能建筑的工质有气、液两种。由于其结构复杂、占用面积较大,所以其应用受到一定限制,适用于建在山坡上的房屋。

(二) 风能技术应用

世界上各地的学者通过对当地的气候特征及建筑种类进行分析研究得到了建筑形式对风能发电影响的主要规律,同时研究人员建立了风能强化和集结模型,三德莫顿提出了三种空气动力学集中模型,这对风力涡轮机的设计与装配具有重要的意义。按照风力涡轮机的安装位置来分,其主要可以分为扩散型,平流型和流线型三种。此外,英国人德里克·泰勒发明了屋顶风力发电系统,其基于屋顶风力集聚现象,将风力机安装在屋顶上,从而提高风力发电机的发电效率,同时该系统在城市中也具有一定的适用性。

目前,在建筑中可以采用的风力技术主要包括两种。一是自然通风和排气系统,这主要是适应各地区环境的风能的被动式利用;二是风力发电,其主要是将某一地域上的风力资源转变为其他形式的能源,属于主动式风力资源利用形式。

建筑环境中的风力发电模式,主要包括以下几种。

独立式风力发电模式，这种发电模式主要是将风能转化为电能，储存于蓄电池中，然后配送到不同地区的居住区内。

另外一种发电模式属于互补性发电模式，采用这种发电模式，人们可以配合使用风能与太阳能、燃料电池及柴油机等各种形式的发电装置，从而满足建筑的用电量，此时城市集中电网就作为一种供电方式进行补充利用。如果风力机发电能力较强，用户还能够将电能输送到电网中，进行出售。如果风力发电机的发电量不足，那么用户又可以从电网取电，从而满足居民的使用需求。在这种发电模式中，系统对蓄电池的要求降低，因此后期的维修费用相应降低，使整个过程的成本远远低于另一种方式。

自从风力发电被欧盟委员会在城市建筑的专题研究中提出后，国内外的很多研究学者都开始对该项技术进行深入研究，研究过程中遇到了很多新兴的问题，虽然通过相关学者的努力已经解决部分，但仍存在很多有待更加深入分析和研究的问题。因此，在建筑风环境中的风能技术利用方面还存在以下的问题：风能与建筑形体之间的关系；计算机模拟风场；建筑室内外风环境舒适度；建筑风环境中风力发电；建筑风环境的风能效益技术评估。

在风力发电中，人们通常通过以下因素来评价风资源。第一，风随时间的变化规律；第二，不同等级的风频、一年之内有效风的时间；第三，每年的风向和风速的频率规律。就目前的统计数据来看，评价风能的利用率和开发潜力的依据主要是风的有效密度和年平均有效风速。

建筑环境中的风力机可以直接安装在建筑上，也可以安装在建筑之间的空地中。目前，按照建筑上安装风力机的位置，可以将风能利用建筑分为以下三种类型。

1.顶部风力机安装型建筑。

2.空洞风机安装型建筑。

3.通道风机安装型建筑。

在上述三种风力发电模式中，空洞风机安装型和通道风机安装型建筑需要一些建筑体型上的特殊构造，这使其广泛应用受到一定的限制，而第一种安装模式，对建筑体型的要求较小，同时安装比较方便，在现有的建筑中比较容易实现。

（三）新能源应用与绿色建筑

新能源是指以新技术为基础，尚未大规模利用，正在积极研究开发的能源，既包括非化石不可再生能源核能和非常规化石能源如页岩气、天然气水合物（又称可燃冰）等，又包含除了水能之外的太阳能、风能、生物质能、地热能、地温能、海洋能、氢能等可再生能源。

自工业革命以来，全球人口数量呈现出快速增长的趋势，同时经济总量也在不断增长，但是同样也造成了环境污染，全球变暖及这些问题带来的次生灾害，如酸雨、雾霾等情况，这些污染对人类的生存造成的威胁是毋庸置疑的。在环境污染、能源消耗及人口增长的大背景下，低碳概念与生态概念应运而生，这些概念的发展与应用是社会经济和环境变革的结果，它们将指引人类走上一条生态健康的道路。

摒弃20世纪以能源与环境换取经济发展的社会发展模式，选择新世纪技术创新与环境保护，促进经济可持续发展，也就是选择低碳经济发展模式与生活方式，保证人类社会的可持续发展是当今社会的唯一选择。

相对常规能源，新能源具有以下优点。

其一，清洁环保，使用中较少或几乎没有损害生态环境的污染物排放。

其二，除核能和非常规化石能源之外，其他能源均可以再生，并且储量丰富，分布广泛，可供人类永续利用。

其三，应用灵活，因地制宜，既可以大规模集中式开发，又可以小规模分散式利用。

新能源的不足之处在于以下几方面。

一是太阳能、风能及海洋能等可再生能源具有间歇性和随机性，对技术的要求比较高，开发利用成本较大。

二是安全标准较高，如核能（包括核裂变、核聚变），如果其工艺设计、操作管理不当，很容易造成灾难性事故，社会负面影响较大。新能源的各种形式都是直接或者间接来自太阳或地球内部深处所产生的热能。

为了推进我国经济的科学持续发展，需要我国改变产业结构，减少对能源与资源的需求量。由于我国的能源消耗较大，虽然能源消耗量增长速度较低，但是对能源的需求总量还是巨大。

四、建筑能效标识的需求管理模式

（一）供应端管理模式

与传统的建筑行业相比，我国建筑节能产业发展缓慢，其主要原因有以下几个方面。

一是节能产业的发展面临一定的市场风险。目前，我国传统的建筑产业现阶段已形成较为成熟稳定的市场，生产企业已经达到一定的规模，生产技术、设备先进适用，更为重要的是企业的利润水平相对稳定而发展节能型建筑材料、建筑设备及节能建筑市场所面临的市场风险、生产风险、技术风险、投资风险都会使生产厂家对节能型产品的接受有本能的抗拒。因此，生产厂商很难自觉转型生产节能型建材和设备。

二是建筑节能技术的研发、市场转化存在瓶颈，加上建筑节能技术的研究经费投入不足、起步较晚，技术不成熟、研发不均衡、市场前景不确定、推广宣传力度不够等，都会影响厂家对节能型技术的采用，其中的关键问题是节能技术向市场转化过程中缺乏相应的政策和合适的转化方式，势必造成转化的成功率低，无法形成产、学、研的有机结合。

三是建筑节能产业无法形成终端市场的有效需求，由于消费者建筑节能的意识还不是很强，致使节能产业很难形成终端市场的有效需求，因此，从供需关系上直接影响了节能型建筑产业的发展。同样，生产厂家节能意识的淡薄，导致他们无法创造商机，用新型节能产品开拓新的需求市场，以适应未来的市场环境。买方不愿买，卖方不愿卖，使得节能型建筑产业举步维艰。

四是节能管理方式的单一化导致建筑节能产业发展的推动力量较小。目前我国建筑节能领域市场失灵，节能产业基本是靠政府的行政手段推动，而行政手段的单一化对建筑节能产业的推动作用是非常有限的。因此充分利用市场机制的作用来推动节能产业是今后面临的主要问题。传统建筑节能产业的供应链是一种以生产供应为核心的模式，在传统节能产业的供应链中，用户只是最终产品的被动接受者，生产者只会采取简单的促销的方式将节能建筑及其他节能设备或产品推销给用户，根本不会考虑用户的需求，由此造成了建筑节能产业的管理模式单一，尽管在建筑节能的生产端或供应端采取了一系列有效的措施，但由于用户对于建筑节能产品及节能建筑的有效需求相对不足，难以引起整个产业链的连锁反应。从而使建筑节能相关产业的发展缓慢。

（二）需求侧管理模式

需求侧管理可以应用在许多领域，在电力系统里应用就叫作电力需求侧管理。电力需求侧管理是指通过采取有效的激励措施，引导电力用户改变用电方式，提高终端用电效率，优化资源配置，改善和保护环境，实现最小成本电力服务所进行的用电管理活动，DSM 是促进电力工业与国民经济、社会协调发展的一项系统工程。如同发电、输电、配电等供应侧资源一样，DSM 也是一种可供选择的资源，被称为需求侧资源。

全球遭遇了两次大的能源危机。美国等西方资本主义国家经受了由能源危机而引发的经济危机和来自环境保护方面的压力，为此它们开始调整新的能源战略，把节约能源和保护环境放在非常突出的位置。政府通过制定法规、标准和政策，加强宣传、教育和激励，逐步形成了一套综合资源规划和需求侧管理的先进技术和方法，从而产生了一种把需求侧节约的资源当作供应方可替代的资源来进行开发的全新观念。从资源开发和利用的角度上看，这是思维方式上的大突破，也是能够保证经济、能源、环境实现可持续、协调发展的资源规划战略。从理论上讲，这种战略可以应用于多种公用事业。由于在电力方面应用得比较成熟，就形成了所谓的电力需求侧管理。

需求侧管理是一种自发的，以节能为市场、以科学用能技术为支撑、以服务为手段、以盈利为目的的经营行为，而不是政府或垄断企业干预和管制的一种方式、方法，或者结果。传统的以供应侧管理为重点的管理方式是推动式管理，即以产品生产和制造为核心，而消费者处于被动接受的末端，其模式为"供应商-制造商-分销商-零售商-消费者"；而需求侧管理则变推动式管理为拉动式管理，启动整个产业链的不再是制造商而是最终用户消费者，可以根据最终用户的需求进行产品的设计和生产，最大化地满足消费者的需求。

目前，我国经济社会发展面临资源短缺和环境保护双重压力，实施需求侧管理，不仅可以有效缓解当前能源的压力，而且是实现科学发展观，建设节约型社会的重要举措。国内外的经验都充分表明，能源建设与需求侧管理同等重要；如果说能源建设是第一资源的话，那么需求侧管理就是开发第二资源，而且潜力很大。从我国的能源分布和结构来看，加强需求侧管理有利于节约能源，有利于环境保护，有利于引导全社会科学合理用能。

（三）需求侧管理机制

建筑节能成为发达国家关注的热点。提出可持续发展理论和环境资源保护的紧迫性以后，建筑节能更成为世界各国关注的热点。除了建筑节能技术日臻完善之外，人们对建筑节能的认识也在逐渐深化，特别是能源需求侧管理理论，使建筑节能的观念有了深刻的变化。"建筑节能"的英文词"Building Energy Saving"已经逐渐为"Building Energy Eficieney"所取代。这一字之差，实际上反映了对建筑节能的认识从单纯地抑制需求。减少耗能量，发展成为用同样的耗能量或用少许增加的耗能量来满足人们迅速增加的健康和舒适感的需求，进而提高工作效率和生活质量。

在建筑节能领域中，DSM思想的核心，是改变过去单纯以增加资源供给来满足日益增长的需求的做法，将提高需求侧的能源利用率而节约的资源作为一种替代资源。DSM的思想是人们观念上的一个飞跃，它使建筑节能技术的发展进入到理性的阶段。

在需求侧管理思想下，建筑能耗与人的需求之间的关系，即为人类的需求或所提供的服务与提供需求或服务所消耗的建筑能耗的关系。需求越大，所需要的能耗就越高。初始状态下，提供DO的需求所消耗的建筑能耗为EI；在需求侧管理思想的影响下，如果在原来的能耗EI的条件下得到DI的需求，唯一的办法就是降低线性曲线的斜B率，即提高能源的利用效率。

目前，我国建筑节能产业发展缓慢，其本质问题不是节能建筑或建筑节能相关材料，产品的供应不足，而是建筑节能的有效需求相对不足，供需之间的矛盾是造成建筑节能产业发展迟缓的根本原因。

因此，在建筑能效标识体系中，能效标识的作用在于刺激建筑节能的需求端—用户，改变用户的需求状态，使用户由无需求变为有需求，由潜在需求变为现实需求。通过所标识的建筑物的能耗信息使用户了解建筑物的能耗与自身能源费用的关系，培养用户主动节能的意识。当人们认识到节能型建筑物有所值时，自然会接受节能型建筑及其产品。建立买方市场后，通过经济杠杆的调节，原有的传统建筑产品生产企业看到了商机，自然会自觉地调整自己的生产，通过投入新的或改造已有的技术和设备来生产符合市场需要的节能型建筑产品。

因此，用户通过调整自己的需求行为，积极购买节能型的建筑，提高建筑物的终端用能效率，从而带动了整个建筑节能需求链的连锁反应；开发商积极开发节能建筑，生产商主动生产销售节能材料或用能设备，科研机构则加大力度研究开发节能技术和生产工艺，从而带动整个建筑节能的良性发展。

第八章　现代建筑设计动态的构思推敲与语言表达

表达是设计的三个环节，在建筑创作的立意确定后，设计构思围绕立意展开建筑创作。在创作设计中，也有三七之分。目前，设计者大多数都关注建筑场地的现有环境，都停留在静态的设计层面，关注显性的设计元素，比如一池湖水、一个山坡或者一棵古树。而对于建筑周边的现有状况以及全年变化的主导风向、降水强度等环境问题，即这些具有动态的环境设计因素关注不多。在当下的建筑设计中对于原有环境，一贯采取"逃避"或"保护"的模式，很少纳入建筑设计的"利用"范畴，更缺少深入的思考和结合，这是当下建筑设计中普遍存在的问题。

建筑设计需要灵活地构思和表达。建筑是一门永久的艺术，更是一门科学的技术，它来源于长期生活积累的共识，在城镇环境不断恶化的今天，需要重新审视建筑设计的内外环境，灵活地优化内外空间环境。其实，这里重点说的不再是设计能力的提高，而是对运动的自然环境的协同设计意识。以下章节按照建筑项目的调研和资料收集、设计主题创意、建筑规划与单体设计、建筑技术的推敲，建筑语言表达等环节，结合相关的建筑实例，进行动态应对的设计构思和语言表达分析。

第一节　动态的调研分析：前期概念梳理

一座伟大的建筑物，按我的看法，必须从无可量度的状况开始，当它被设计着的时候又必须通过所有可以量度的手段，最后又一定是无可量度的。建筑房屋的唯一途径，也就是使建筑物呈现眼前的唯一途径，是通过可量度的手段，你必须服从自然法则。一定量的砖，施工方法以及工程技术均在必需之列。到最后，建筑物成了生活的一部分，它发出不可量度的气质，焕发出活生生的精神。

建筑设计的数据调研和资料收集，是动态应对设计的第一步，也是最基础的一步。设计的第一步是挖掘为建筑设计可用的点，观察建筑与自然环境和人工环境可以相协调的部分。这个环节对于建筑设计者来说只需要宏观的把控（量化是设计细化阶段的问题），所以要明确调研的重点，从调研数据中获得动态应对的内容，提高人居环境与自然环境的相互影响、相互依赖的程度。一个调研结论的准确与否，直接关系到建筑设计的能否成功。

一、了解设计任务

接到一个建筑设计项目，第一步是去调研吗？错误，是了解任务书，先了解任务书要做什么，再去想怎样做的问题。

（一）仔细研究设计任务书

建筑设计任务书，一般都应该具有设计概况、设计依据、规划及方案设计以及设计深度和成果要求等内容，具体内容如下。

1.项目概况

（1）项目概况，包括项目名称、投资及建设单位、工程基础指标（总用地、建设面积、容积率、绿化率、各种要求）。

（2）场地概况，包括项目位置、场地地形地貌、交通条件、地质条件、市政条件（供热、燃气、供水、雨污水、强弱电等条件）。

（3）规划条件，包括规划建设用地面积、建筑使用性质、建筑控制规模、建筑控制高度、建筑退让距离、交通及绿化环境要求。

2.设计依据

（1）政府规划意见书及各部门的审核意见。

（2）国家及地方现行规范和技术资料。

（3）建设单位要求、相关设备资料、相邻建筑设计地下部分资料。

3.规划及方案设计要求

（1）项目定位、客户定位及设计原则。

（2）总体环境要求，包括场地出入口及交通组织、绿化景观设计、停车比例要求。

（3）建筑设计功能要求，包括开发规模、功能分区、功能及配套要求面积指标、特殊设计要求。

（4）建筑设计要求，包括外观设计、平面设计、竖向设计、建筑风格。

（5）结构设计要求，包括地下、地上结构形式。

（6）基础设施要求，包括水、暖、电等各项要求。

4.方案设计深度及成果要求

包括交通组织分析、绿化组织分析、人防、消防设施等；成果要求包括投标文件、单体或规划建筑模型、设计图册及效果展板等成果。

建筑设计任务书是一个项目给建筑设计师的具体任务和要求，建筑师的整个建筑设计必须在满足建筑设计任务书的要求下完成，它具有指令性的作用，所以学习任务书，获得设计任务的具体问题，是首要的任务。

同时，不同的建筑设计会有不同的要求，也隐含着不同的问题，从建筑设计任务书中可以获得很多信息，需要深入地研究分析。例如一个重庆市住宅规划设计任务书，第一概念就是山城，这可能是一个山地的项目规划，很多山地的特征就会出现在建筑设计中，随之很多有关山地与住宅的问题就会出现。

（二）查阅专项资料，了解该项目类型现有的发展状况

在经济飞速发展的社会，人们的生活水平已经有了很大的提高，建筑的功能空间也发生了很大的改变，建筑师不是每一种建筑都设计过的，也不一定熟悉所有的建筑设计模式，要善于查阅资料，获得最新信息，是建筑学人的必备能力。

例如，多层住宅，在20世纪70、80年代的住宅多是一梯4~6户的小户型状态，一般是"有居室无客厅"，而到目前已经提升为一梯2~3户的大户型，而且是"三大一小"（三大指客厅、卫生间、厨房，一小指卧室）。入户空间开始有了私有的入户花园，主卧空间出现了卧室、私人书房、室外阳台、步入式衣柜以及干湿分离的卫生间等配套化设置，连阳台也开始有了分工明确的观光阳台、晾晒阳台、生活阳台。

铁路站房由传统的铁路边地面候车的模式，到目前实现了"桥站合一"的大空间候车模式，出入站也从单面疏散实现了南、北（或者东、西）广场两面疏散，从而实现了真正意义上的"建筑上面跑火车"或"建筑里面跑火车"的立体疏散设计模式。

很多崭新的建筑设计模式和建筑技术，是社会经济快速发展的产物，在建筑设计资料集里不一定来得及全部收录，要想了解国内外的最新动态，在拿到任务书之后阅读大量文献，是很有必要的。建筑师作为建筑设计的掌控者，掌握设计模式的进步程度，提高建筑的舒适程度，是获得设计权的最佳办法。

建筑设计任务书，是最基本的建筑设计资料，也是满足建筑基本功能的保障，这是建筑设计中很关键的一步，然后才是调研设计场地周边的原有环境和气候条件。

（三）现场环境调研，了解该项目拟建环境的发展状况

在熟悉了设计任务书的要求和项目类型的发展现状以后，带着问题（或者说是疑惑）进行现场调研，解决图纸和任务书之中的问题，或者修改资料与现场不符的地方。

二、调研当地环境资源

"没有调查就没有发言权"。实地调研是一个设计项目的必经过程，虽然每个项目都具有一定的类似性，但也不尽相同。动态建筑设计注重各个尺度的环境对建筑设计的影响，设计调研的目的是在传统建筑设计的基础上寻找设计的异同点，减少消极的防御处理，结合开源节流的设计思想，积极利用现有的环境资源为建筑设计服务，将自然与建筑融合于一体。

（一）调研方法

每个项目都有调研，或者实地调研，或者网上调研，或者其他途径，是必不可少的环节。可是通过什么样的调研方法，调研得到了什么，可能收获也是不相同的。动态建筑设计，是对环境变化数据的收集和应用，需要亲身感触，才有真正适宜性的建筑设计出现。

方法一：深入调研，用足够的时间来体验生活。以访谈、问卷、实测等方式，深入区域政府相关部门和群众内部，采集准确的数据，详细统计分析。至少一周时间，而不是蜻蜓点水式的表面调研。

方法二：对比性的介入，和自己所在空间对比，真实感受。建筑设计，具有感性和理性的结合，有感而发只是设计中间的某个环节。用一个建筑师的感观，深入实地去和一个有生活体验的环境真实比较，去体验生活的感觉，才是最好的调研方法。

方法三：找经历过这两个地方生活的人对比，提高调研质量。这种方法是最快捷有效的方法，没有对比，就不会有设身处地的体会。比如在进行一个四川绵阳地区的教学楼项目，团队中一个生活在四川的同事告诉我，四川地区夏季很热，他们的教室都是南面走廊，北向教室，大大不同于北方教室，建筑遮阳才是首要问题，"一语惊醒梦中人"，整个设计出现了颠覆性的改变。

（二）调研内容

1.宏观的资源气候——城镇尺度（小城市规模）

设计者在动手设计之前，首先要了解并掌握各种宏观的外部条件和客观情况：自然环境（地质地貌、气候气象、水文、人口概况等）、资源概况（水资源、土地资源、矿物资源、生物质能资源、太阳能资源、旅游资源等）、生态环境状况（水环境、大气、声、水土、工业排放、生活污染物排放等）、工业发展状况等。

2.中观的周边环境调研——居住区尺度（服务半径800~1000m）

中观调研是针对建筑设计用地周边环境的深度调研。包括周边的地形地貌、地质条件以及物理环境、经济发展程度、市民活动规律、人均消费程度、城市交通状况、周边建筑的使用性质、建筑高度、建筑密度状况，以及对规划用地带来声环境、日照环境、热工环境等各种影响因素。搜集这些资料时，设计者也可以协助建设者做一些应由咨询单位做的工作，由周围环境推行出来的可行性研究，提出地形测量和工程勘察的要求，以及落实某些建设条件等。周边环境调研的目的：在周边环境现状下，"因势利导"地建立初步设计模型。周边环境状况的全面了解，会使未来的建筑规划与周边城市环境和谐统一；利用城市现有的自然资源，提高建筑的生活品质；尽最大可能地完善城市的环境问题，至少不增加城市的温室效应，改善城市的不良环境循环。

例如，风环境，在宏观主导风向的基础上，结合中观调研的周围建筑的高度、密度以及分布状况，寻找一个规划场地的通风廊道，建立与视觉环境结合的绿色走廊，形成一定规模的景观中心，增加城市温室气体的迅速疏散，为微观的区域建筑规划布局提供最佳的指导数据。

3.微观的建筑环境调研——组团尺度（服务半径150～200m）

微观的建筑环境调研，即建设场地的现状调研。这部分是针对建筑设计用地的调研，很多条件都是投资方所提供，当然也不一定是完整的，需要建筑师梳理和分析。包括城市规划对建筑物的要求，用地范围的建筑红线、控制规模、建筑物高度和密度的控制及绿化环境等，城市的人为环境，包括市政条件（交通、供水、排水、供电、供燃气、通信等各种条件）和情况；使用者对拟建建筑物的要求，特别是对建筑物所应具备的各项使用功能、停车设施等要求；对工程经济估算依据和所能提供的资金、材料施工技术和装备等；以及可能影响工程的其他客观因素。

在各种城市条件限制之下，寻找"因地制宜"的设计方案，捕捉适宜性技术和信息。"山重水复疑无路，柳暗花明又一村。"很多隐含的设计条件，都是在渺茫之后，出现的转机。

三、地方习俗与传统技术

俗话说"十里不同音，百里不同俗"，在中国宽广的土地上，传统文化和习俗的流传，深深地扎根在中华大地上，形成了优秀的民族地方文脉和习俗，并以平面功能和立面符号的形式，逐渐体现在了建筑上。

（一）融合地方民族风俗

建筑具有反映人们的风俗习惯、社会生活、精神面貌和经济基础的功能。建筑作为一门艺术，主要是结合人们的风俗习惯给人以美的视觉感受。一方面它要符合建筑学、人体工程学等方面的规律，另一方面也体现人们心灵文化的见证和聚积民族文化。历代的建筑设计都与它所处的历史时期、地理气候、民族文化和生活习俗密切相关。

民俗风俗是一个民族在其历史发展过程中相沿以传的生产、生活方式。由于世界各国的社会条件不同、宗教信仰不同、生活习惯不同、生产方式不同、民族历史不同，因此民俗风俗习惯也千差万别。民俗风俗作为一种民族现象，离不开产生它的民族土壤和传统文化的继承和延续，也是一个民族的重要标志之一。建筑设计需要具有历史性、文化性及具有民族特色的作品，巧妙地将现代艺术与传统文化有机结合，展现民族的建筑风格和文化特色。建筑各种构成因素相互作用的整体和谐状态。如赖特设计的流水别墅，贯穿"有机建筑"的思想，通过横竖线条的穿插来表达建筑本身的整体性，以及建筑与周围环境相互融合的整体感。

（二）传统的生活习惯

在不同民族和地区，人们的生活习惯也不尽相同。例如东北的火炕、甘肃的窑洞，藏族的碉楼、南方的土楼，各自在不同的气候和人文影响下，体现出不同的生活特征。传统的生活源自长期的生活经验的积累，例如，民居建筑的院落选址、建筑朝向、功能布局、开门位置、植物种植等都是有讲究的，各地差异很大，可以分析其优缺点，加以改进延续。例如，西北黄土高原上的原有生土建筑——窑洞，刘加平院士在传统居民生活习惯上改良了窑洞建筑的通风采光、除湿防潮等问题，延续了窑洞建筑的生命力，让千百年来的民族建筑得以传承。同时，对于一些民间建筑项目，还需要了解一些地域性的种植植物、冻土深度、地下水位、周围生态环境等问题调研。

（三）传统的技术

传统建筑技术的探索，有助于弥补社会文化的多元化特征。随着现代建筑材料和技术的全球推广，建筑风格和文化的趋同性日益明显，建筑在逐渐失去它的地方文化和特征。世界上有很多优秀的民间传统建筑技术。施工技术和材料，都在现代建筑的巨大影响下，几乎遗失已尽。例如，北方的土坯或夯土技术，属于自然的土壤夯实而成，是具有经济可行的低技术，稍微改进，就可以满足通风、采光、保温、隔热以及能源技术方面的设计要求，系统形成独具特色的技术模式。在环境污染的当下，可以利用现代理念，改良原有生土技术，建立特色的民族风格。

能源已成为建筑设计的最大问题，系统改良传统技术，可以带来转折性的转变。现代的建筑材料和施工技术已经基本上解决了建筑设计的结构问题，而社会环境带来的建筑能源问题，成为当今的最大难题。

首先，古老的建筑技术，早就发现了土壤的热惰性特征。千百年来，一直利用黏土制坯来建造冬暖夏凉的房屋；利用挖地下常年恒温的土窖，来储存新鲜过的冬食物；利用秸秆结合土壤技术，满足屋顶的保温隔热作用；利用稻草、海草等特殊材料，来满足屋顶防雨；利用生物发酵形成的沼气，提供家庭炊事的燃气；以及民间的火炕取暖技术，地下蓄热技术，建筑遮阳技术，风塔通风技术，天井采光技术，夹墙保温等都可以挖掘得到民间的传统技术。对于如何建立一个清洁能源体系框架，实现自然环境下的应对环境的改变，确实值得思考。

其次，利用高技术的设计理念，结合传统建筑技术的设计应用。传统建筑技术有它的不足之处，新技术也有它的问题存在，是否可以结合使用，需要建筑师因地制宜地恰当处理。例如，利用温室效应和生土建筑的结合，提供一个蓄热腔向室内输送热量，延迟和减缓室外昼夜温差变化对室内环境的影响；利用风塔的自然风压热压，辅助以机械动力，调整室内的通风环境，达到一个高效、舒适的室内通风环境；其他的天然采光、保温隔热、能源收集储存等技术设计策略，都可以这样在传统技术的基础上，梳理成传统技术下的脉络框架。

第二节　建筑的构思之源：动态的创意主题

创意的灵感是一个从内向外的过程，内部的知识储备是重要的。一个成功的设计师往往应该学会涉猎各种相关知识，有意识地进行生活积累，培养自己对美的感受能力，对事物的分析能力，在设计应用时才能触类旁通、厚积薄发。"有心栽花花不发，无心插柳柳成荫"其实即使无心插柳，也是来自平日的知识积累，点点滴滴是灵感的来源。广泛的专业阅历和深厚的文化修养，是建筑设计师必备的业务条件。

建筑学是一门综合的学科，涉及很多专业知识。首先是"掌握"，设计师需要精通自己专业的专业规范，这是首先要捕获的点；其次是"运用"，能够把规范熟练运用，知道面对一个陌生区域的项目，需要用哪些专业知识去完美组装一个完整的建筑设计，这是线；最后是"活用"，应该把专业做得更精通，不是会单纯地操作，而是灵活运用，举一反三，那就是创意的开始。

即便如此，说到建筑设计的"灵感""创意"，也经常出现头脑发空，无从下手的窘境。做好一份设计，就真的靠灵感和创意吗？答案是否定的！试问，人一生能够有多少次真真切切的灵感迸发？在那灵光一闪之际，又有多少次抓住了！更多的人，更多的时候，是焦头烂额，一头的迷雾。建筑设计构思，其实就是一个在现实中需要自圆其说的项目策划，一个朴实问题的升华，所以，设计师必须学会广泛阅读和交流实践，结合专业的技术方法，总结出一套设计方法，即自己创造的"创意"。而动态应对下的建筑设计构思，就是考虑了外界环境变化的建筑设计方法，其构思就更为深化了一些。

一、抽茧剥丝——"悟"道

佛教中"悟"的本意，是为了更好地改造客观世界。但是首先要通过改造自我或者主观世界，然后才能更加得心应手的更好地改造客观世界。"悟"的思考，是在不断完善自我心理，即对面对的工作产生兴趣，不在各方压力下思考问题。

（一）主动地去悟，不在政策的压迫下思考问题

据调查，目前我国高校建筑学专业的学生，大多数都喜欢概念性的方案设计，如喜欢扎哈·哈迪德的流线方案造型而忽略其团队对于结构形式和构造节点的推敲，形成感性构思大于理性表达的学习风气。面临择业的学生，在"重方案、轻技术"的惯性下，也喜欢去建筑创研中心，而不想从事建筑施工图设计。在一提到国家强制推行的规范或标准，尤其新推行的建筑节能、低能耗指标、碳排放、绿色建筑评价等设计要求，就想绕开走，形成了对建筑设计的一种消极对待的思想。

俗话说，兴趣是最好的老师。只要感兴趣，无论成败，都主动地去尝试一下，付出你最大的努力，这样的工作状态不是强迫可以达到的。而在这种情况下，可以激发更多的灵感，可以挖得更深，思考得更多，当然，收获的也非常多，成功的概率也就非常大。而对于建筑设计来说，面对多变的外界物理环境，建筑师必须扭转这种设计思想，主动地积极对待，才可以解放思想，从而活跃自己的思路，灵活运用自己的专业知识来解决建筑设计问题。

（二）发挥建筑设计的思维，本体是建筑项目，客体是自然环境

人的悟性，是一种神奇的事物。同样的环境，同一个项目，不同的悟性可能会产生很多种设计结果。剥开事物的层层表象，悟出其间不可预知的设计构思，其实这个过程，既是逻辑思维的推理，也是不断悟道的过程。

动态的建筑设计，是在不断变化的外界环境的基础上，考虑建筑设计本体的问题。如果按照一系列"点""线""面"理论，作为最基本的思考模式，首先，是储备知识库的建立，从多年实践、规范阅读、常规积累以及其他途径去获取专业储备，这个过程是一个理性收集的过程，收集到的所有一切，形成了自己的库，所谓胸中有墨，库有多丰富，设计者的思想和眼界，甚至创意，就会有多大的创作空间。

其次，就是设计联想和跳跃的思维。如果把大脑中的专业知识和实际设计项目通过点和点的对接，在动态的建筑设计条件下，把建筑设计构思推到完全不同的形态。设计想要的灵感，经常就会处于一个迸发的状态，就是在这样的联想中，本体撞到客体上，就会给我们带来的灵光一闪的方向。在整个过程中，在建筑规范的约束下，通过一个点一个点地联想，逐渐形成了思维的线条，进而展开了思维，得到了更多的考虑方向和考虑元素，进而得出一个结果。对于"点、线、面"的思维方法，就是让人在建筑设计的时候，学会不断思考，不断收获，不断丰富自己的知识库储备，进而一定也会有很多"灵感"的涌现。通过个人库藏和联想，在自己的领域范围内不管碰撞，建筑设计的"灵感"就会不断涌现。只是这样，才会抓住这些"灵感"，发现建筑设计的本质，创造出更多的设计"想法"，以点破面。

（三）善于捕捉项目的相关信息

在建筑设计中，会涌现很多信息，如何去捕捉这些信息，或者关键的信息，是需要一定的技巧的。首先是设计师需要时常接触最前沿的建筑资讯和设计热点，在看到设计任务书的时候，知道哪些是社会关注的热点，哪些会成为信息点。

其次是有广泛的知识面，并善于思考，捕捉有价值的积累渠道，对于建筑设计工作者来说，即使一本时装杂志或者一个海报都会是他们的猎奇目标一因为一个特色的排版设计。因为一个大气的图面效果，在一个高端的杂志、一个国际化的海报或者其他的艺术形式，寥寥一点素材，就可以做出不一样的视觉感受，这些何尝不是一种专业积累？

建筑来自生活，服务于生活。所有的艺术是相通的，建筑师不是只会做建筑设计，例如建筑大师密斯·凡德罗在巴塞罗那国际博览会担任德国馆设计负责人时，曾经设计过一个巴塞罗那椅，这能说是他不务正业吗！当你看到废旧的灯泡时，你会想到什么？会不会想到其真空的内部空间，是否有建筑师会利用白纸灯泡做建筑构件呢，它与双层皮或者中空玻璃窗的保温效果，孰好孰坏呢，是不是也会纳入我们灵感的范围呢。建筑设计，一样来自平凡的生活艺术，创意的灵感一样取材于日常生活之中，思维活跃善于联想地思考着，总是创意的提出者。

一个是小朋友拿着渔网，在风中舞动，似乎像是在捕捉什么，暂称之为"捕风捉影"；另一个像放风筝一样的图片，是多转子风力涡轮机，将多个转子同轴安装，共同驱动一台发电机工作，能够产生更多的电能。通过这两个图的联想，都可以锻炼动态的设计思维。

凡事都有其两面性，这是辩证的评价事物的方法。所以再蹩脚的作品也都会存在可圈可点、可供研究的地方，不要无谓抬高自己而忽略了一些学习的机会。建筑设计，人各有别，他人的经验和教诲也仅仅是一种资源，放眼世界，需要信息交流，多看看各个网络站点的艺术作品，多培养自己专业的爱好，认真思考、深入挖掘，这条路一定可以走得更远。

二、创意之源——"点"题

悟题，是一种思维模式。而点题，是在建筑设计构思时，在关键处用一个词或几句话点明实质或含蓄地引导进入另一种境界，使内容生动有力，有"点睛即飞去"的作用，激发大家的兴趣。尤其动态的建筑设计语言，出发点是灵活的设计方法以应对变化的外界环境，是创意点题的重要关注点。

古语云："题者，目也；目者，眼也。"一个建筑设计构思的标题，是整个设计的眼睛，取一个好标题至关重要。标题"有神""传神"，才能显出整个设计的"精神"。利用短短几个字或者一两句话，直接把蕴藏于很多图纸中的主旨揭示出来，醒人耳目，便于评阅者迅速把握整个设计理念。方案评选时，首先看到的就是设计的标题。建筑设计点题和论文标题有同样的道理，标题醒目就能吸引评阅者的注意力。

（一）创意点题的来源

创意"点"题，是对整个建筑设计的总结或引导。在多变的外界环境下，多是由环境因素而感，由设计感触而发，具有明显的动感建筑设计特征。这样的建筑点题提取，多是由于自然、感情与建筑，相互依赖、相互联系，形成了一个由"自然环境"到"感情抒发"。再到"建筑设计"的联系过程，从而点题之笔是一个相互交叉的组合体（从而本书为了使读者看明白，仅以点题名字的主语或者词语为依据，进行简单的归纳分类）。

以下是多届有关绿色建筑设计、太阳能建筑设计的"台达杯"等竞赛获奖题目筛选，分为从气候环境、生态植被、地形地名及文化、传统建筑与构件、设计任务题目等方面入手，从中可以清晰地得到一些设计构思的点题方法。从气候环境因素入手针对变化的外界环境条件，以阳光、风、影、水等自然元素命名。例如，"捕风捉影""光水绿色的旋律""太阳的梦想""阳光陶器""在阳光下享受生活""时光容器""驻波逐日""光·健康·呼吸""光转角""沐光""日光绽放""光谷效应""阳光捕手""暖暖""气候与塑形""爱阳光希望"。

从生态植被入手，针对生态的生态环境，以森林、树木、绿化、植物、动物等命名。例如，"老树新枝"；"漫步苇墙木架间—校园文化艺术中心设计""葡萄架下""林中穿梭森林与城市的连桥""种子""享受绿色生活"从地形地名及文化入手，针对地形地貌、文化风俗为主，以土地、湖水、山坡、地名或者文化符号为题目。

从传统建筑与构件入手，针对传统的城市、建筑等为特征，以城市街巷、建筑形式及空间或者建筑构件为题目。

（二）推敲"点"题，寻找立题的充分依据

做一个项目，无论是建筑设计投标还是设计竞赛，无论国际性的还是国内的，其实都是一样的，拿出自己实力的作品，参与社会竞争。题目提出，才仅仅是寻找设计构思的开始，下一步需要反复推敲，再次从投资方提供的设计任务书、多变的室外环境、设计整体思路等环节，寻觅题目成立的充分依据。

第一步，面对项目，要充分研究投资方的设计意图。

首先所提出的创意，是否符合原始设计任务。从投资方的任务书入手，严格审核拿到的设计依据，设计一个最佳切入点。"知己知彼，百战不殆"，这里有迎合甲方之意，但也必须提出自己的新意设计构思，否则方案就会被扔进垃圾箱。其次仔细研究甲方的谈话内容，提取甲方精神，从投资方的意图中入手，加以设计，让投资方见到方案有似曾相识的一种熟悉的感觉。

第二步，在设计构思中，推敲点题的可行性。

点题之后，要继续深入建筑设计构思，以设计构思的主题为骨架，向外延伸，增砖添瓦，具体是否可以进行下去，就要看设计师对方案的把控。同时，一边做，一边思考，一边修改，快做完的时候，自己会给自己一个总结性的结论评价。再然后就是回顾，看看题目是否和设计同出一辙，有真正的点题作用。如果答案是相反，就要及时修改。

例如，以"可变可生可能"作为一个技术性设计竞赛的主题，并以一个动态建筑设计的角度，提出了"可调节变化的建筑外表皮和室内微循环，可再生的使用自然能源和废物利用，可能的降低经济成本和可行的建筑技术"的观点，这个作品的获奖，完全取决于设计立意的准确，设计作品完全在建筑学的思维基础上，依据可变化的表皮、可调节的室内微循环、可再生的能源、可再生的废物利用、可能的降低成本、可行性的建筑技术六个方面展开设计，符合了当时建筑节能的发展趋势。

第三步，对比同类设计，点题是否点睛。

点题是对自己的方案构思的总结；点睛是同行方案对比的结果。方案构思的点题之笔，不一定是点睛之笔，也许只是自己的方案构思的一个优点，但是对于社会性的设计竞争，却是不足为道。

点题不是随大流。点题，神来之笔，具有专业前沿的视角，随大流的点题，要充分体现出现"技术和艺术"的结合。点过了就显得很虚伪，不到位就显得没有灵气，一个巧妙的点题，可以记录一段历史，甚至盘活一个项目，是很重要的部分。在这里

需要把握好一个度的感念。这里充满建筑学专业的"艺术"感性认识，不被专业之外的人所理解，也有"技术"理性的思考。提神的一笔，在特定的环境里，一定是不同凡响。

点题一定是构思的提升。点题，一定要提升作品的思想高度，使方案构思进入另一种境界。例如设计以"曲水流觞"为主题，为了引出《兰亭诗序》的典故，王羲之举行饮酒赋诗的"曲水流觞"的儒风雅俗活动。显示了该建筑具有和谐的居住环境，均为"来往无白丁"高雅人士，并包含有中国园林的文化意境。乾隆皇帝曾以"禊赏"为茶亭命名，亭内设有流杯渠，对于一个普通的设计来说，就提升到了皇家园林的气派和高度。当然，提出新意不要断章取义，一旦出现异议或者错误，方案设计会前功尽弃，这是有风险的。

三、情理之中——"意"境

确定了设计的灵魂，下一步就是思考如何完善自己的主题，一步步地编制自己的故事，"自圆其说"。建立一个丰满的人物，需要时时刻刻提醒自己，要做什么，主题是什么？每一个设计细节，都是为了设计任务和设计主题服务的。无益于主题的设计，做得再多也是废话。

（一）构思立意——思考

构思立意，是一个阅读文献之后，大脑思维不断碰撞的过程，是一个想象王国的实现过程。就像苹果公司总部大楼一飞船，乔布斯在审视公司文化、用地面积、建筑高度之后，结合一些专业知识的基础上，当然这都是感性的设计构思，及时考虑了文化、艺术、生态三者的关系，在乔布斯的理想构思下，最终形成一个圆形的飞碟大楼雏形或者说是一个巨型玻璃甜甜圈。

（二）完善意境——草图

一旦有了一种可能性的方案雏形，就要运用专业的知识去勾勒描绘出来，进入草图的推敲阶段。在具体的功能要求下，勾绘出一个有大致尺寸的概念体块，然后在设计主题下，继续完善飞碟形象的意境，深化满足交通流线、室内功能、采光通风等问题，进入理性的设计思考设计阶段。

（三）自圆其说——方案

草图进行到这个时间，基本已经有了公司形象的感觉，可以进入计算机绘图阶段，在新颖超前的布局理念、切实可行的建筑技术。低碳环保的生态环境下，满足可自给自足的天然气能量系统及独立的研发中心，中央庭院、地下车库、大礼堂等配套设施，全面推敲具体建筑的细节尺寸，成为一个成熟的设计方案。同时，设计注重推理，注重根源，让每一个建筑细节都尽隐含苹果的理念，很自然地表达自己的主题，寻找相同的设计符号，处处要突出主题，在情理之中自圆其说。

作为动态的建筑设计创意，面对的是变化的外界环境，比普通建筑设计就更难了一些，如果偏离了设计任务，再美的主题也就成了望梅止渴画饼充饥，没有一点意义的点题。其实，建筑设计的思路也不完全一样，有的是先立意后构思，由立意推理构思；也有时是先构思后立意，由构思总结出一个主题，这些也和建筑设计师的设计习惯，或者建筑的性质有关，不可一概而论，只要设计出一个优秀的建筑设计项目，无论怎样设计出来的，都是可以的。

第三节　建筑规划与单体：整体环境下的设计

个体是群体的组成部分，群体是若干个体的集合。建筑的出现，就会出现建筑之外的空间环境，而多栋建筑组合就构成了建筑的群体规划设计，这些组合一定会影响建筑室外的日照、通风、气温等问题，带来微环境或好或坏的变化。因此，这就要求建筑师在规划设计的前期过程中，具有多方位的应对环境变化的建筑设计思维，针对多变的外界环境影响，为该气候地区制定有序的建筑整体和局部细节设计，获得舒适的物理环境设计，为居住者提供适宜的人居环境。

对于中国的建筑设计问题，法国的安德鲁曾指出："中国有好多优秀的文化，却丢弃，去国外捡垃圾符号。"现在看来这话很中肯，现代建筑的发展，使传统的建筑文化与建筑技术在发展中慢慢遗失，舍本逐末，追逐西方潮流。在应对全球气候之余，以动态的建筑设计视角和适宜性技术的设计策略，应对中国目前的城镇建筑设计，是一种负责任的态度，值得设计者尝试。

一、整体化的规划构思

群体规划是建立在局部之上的全面思考，需要从整体层面上进行多方面、多角度地设计思考，而动态应对下的建筑设计，还需要相关地域环境因素的融入，进行综合性的思考，包括地形地貌、自然气候环境、场地周围环境、植被情况、群体间的环境状况等微环境整合和思考。

整体理念下的规划设计，可以为建筑群体设计提供更全面的环境把控，是群体规划构思的第一步。群体规划的建筑布局，影响到居住者的视线、隐私、安全和心理感受，也涉及建筑之间的采光、通风、降雨、温湿度等很多相互影响的因素，所以建筑规划需要在符合建筑规范和法规的前提下，从全局和个体的不同角度来比较，权衡最优的分布配置方案。同时，不同地域的人群对于热舒适环境的敏感度也不尽相同，需要全面详细地调研，再进行单独分析，结合地域环境和周围的环境，进行不同的整体建筑规划。

整体理念下的建筑形态，可以调整场地内的微环境。不同的建筑形态，形成不同的楼间微环境，甚至会影响到理顺或者破坏整个规划中的空间环境效果。建筑总是处在四季更替和昼夜变化的外界环境之中的，建筑本身围合的或者半围合、交错或者排列布局、架空或者落地形态，都对周围的场地环境带来很大的影响，这些都是设计中不可忽视的。目前，在城镇快速发展之下，很多建筑不考虑对周边环境，或者缺乏整体意识的单体设计，只是一味地追求自我，加速了城市环境的恶化。例如，在建筑规划的风环境，气流越过障碍物之后不同的距离则产生不同的风环境，凹地、坡度等都会产生不同气流环境。面对这些问题，建筑形态本身对周围环境有一定的引导能力，需要因势利导，进而调节规划区内的居住环境。

整体理念下的景观规划，可以实现建筑与环境互补。建筑与景观需要统一的规划，无论是传统规划还是反规划设计方法，都需要和建筑设计统一考虑，营造满足人居需求的微气候环境。首先是植被形态与建筑设计的统一规划，植被受气候的影响，会形成一个缓冲的微生态环境，对于多层建筑的气候环境影响是很大的。例如常绿乔木可以满足建筑遮挡冬季寒冷的气流，落叶乔木可以满足夏季遮阳和冬季采光的可变化的影响要求，可以根据气候变化布置。其次是水环境与建筑设计的统一规划，水体形态可以调节整个区域的物理环境，例如水体通过蒸发作用，吸热降温，升高附近气压，可以与周围环境形成气压差，形成空气流动。同时，水的比热较大，吸收和辐射等都比较慢，有助于调缓周围气候的变化。

其实，无论是群体规划、单体形态还是景观形态设计，都是需要多角度、多方面的综合构思和一体化设计，才会对环境具有一定的调节作用。

二、复合化的功能空间

复合化的建筑功能空间，很早就有提出，只是经常为设计师所忽略而已。很多建筑功能利用时间段的互补，在空间复合转换且不相互干扰影响的前提下，使得建筑功能组织兼容化、集约化、延续化，同时复合空间的利用也会激发人们的互动和交流。例如高校学生食堂餐厅，具有层高大、面积大、亮度好的特点，非餐饮时间，可以利用餐桌解决学生自习室不足的需求，撤除餐桌则可以在天气恶劣时作为学生活动空间。对于这方面利用各种空间复合设计，应对各方面变化的建筑功能整合，要建筑师观察和分析。

当然，一个建筑空间的复合设计，不仅仅是几种建筑功能的复合，也有应对外界气候变化的作用。在建筑设计中，换个角度来看，非常复杂的问题也许就会豁然开朗。比如北方的南向封闭阳台，在具有观景、晾晒功能的同时，利用窗户的可开启变化，也满足了冬季室内的采光蓄热、夏季纳凉、通风的作用；而北向阳台，在提供储物的功能以外，还具有了冬季冰箱和寒风冷辐射的缓冲空间。其他建筑功能也是如此，例如楼梯电梯、卫生间、厨房诸如此类居住者不常用的功能空间，可以选择阳光少的位置，同时兼作抵御冬季寒风的缓冲空间，形成功能性的双层表皮设计，一举两得。

在建筑新技术推陈出新的今天，复合化设计已经成为常态。例如，露台空间的休闲赏景与动态遮阳，双层玻璃幕墙的隔热与夹层功能利用、屋顶太阳能光伏或光热收集空间与室外休闲花园等各个复合化建筑空间，都可以实现基本功能双重效果，应对气候变化。复合化的建筑功能，逐渐会成为动态应对的建筑设计的一个新实施途径，解决很多建筑设计的难题。

三、可变化的立面特征

天冷加衣，天热扇扇，这是众所周知的一种常态性的改变，无可厚非。"以变治变"，是应对设计手法一个重要内容，传统在变，技术在变，气候也在变，所以人居建筑和建筑细节都要变化，随着周围气候和时间的变化而变化，这样的变化才是最节能和最合理的。无论是建筑表皮、建筑形态、建筑细部，还是建筑植被等设计问题，都已经显示固化的建筑设计是行不通的。

（一）可变化的建筑表皮

建筑室内与室外之间的界面，就是建筑外相邻的表皮，所以应对外界变化环境的最好办法，就是在满足基本建筑功能的同时，建立具有可变化特征的建筑立面，即变化的建筑表皮，以可变化的建筑表皮来调节或者延迟室外的气候变化对室内的影响。

（二）可变化的体形系数

建筑实现自然的通风采光，立面、平面必然要凹凸变化，随之带来的是体形系数变大，与外界环境的接触面变大。最好地改善变化，就是以一个可细部变化的表皮围合，再次形成一个简单的立方体。例如，庭院的玻璃顶棚，减缓外界对于室内的环境影响，也就是建立一个缓冲空间。

（三）可变化的建筑细部

在被动优先、主动优化的设计原则下，合理地调节建筑细部节点，可获得节约能源的效果。例如利用门窗的遮阳系统，建立一个阳光的可变化调节系统；灵活的窗口引导通风设置，可以引导不同时段的通风；捕风塔和烟囱效应的天井细部，可以满足不同状态的流经过室内。

（四）可变化的植被环境

室外种植也是可以变化的环节，例如乔木夏天郁郁葱葱，冬天落叶归根，满足了不同时节的阳光需求。例如建筑立面植物遮阳可以解决的问题，就尽量减少空调系统的使用。

（五）可变化的双层表皮空间

双层表皮空间，利用内部空腔和室内和室外联系，借助可以打开关闭的窗户，连通室内外，调整应对气候的缓冲程度。开源节流，是一个矛盾的名词，但是在可变的设计思维中，就是一个很好的设计策略。例如，现代建筑的天井空间节能效果多是不好的，夏热冬冷，供给多少制冷（热）的能源，都难以使得其达到设计效果，可如果天井的尺度、气压设计合理的话，夏季就会自然通风良好，冬季结合蓄热墙面，吸收太阳能，也可以达到一个舒适的空间效果，可变的设计思维完全可以实现建筑节能。

四、一体化的建筑设计

建筑设计是个整体的表达，包括建筑相邻空间和建筑室内空间。随着绿色建筑技术的广泛推广和节能设备的大量使用，人们开始对建筑自身规律有了深入的认知，关注建筑一体化的推广应用。

广义上的建筑项目"设计一体化"的概念，从宏观到微观，从规划设计、建筑单体设计、景观设计到室内设计均能将设计主题、脉络、设计手段、设计语汇等贯穿于建筑各专业和阶段。同时对相关结构、机电等配合设计单位进行指导和整合，来满足建筑设计对功能、动线、外观等的种种要求，更大限度地达成项目的一体化要求。尤其太阳能与建筑设计一体化、建筑与施工一体化、建筑与景观一体化的相继提出以来，配合着建筑产业化、构件预制化、设备一体化同步设计，"建筑设计一体化"的呼声也越来越高。

在业界虽然还没有对建筑一体化形成普遍意义上的概念界定，但是一个建筑设计项目的各阶段各环节让设备、施工等不同的人来做，很容易产生对项目创意来源的曲解。随之大部分建筑师本着对社会负责的专业态度，开始追求建筑美学的主体性，对建筑提出协同设计，要求建筑设计和后续工作的连贯一体。

建筑与技术一体化，也是建筑师一直追求的方向。建筑与技术一体化，不是技术的随意堆砌，不影响建筑的使用就万事大吉了，那么最终建筑立面效果会很怪异。随着社会经济的发展，现代建筑越来越追求美好的视觉艺术效果，即和谐的建筑立面特征。如何把技术与建筑立面的一体化和谐处理，已经成为建筑师形态设计的能力体现。所以建筑立面的技术运用，要求构件的使用具备条理性、秩序性、统性，符合建筑美学的设计原则。例如，建筑表皮的选择，玻璃、混凝土、金属、石材、木材等诸多材料，不同材质的大小、形状、间距、颜色和排列方式，会表现出不同的建筑表情和性格，甚至对建筑环境也产生不同的影响。所以建筑技术的运用，要依据不同建筑的性质和地域环境，在不过度追求自我或某种美学形式下，结合建筑立面、材料特点和建筑审美的要求，选择和谐的组合形式而加工使用。

太阳能与建筑的一体化结合问题，一直影响着太阳能技术的大面积应用。太阳能建筑一体化，是应用太阳能发电（集热）的一种新概念，例如光伏电池技术就是将太阳能光伏电池安装在建筑的围护结构外表面来提供电力。根据光伏电池与建筑结合的方式不同，光伏建筑一体化可分为两大类。一类是光伏电池单一构件与建筑的结合，安装在建筑的墙面或者屋顶；另一类是光伏电池预制组件安装在建筑上，如光电瓦屋顶、光电幕墙和光电采光顶等。在这两种方式中，光伏电池组件与建筑的结合是一种常用的形式，特别是与建筑屋面的结合，不占用额外的地面空间，因而备受关注。

随着新能源的不断发展和城市节能减排、绿色环保需求的日益增加，太阳能光伏建筑一体化如平屋顶、斜屋顶、幕墙、顶棚等形式都可以安装在建筑上，但是发电效率和立面美观是不同的。例如平屋顶，从发电角度看，可以按照最佳角度安装，获得最大发电量；斜屋顶，南向斜屋顶可以按照最佳角度或接近最佳角度安装，获得较大发电量；光伏幕墙，则要符合 BIPV 要求；除发电功能外，要满足幕墙所有功能要求；包括外部维护、透明度，力学、美学、安全等，组件成本高，一般输出功率偏低，但可以为建筑带来绿色概念的效果。光伏顶棚要求透明组件，组件效率较低，同时要满足一定的力学、美学、结构连接等建筑方面要求，发电成本高。

一个建筑物的成功与否，关键一点就是建筑物的外观效果，有时候细微的不协调都是视觉艺术所不能容忍的。光伏建筑首先是一个建筑，它是建筑师的艺术品，对于建筑物来说光线就是他的灵魂，因此建筑物对光影要求甚高，这时就要采用光面超白钢化玻璃制作双面玻璃组件，用来满足建筑物的功能。同时，普通光伏组件的接线盒一般粘在电池板背面，很容易破坏建筑物的整体协调感，这就要将接线盒省去或隐藏起来，将旁路二极管和连接线隐藏在幕墙结构中，以防阳光直射和雨水侵蚀，实现建筑美观造型，使得光伏和建筑实现一体化设计。

第四节　动态应对的设计技术：系统的设计推敲

城镇环境的恶化和能源的短缺，是有目共睹的社会现象。这个现状带动了现下的绿色建筑、低能耗建筑、低碳排建筑等一系列的技术发展和设计改革，得到政府的政策引导和大力支持，成为社会关注的热点。

建筑技术，一直是建筑学的同学或者建筑设计师都不愿意面临的问题，更别提动态应对的建筑设计技术的梳理和推敲了。但是，建筑永远是建筑设计的主体，为建筑提供合理的功能和视觉审美；而建筑技术是为建筑设计服务的，是为居住者提供更加舒适的生存环境。没有技术的设计建筑，就是空中的楼阁，没有设计的动态技术，就是堆砌的结合，两者缺少任何一个，都不会形成完美的视觉艺术两者结合，才是真正的建筑设计，具有建筑艺术的魅力。

伴随变化的气候环境，出现了很多应对环境变化的建筑技术。但是过多地加入建筑节能技术，非但不会优化环境，还会出现机械式的堆砌。那么具体的技术该如何使用，又没有针对每一个区域的具体说明。面对多变的室外环境，建筑技术应该具有复合、高效的系统。

可能的构思，可行的技术。构思阶段可以在大脑中是"可能"的感性思考，逐渐地完善一直到构思完成。到了技术阶段，就必须是"可行"的，是理性的推理和实践。

一、动态技术的地域性

根据项目所在的地理位置和周边环境，调研居住环境存在的不利因素和有利因素，采取调研获得第一手的能源信息，被优先开发使用，实现"就地取材、因地制宜、高效低技"的地域性设计原则，减少对外界原始环境的二次污染，充分改善建筑存在的物理环境。

（一）调研和比较地域优势资源，优先开发使用

根据各地不同的地理位置、地形地貌、河流植被、气候条件以及风俗习惯等外界因素的影响，各地居住的生态环境也向着不同的方向发展，经过长时间的观察，或者太阳能资源，或者风力，或者地热，总有一些优势的因素。这些因环境而产生的技术策略，具有区域资源的地域性和唯一性特征。所以一个地区动态的节能技术选择，是要经过调研的地域环境数据和同行业的横向比较的，符合建筑规划和生态平衡的发展需求的，不是无所出处的。

例如，云南呈贡新区的风力发电项目。呈贡新区位于山湖之间的平坦地带，地势总体上为东高西低，呈缓坡。东为中低山地丘陵，中间湖泊平原，西为滇池。由于离海较远，不受台风影响，位于低纬高原的特殊地理位置，使其气候四季如春，冬夏温差小，无风沙天气；累年极端最低温度-10.1℃，累年极端最高气温34.2℃，累年平均年冰雹日数4.7天，这些气象条件对降低风力机成本，对风力机的安装和安全性，都极为有利。所以根据测风报告和风电场可行性研究报告，风力发电系统在呈贡新区具有很好的前景，选择在呈贡区东部尖峰山一带建设33台1.5NW风力发电机组，总装机容量为49.5NW。

（二）"就地取材，因地制宜"，选择适宜性设计技术的原则

动态性的建筑技术的选择要符合地理位置、周边环境和气候条件原则，尽量使用本地的建筑材料和建筑形式，节省运输和材料费用成本。从建筑设计的全生命周期考虑，让建筑与生态环境紧密结合，达到建筑技术的有效使用。

例如，山地建筑的设计形态可以采取地下、地表、架空三种设计形式。地下形状（掩土建筑）：按照生态学的观点保持山体原有的地形地貌，并为保留山地的自然植被或增加山地绿化面积提供了可能。同时，建于掩土中的建筑还能躲避外界动态气候的剧烈变化，营造舒适的微环境。如陕北窑洞建筑的保温性能，比现代结构技术下的山地建筑更好；地表形式（仿地形建筑）：利用基地起伏建设与地形"契合"的建筑，在平面、立面剖面均与基地自由形状尽量吻合，采取跌落、台阶或错层的形态。由此，建筑极具生态性的贴近地形，对山体环境的改变极少；还有一种形式，就是从生态观念出发的把建筑底面抬高，形成架空形式。这种形态锥形即是传统山地建筑中常见的干栏式、吊脚楼式建筑。

（三）符合"高效低技"的选择原则，减少二次污染

高效性往往来自现代科技的主动技术，给周围环境带来二次污染。被动技术，尤其是"低技术"表达的是回归自然和传统，去挖掘人类早已拥有的聪明才智，选择那些低排放甚至负排放的生产方式，去开发不需要大量投资的传统技术，创造与人们生活关系更为紧密的科技产品，从而实现应对外界的气候变化，可持续地改善城镇生活环境。

例如，在上海世博会上，以"低技术"见长的范例随处可见。城市最佳实践区的温哥华案例馆，采用的是最传统的木结构与混凝土混合形式，这既减轻了建筑的整体重量，又提升了房屋的抗震强度和舒适度；意大利馆的空调系统则充分利用了经水幕降温后的"穿堂风"效果，让展馆成了一个天然的空调房；芬兰馆中的电梯借鉴了中国灯笼的能量效应，在降低能源需求的同时，还提高了电梯的实用功能；此外，由藤条编织而成的西班牙馆外立面；由大豆材料构建而成的卢森堡馆外部幕围，都是运用原始材料和传统技术创造的建筑上乘之作；至于世博主题馆，在设计上融合了老上海弄堂的建筑元素，不仅让"低技术"发挥了新的创意，同时也使得作为东道主的上海市民感到格外亲切。

二、动态技术的互补性

"互补性"，即采用两种或两种以上的同一方向应用技术或者方法，互相弥补缺点，满足建筑的某项功能，满足一个问题的解决方案，即"A、B"模式。就一些节能设计技术来说，例如，保温技术，几种保温技术在应用的位置、优缺点、实施效果等方面实现互补，则建筑保温问题就可以全面、合理地形成良好的保温措施。如果保温技术的优缺点相近，可能会造成保温技术的材料冲撞和重叠而造成没必要的设计施工环节浪费，甚至容易造成恶性竞争，浪费工程的物力财力，所以技术互补利用是多项技术同时利用的理想模式。

以资源角度来说，全球天气日益变暖、城镇雾霾严重等不断变化的天气现象，以及四季更替，使得很多原有的环境都具有了很大不确定性，如果没有绝对优势的资源或者技术，可能会给建筑的使用带来很大的问题。例如为了保持自然环境下未来清洁能源的充足供应，仅仅依靠某一种或者某一处资源是不够的，必须选择相对优势的资源，采取"互补型"的资源利用模式，是未来的清洁能源的发展之路。

以道路灯具来说，面对多变的气候环境，两种技术资源可以实行互补式的利用，满足能源需求供应。在日本、德国等发达国家的风光互补式路灯，属于正在兴起并迅速推广的环保和节能型产品。安装有太阳能光伏电池和风力双发电能源系统，天气晴朗时利用太阳光资源，平时利用街道峡谷气流效应，车辆行驶带动的气流或者自然空气流动等动力形成的风力资源，两者互补产能，满足道路照明产品的正常用电需求。

还有土坯与砖的结合使用、干挂石材和保温层的结合使用、屋顶架空结合太阳能

利用和上人屋面结合，都是优势互补的结合方式，都属于互补的建筑技术，两者互为补充，满足建筑技术功能的需求，达到良好的预期使用效果。

三、动态技术的系统性

面对多变的外界环境，在建筑的设计、施工、管理等各个技术环节，建立系统性的应对动态的外界环境的建筑技术措施是非常必要的。例如，目前日益紧缺的城镇能源，其生产、储存、使用、回收的全生命周期环节，亟须建立多途径多层次的链状或树状结构，以达到高效、互补的能源利用效果。

在目前动态建筑的技术利用结构中，如能源技术或产品，多以"A→B"的单一对应结构，缺乏技术之间相互呼应、相互促进的关系。技术链条具有很强的脆性，一旦一端消失，另一端也将意味着结束，对于社会资源来说这是一种不合理的资源配置模式。随着经济和技术的发展，以链条或交叉网状为代表的配置模式逐渐出现，建立合理的结构系统。如以优势技术为主的"1→A、B、……"发散性利用模式、以互补性的技术为主的"A、B、……1"多资源配置模式、以多层交叉结构的"A、B、……D……F……"的多重网状模式，形成多元化、复合化的动态技术框架体系。当前有很多能源技术大量集成运用，已经具备了一定的链条关系，但是还缺乏系统规划、灵活应用，如下。

沼气利用：农业秸秆-禽畜饲养-鱼塘养殖-沼气生产-燃气炊事。

太阳能光-热转化技术：太阳能集热-热水-洗澡、地暖。

太阳能光-电转化技术：太阳能光伏-电力-家用电器（照明、取暖、燃料等）。

以上这些建筑策略或者技术，是可以建立动态的交叉网络体系，互为利用和补充，提高未来建筑运营的效率。例如，太阳能光伏电力能源，可以为太阳能热水辅助加热，满足夜晚或阴天的加热不足；太阳能热水能源，可以促进沼气反应，加速冬季的沼气生产效率；窗口遮阳板（附着的光伏技术），也可以获得电力资源，满足部分室内公共空间照明或者窗口夜景照明使用。这种网状链条的关系，可以大大提高能源生产和利用效率。

第五节　动态应对的设计表达：精炼的图示语言

图示语言，也称为图式语言，是一种基本的视觉表现方式，或者说是一种表现程式。图形是图式语言的基本呈现方式，它通过点、线、面、色、质感、肌理、结构等因素组构，形成足够的视觉冲击。作为整体效应也有一种视觉张力或形式张力，或者说形式表现力。它蕴含着对人类感知能力如喜欢、迷惑、冷漠等的激活作用，通过一定的视觉语言构筑的具象或抽象图式，把自己的想法、感受传达出去。观众则通过图示形象感受艺术的表现意图。对于建筑设计的语言表达，也有人说"三分设计，七分表达"，这句话是具有一定意义的。建筑设计不仅需要完美的构思，更需要充分的表达，"茶壶里煮饺子，有货倒不出来"，这是很可怕的一件事。建筑语言表达，分为图纸语言表达和声音语言表达。多数投标和竞赛是不用现场述标的，只需绘制详尽的图纸即可，那么无声地平面图示语言表达就显得非常重要。建筑绘图是通过点、线、面等图形的勾勒，进行直观化、形象化的图示语言来描述完成的，这也是人类最原始、最基本的信息交流与储存，达到最生动的表达形式。相对静止的图示语言可以让人快速地感知事物的形象，这种形象思维的线条图形，比起抽象思维来说是具有相对优势的。

一、专业的图纸表达思维

建筑设计构思的图面表达，是用专业思维的设计语言，提出项目的设计理念和方案，指导项目顺利进入下一设计环节。因为建筑设计投标或者竞赛的评审者，很多都是建筑专业以外的人群，所以建筑设计构思要以"建筑学的专业思维，外行人的视角表达"，思路清晰，深入浅出。

（一）表达内容的专业梳理

一般的建筑设计投标或竞赛，都要求参赛项目作品方案满足以下标准：具有创新精神，体现现代社会的生活气息，注重新的设计理念和手法，满足功能需求，注意与地域文化、环境、生态的有机结合。

参赛作品应具备的条件：符合国家相关的标准、规范及规定，执行国家工程建设方面的强制性条文；遵照适用、经济、美观的设计原则，做到建筑与环境的协调，地域与民族文化的协调；在节能、节地、节水、节材方面设计到位，充分体现现代绿色、环保、生态建筑的设计方向；在满足功能需要的前提下，注重新技术和新材料的应用；在解决行业技术难题方面有所突破；具有显著的社会、经济和环境效益。

所以根据设计构思的内容不同，表达内容可以分为四大块：建筑规划部分、建筑设计部分、技术分析部分、总结补充部分。以求达到有序的表达，条理性清楚，评委才会看得明白，不感觉杂乱无章。

1.建筑规划部分

包括设计概念构思源起、规划模块的推演、区域定位、生态环境的思考、地域文化与建筑解构推理、整体规划的生态策略，整体交通分析图、整体生态景观设计图、鸟瞰效果图、规划和建筑设计说明以及主要技术经济指标（容积率、绿化率、总户数、停车率等）、相关文字介绍。

2.建筑设计部分

包括单体概念设计、单体建筑设计、单体分析图，详尽地说来，有建筑平面图（包括夹层）、局部平面放大图、建筑各立面图、建筑剖面图及重要节点详图、单体人视图、局部人视图、局部景观（屋顶、露台、天井、庭院）设计。分析图：空间分析、概念分析、流线分析、结构分析、轴侧分析、透视分析、剖面分析等,人与建筑的时空分析图、绿色思维下的建筑流线图以及相关文字介绍。各项能表达方案的因素必须详细,鼓励有创意的设计理念和表达方式。

3.技术分析部分

包括屋顶、楼面、地面地板的生态做法、墙体结构技术、可变的表皮技术、光(采光、导光、折光、遮阳)环境技术、室内外风(通风、拔风、导风)环境技术、三维剖面技术分析图、生态屋顶(地面景观)分析、建筑(光热、光伏)能源技术、雨水收集利用、声环境分析图、生态景观分析图以及相关文字介绍。

4.总结补充部分

鸟瞰与生态环境分析图、剖面物理环境(构造、通风、采光、能源)系统分析示意图、生态舱(核)设计分析、技术应用表以及相关文字介绍。

(二)外行视角的内容表达

写一本书,要知道读者是谁,做一个项目,要知道使用者和评委是谁。从投资者的视角看问题,抓住设计原因,寻找新旧问题的结合点,有的放矢,方可表达到位。

1.似曾相识的文化源起

建筑设计是个矛盾的多元综合体。设计本身"法无定法",而"设计源起",是建筑设计的灵魂,不光要有雅俗共赏的设计思想,同时也应该衔接和融入地域文化,具有让人似曾相识的乡土气息,是土生土长的民间元素升华,普通人也能看得懂,让人看来具有亲切感、归属感。

(1)来自普通的民间艺术和风俗习惯的设计创意,是随手可及的

比如"天津机场新航站楼"设计国际招标中,中标方案就取材于"天津风筝",展翅欲飞,它寓意着平安飞行、事业高升。天津风筝历史久远,工艺精湛,从清代的著名风筝艺人魏元泰。他一改以往风筝以硬翅为主的风格,吸收了我国古建筑中的彩绘民族特色,被誉称"风筝魏"。1914年在巴拿马万国博览会上获金质奖章。当然,在民间将天津风筝与泥人张彩塑、杨柳青年画、天津地毯合称"天津四艺",这一特点的发现和运用,为本方案中标起到了关键性的作用。

(2)建筑创意也可以来自艺术画卷

"2011台达杯国际太阳能建筑设计竞赛"一等奖方案"垂直村落",构思来源于吴冠中的画卷。吴冠中先生画图上下的位置关系表达了建筑的远近,把建筑简化为屋顶和白墙,把简单图形的堆叠描绘了江南水乡的意境。"醇正水乡,旧事江南"。设计者受这种艺术表现手法的启示,提出了垂直村落的概念一上下排布的户型单元表现远近的透视关系,波浪形斜墙的运用使每户都同时获得了向阳面和遮阳面,提高了太阳能的得光率和解决了建筑的自遮掩问题。

(3)建筑创意来自原有建筑的工业产品

2003年万科地产推出的大规模高品质居住社区-天津水晶城,源起于天津玻璃厂

厂址，顾名思义：玻璃与水晶，晶莹剔透，同出一辙。是中国第一个以保留工业时代历史遗迹为主题的大型社区。位于天津市区河西区的水晶城有着丰富的植被和人文资源，将建成以水景和生态环保为主题的高档居住区。几百棵大树、古老的厂房、巨大的吊装车间以及原有的调运铁轨、烟囱等遗留物，作为开发商施展"手脚"的障碍，通常都被无情地铲去。而万科对于该地块的开发则是立足于延续历史的角度，保持原有建筑的历史风貌，并使其巧妙地融入现在的建筑中，比如600棵大树形成的旧厂区林荫路和花园，在新的规划中被保留下来；吊装车间被赋予现代材料和形式，激活成为晶莹剔透的社区会所；老的铁路和水塔则渗透在景观的规划中，成为标志性的要素。

2.直观的平、立、剖面图

（1）参照物的概念在图纸中出现

平、立、剖面图，是建筑设计最基础的表达语言，一般情况下图边上都标注有轴线或三道尺寸线，以表示尺寸大小。其实，很多人是没有尺度的概念的，不知道3m×3m的空间到底有多大多宽，可以采取加入合适的参照物的方法，比如按照常用的人体工程学尺度的家具等，让观者有个直观的尺度感。

（2）三维的平、立、剖面图

二维图是平面的，平面、立面、剖面也可以给一个景深，变成三维立体的平面、立面、剖面，就具有了一定的透视感，再配上图文示意，这样更加形象、直观，业外人士也能一目了然。

3.优美意境下的图纸效果

（1）直观易懂的效果图

建筑效果图就是用写实的手法通过立体图形的方式进行视觉传递。所谓效果图就是在建筑、装饰施工之前，把施工后的实际效果用真实和直观的视图表现出来，让大家能够一目了然地看到施工后的实际效果。包括人视效果图、街景图、室内效果图、鸟瞰图等。很多评委和领导，并不是建筑专业的，作为评委，设计提供的效果图，最好是将建筑方案放进实际的场地中，给人以熟悉的既有场感。

（2）清新干净的布置图面

"小清新"指的是一种以清新、唯美的创作风格，以自然淳朴、淡雅脱俗为审美标准。这种建筑表现风格，看起来很美，一切都是淡淡的，平和的，具有一种清淡景深的效果。小清新都是秉承自然、朴实、超脱、静谧的特点而存在，喜欢淡雅的色彩，别具一格，具有青春活力，深受现代年轻的一代建筑师喜欢。

4.深远的文化意境

中国传统美学讲究意境，在情与景高度融汇后体现出的艺术境界。古代建筑上有楹联题名一说，现在的建筑图也可以诗铭意，渲染传统文化。北宋词人秦观诗词中有一些园林建筑设计句子，如《行香子》：园林的色彩美："有桃花红，李花白，菜花黄"。园林的声音之美："莺儿啼"。园林的动静之美：围墙与流水。园林的曲折之美：从小园"步过东冈"。园林的掩映之美："隐隐茅堂"与"题青旗"。反过来，用诗文表达建筑，也是同理。

二、言简意赅，换位思考

图纸的表达内容，如何表达到位，如何说明白一个设计构思？如何抓住评委专家的眼球五秒钟？如何体现动态的建筑设计？对于初学者来说，在有个好的设计构思之余，这些表达问题也就是必须考虑的问题了。

（一）如何说明白一个设计构思

建筑学专业融汇众多学科于一体，具有感性与理性的两面性特征。换位思考一下，如果你是评委专家，半天看几百幅作品，1000余张图纸，会如何去评价优劣呢？所以设计构思表达必须达到：看得明白，说得透彻，亮点突出，图纸完整，没有致命的错误。

1.看得明白

（1）语句精炼，惜墨如金

图文并茂或者设计说明中的文字部分，用词、句要一步到位，言简意赅，让人看明白就行。千万不要用长句子，不用意思相近的排比句子，这不是写散文诗，长篇大论会使评委专家视觉疲劳。

（2）重点词语，标识清楚

如果设计说明整段整句过长，那么可以重点词语变个颜色，或者加粗，仅仅看关键词，也能明白表达要旨。

（3）条理清晰，分级叙述

图纸表达要语句清晰，习惯分级、分段、分句，可以段落编号分级1、2、3……逐条说明分开叙述，条理性好，精炼语言，一眼看明白整个段落意思。

2.说得透彻

（1）没有含糊的语言，叙述准确

在图纸语言中，除了设计创意部分出现一点诗情画意以外，建筑规范明确；在设计中不允许出现"大概""也许""可能""或许"诸如此类的含糊的设计语言。

（2）语言也可以建立一个立体的概念

注意语言的逻辑性，表达次序，建筑语言一般要求图文并茂，可以搭建出一个三维立体建筑的概念。

3.亮点突出

第一，关键点一定突出。在方案评审中，图纸众多，设计表达一定要关键点突出，引人注目，这样才能让人看下去，耐得住看，可以是效果图，也可以是方案主题或者设计创意，至少有一个点，得留住人。

第二，甚至用图示语言表达，或者建立三维立体图来说明白。图示语言，可以平面表达，也可以产生动感或者立体感，充分利用图示语言，是非常关键的。

第三，没有废话。这句话不用解释，建筑语言不需要废话，不要因为没话找话，哆嗦不如留白，适当留白也是一种表达手法。

4.图纸完整

图纸不完整，是设计大忌。平、立、剖、分析以及效果表达可以简单，绝对不能缺图。这是设计态度问题，而不是设计能力问题。

5.没有致命的错误

严格遵守各级法规、规范、标准要求。国家法规和地方性法规，必须同时满足，这是建筑设计的基本原则。

不出现简单的设计错误。设计方案构思，不仅有一个好的设计构思，也要满足建筑的基本设计功能，不出现规范性、地域性、功能性或者投资方要求的错误问题。比如楼梯是否上得去、门窗是否能正常打开等类似的常识性问题，别出现类似的简单失误，得不偿失，这些最好计算一下。

（二）如何抓住专家的眼球五秒钟

短暂的时间，大量的工作，怎么抓住专家眼球？只有让他盯着你的图。哪怕是质疑的眼光，5秒钟，就足够了。这需要作者有好的思路，好的技术，好的表达，好的总结。一个好的主题：那是点睛之笔，与设计有关的主题，是开始的第一步。

1.一个好的创意方案

这是内在的功夫，如果方案有意思，在满足了基本功能的前提下，巧妙地运用技术实现有创意的建筑空间，那就是完美的方案，那距离成功就不远了。一个高效低技的技术：因地制宜的技术，每个人都明白的道理，关键是怎么用，高效率低技术是需要灵活思考的，例如，捕风塔与民居的结合，对于炎热气候的通风来说，没有比这更好的设计方法了。

2.一个大容量的知识点

以精炼的语言，从各个角度进行深度剖析，展现自己的设计方案，也许新意不足，但一份付出，一分收获，这时专家们会慢慢地研读、权衡方案的利弊。

（三）如何体现动态的建筑设计

无论是传统还是现代的建筑设计构思方法，都已经被无数人研究过，那么应对气候变化的建筑设计方法，如何体现？即是对优势的利用，对不利的分析，因地制宜的思考，对问题全面展开的分析。

1.动态技术要有因果关系

凡事都有因果关系，引起一定现象的"因"，导致连锁反应现象的"果"，都是成对出现的，"技术的应用"对应着"不利的环境"。随意地应用建筑技术就是建筑设计的堆砌，没有和谐而言。

2.动态技术是成双提出的

所有的技术，都没有尽善尽美的，建筑技术要明确提出分两个方面：有利点与不利点，进行利弊权衡使用。

3.动态分析图是成对出现的

四季更替，昼夜变化，建筑周边环境是个变化的过程。建筑技术是用来调节气候环境的，所以要求按照变化的节点分析。昼夜与冬夏，四张图（冬季白天，冬季晚上；夏季白天，夏季晚上），四个角度分析问题。

三、精炼的图示语言

建筑设计构思表达，目的是让人快速了解方案设计，获得观众的关注和认可。在方案设计构思本身具有特色的基础上，利用直观性、立体性的语言，系统地梳理还是很有必要的，例如，精炼的说明、模块推理、三维剖析、简图表达、模拟图、数据表格以及总分总的表达模式等都是可以实现的，毕竟简练的语言比长篇大论要好，图示语言比文字语言要更快速、准确地传达信息。

（一）精炼的说明

要求有完善的说明问题，同时注意语句简练，可以借助分级、分段、重点词语调整颜色等办法，突出重点。

（二）模块推理

建筑可以借助逻辑学的方法，对特定对象进行概念、判断、推理，以求设计寻源，有一定因果关系。具体方法可以通过图文描述、体块推理等。

（三）三维剖切图示

图纸表达，方案构思可以灵活表达，把二维图变成三维的，加强直观效果。同时，融汇各种技术示意图，穿插在期间。

（四）简图表达

在计算机的时代，手绘图显得很有技术含量。手绘加文字问题，代替语言表达也很不错。利用这些简图代替语言，例如人的活动规律与建筑设计等，让人在一个变化的时间段里，感受建筑设计空间的效果，起到动画的漫游效果，想人之未想，加强实际设计感受。

（五）模拟图捕捉＋数据表格

学会利用计算机做物理环境的模拟，利用外界的变化气候和技术运用后的效果对比，达到表达的最佳效果，是很有设计说服力的，此处无声胜有声。

（六）"总-分-总"模式

在建筑设计表述中，对于一个问题，第一句一定是总结句，以后才是展开叙述，最后再次总结，这是"总-分-总"的表达模式。先说总主题，为了引起兴趣点，再依次展开叙述，以一个特殊的视角把观众带进每一个分论点和论据，就像论文问题的"提出-分析-解决"一样，最后给整个问题一句话的汇总。

对于整个建筑设计也是一样。整体规划在前，建筑单体设计在后，在图纸表达最后有一个总结性的结束，可以是技术数据表格、观点总结。总之，总结性的结束，可以起到再次整理观众散乱思绪的作用，起到豁然开朗、如释重负的效果。

参考文献

[1] 陈煊，肖相月，游佩玉.建筑设计原理［M］.成都：电子科技大学出版社，2019.

[2] 柯龙，赵睿.建筑构造［M］.成都：西南交通大学出版社，2019.

[3] 陈文建，季秋媛.建筑设计与构造［M］.北京：北京理工大学出版社，2019.

[4] 黎昌伦.现代建筑设计原理与技巧探究［M］.成都：四川大学出版社，2017.

[5] 杨龙龙.建筑设计原理［M］.重庆：重庆大学出版社，2019.

[6] 张文忠.公共建筑设计原理［M］.北京：中国建筑工业出版社，2020.

[7] 张争强，肖红飞，田云丽.建筑工程安全管理［M］.天津：天津科学技术出版社，2018.

[8] 王庆刚，姬栋宇.建筑工程安全管理［M］.北京：科学技术文献出版社，2018.

[9] 孟琳.建筑构造［M］.北京：北京理工大学出版社有限责任公司，2021.

[10] 吴海瑛.建筑构造［M］.武汉：华中科技大学出版社，2018.

[11] 王丽红，邓光.建筑构造［M］.北京：中央广播电视大学出版社，2016.

[12] 张广媚.建筑设计基础［M］.天津：天津科学技术出版社，2018.

[13] 黄艳雁.建筑构造［M］.北京：中央广播电视大学出版社，2014.

[14] 乌兰，朱永杰.建筑设计基础［M］.武汉：华中科技大学出版社，2018.

[15] 朱国庆.建筑设计基础［M］.长春：吉林大学出版社，2018.

[16] 张嵩，史永高.建筑设计基础［M］.南京：东南大学出版社，2015.

[17] 毛利群.建筑设计基础［M］.上海：上海交通大学出版社，2015.

[18] 曾虹，殷勇.建筑工程安全管理［M］.重庆：重庆大学出版社，2017.

[19] 丁牧.中国建筑的历史［M］.北京：中国商务出版社，2018.

[20] 王作文，孟晓平，李宛河.中国建筑的历史流变与现代发展［M］.成都：四川大学出版社，2019.

[21] 董莉莉，魏晓.建筑设计原理［M］.武汉：华中科技大学出版社，2017.

[22] 牟晓梅.建筑设计原理［M］.黑龙江：黑龙江大学出版社，2012.

[1] 周长亮.建筑设计原理［M］.上海：上海人民美术出版社，2011.

[23] 周波.建筑设计原理［M］.成都：四川大学出版社，2007.

[24] 姚兵.建筑经济学研究［M］.北京：北京交通大学出版社，2009.

[25] 克里斯蒂安·诺伯格－舒尔茨著；高军译.现代建筑原则［M］.天津：天津大学出版社，2015.

[26] 姚兵，刘伊生，韩爱兴.建筑节能学研究［M］.北京：北京交通大学出版社，2014.

[27] 玄有福，于修国，崔香莲.建筑设计基础［M］.北京：北京理工大学出版社，2009.

[28] 沈福煦.建筑历史［M］.上海：同济大学出版社，2005.

[29] 孙玉红.建筑构造［M］.上海：同济大学出版社，2009.

[30] 朱星平.居住建筑设计原理教学改革探索［J］.大学教育，2022（05）：56-59.

[31] 周约妙.建筑技术与设计的整合教学思考——评《建筑设计原理与技术探究》［J］.中国教育学刊，2021（04）：112.

[32] 肖芳."建筑构造"课程思政教学改革研究与实践［J］.广东交通职业技术学院学报，2023，22（01）：67-71.

[33] 李琼，孔莹博."体验—习得"交互模式——基于虚拟现实技术在住宅建筑设计原理课程中的应用探索［J］.河南教育（高等教育），2021（01）：69-70.

[34] 欧阳扬，刘嘉，张成英，姜涌，朱宁.国内外建筑学系构造课程教学比较研究［J］.住区，2022（06）：127-134.

[35] 刘小玲.项目教学法在建筑构造与识图课程中的实际运用［J］.江西电力职业技术学院学报，2022，35（02）：28-29.

[36] 孙娜，柳兆军，范学忠，赵杰.居住建筑设计原理及设计课程虚拟仿真教改实践［J］.山西建筑，2020，46（22）：195-196.

[37] 刘艳君.浅谈影响民用建筑构造的因素［J］.中国住宅设施，2022（09）：166-168.

[38] 王嘉程.基于生态理念的建筑设计原理及设计方法研究［J］.现代交际，2018（07）：248-249.

[39] 王凤平，裴兆贞.生态建筑设计原理及设计方法研究［J］.城市建设理论研究（电子版），2018（19）：70.

[40] 彭伏寅.生态建筑设计原理及设计方法［J］.住宅与房地产，2018（24）：82.

[41] 张慧慧.分析高层建筑的人防工程结构设计原理及方式 [J].四川水泥，2019（04）：101.